河南省“十四五”普通高等教育规划教材

电子综合实践与创新

（第2版）

王俊杰　王晓静　黄思晨
郭　根　周　振　赵明辉　编著

清华大学出版社
北　京

内容简介

本书共7章，第1、2章介绍常用电子元器件、电子技术基本操作技能、印制电路板的制作、焊接技术；第3～5章介绍利用Altium Designer 10绘制原理图、设计PCB图以及仿真软件的使用；第6章介绍电子系统综合设计的方法及步骤；第7章列举10个电子综合设计项目及其具体的原理、制作方法和调试维修方法。

本书作者具有多年的实践教学经验，多次指导大学生创新训练项目及竞赛。书中内容丰富、实践性强，可供高等学校理工类专业学生使用，也可供从事电工、电子技术工作的有关人员参考。

图书在版编目(CIP)数据

电子综合实践与创新/王俊杰等编著. —2版. —北京：清华大学出版社，2023.6 (2025.1重印)
ISBN 978-7-302-63844-5

Ⅰ. ①电…　Ⅱ. ①王…　Ⅲ. ①电子技术－高等学校－教材　Ⅳ. ①TN

中国国家版本馆CIP数据核字(2023)第104993号

责任编辑：汪汉友
封面设计：何凤霞
责任校对：申晓焕
责任印制：宋　林

出版发行：清华大学出版社
网　　址：https://www.tup.com.cn，https://www.wqxuetang.com
地　　址：北京清华大学学研大厦A座　　**邮　　编**：100084
社 总 机：010-83470000　　**邮　　购**：010-62786544
投稿与读者服务：010-62776969，c-service@tup.tsinghua.edu.cn
质量反馈：010-62772015，zhiliang@tup.tsinghua.edu.cn
课件下载：https://www.tup.com.cn，010-83470236
印 装 者：三河市龙大印装有限公司
经　　销：全国新华书店
开　　本：185mm×260mm　　**印　张**：14.5　　**字　　数**：335千字
版　　次：2019年7月第1版　2023年8月第2版　　**印　　次**：2025年1月第3次印刷
定　　价：46.00元

产品编号：090876-01

前言

Foreword

当今社会，电子技术迅速发展，在自动控制、通信、计算机及家用电器等领域的应用日益广泛。电子技能实训是掌握电子技术的一个重要的实践性环节。本书旨在培养学生的实践技能和创新精神，使学生了解电子产品的设计、生产过程，掌握基本的电子技术知识和实践技能。

本书根据电类相关专业对电子技能的基本要求，结合电子技能教学实践和当前电子技术发展的新形势，针对学生实践能力和创新能力的培养编写而成。书中介绍了电子元器件、电子技术基本操作技能的训练、印制电路板的设计与制作、焊接技术、电子元器件的安装与调试、利用 Altium Designer 绘制原理图和 PCB 图，以及 Multisim 和 Proteus 仿真软件的使用，通过 10 个电子综合设计项目，介绍电子系统综合设计的方法和步骤，使读者了解其原理、制作、调试维修方法。本书具体特点如下。

(1) 本书在详细介绍常用电子元器件的基本知识、选择和使用的同时，还介绍了如何利用 Altium Designer 绘制电子电路原理图，这些电路都是电子技术基础课程要求掌握的基本单元电路。通过具体的电子产品，训练读图能力和绘制单元电子电路的技能，使理论与实践有机结合，为维修和开发电子产品打下良好的基础。

(2) 本书详细介绍电子系统综合设计的方法、步骤、常见问题及解决方法，以帮助学习者掌握扎实的基本功。

(3) 本书力求突出工程技能训练的思想，在内容上注意广泛性、科学性和实用性，从电子技能实训实际的角度出发，培养学生的分析、动手能力和解决实际问题的能力，提高电子电路的设计能力和创新意识。

本书由郑州轻工业大学的王俊杰编写第 1 章和 7.3～7.10 节；河南省工业设计学校的王晓静编写第 2 章和 7.1、7.2 节；郑州轻工业大学的黄思晨编写第 3 章；郑州轻工业大学的赵明辉编写第 4 章；郑州轻工业大学的郭根编写第 5 章；郑州轻工业大学的周振编写第 6 章。王俊杰负责全书的统稿及协调工作。

本书可供高等学校理工类专业学生使用,也可供电子技术相关从业人员学习参考。

由于编者水平有限,书中难免有不妥之处,衷心希望读者特别是使用本书的师生批评指正,提出宝贵意见。

编　者

2023年6月

学习资源

目录

Contents

第1章

常用电子元器件的识别与简易测试

电子元器件是组成电子电路的最小单位，是电路中具有独立电气特性的基本单元。元器件在各类电子产品中占有重要地位，其中的一些通用电子元器件在电子产品中是必不可少的。因此，熟悉和掌握各类元器件的性能、特点和使用方法，对电子产品的设计和制造十分重要。

1.1 线性电子元件

线性电子元件主要包括电阻器、电位器、电容器和电感器。下面分别进行介绍。

1.1.1 电阻器

电阻器(简称电阻用字母 R 表示)是电子产品中必不可少的一种电子元件。

1. 电阻的种类

电阻的种类繁多、形状各异、功率不同，用于控制电路的电流，分配电压。电阻可以按以下方式进行分类。

(1) 按结构类型分类。电阻可按结构类型的不同分为固定电阻、可变电阻两大类。

固定电阻的种类比较多，主要有碳质电阻、碳膜电阻、金属电阻和线绕电阻等。固定电阻的电阻值是固定不变的，阻值的大小就是它的标称值。

(2) 按制作材料分类。电阻可按材料的不同分为线绕电阻、膜式电阻、碳质电阻等。

(3) 按用途分类。电阻可按用途分为精密电阻、高频电阻、高压电阻、大功率电阻、热敏电阻、熔断电阻等。

(4) 按引线分类。电阻可按引线的不同分为轴向引线电阻和无引线电阻。常见的电阻外形及电路符号分别如图 1-1 和图 1-2 所示。

2. 常用的电阻

(1) 碳膜电阻。碳膜电阻是出现最早、使用最广泛的电阻。它是将碳沉积在瓷质基体上而成的，通过改变碳膜的厚度和长度，可以得到不同的阻值。碳膜电阻的主要特点是

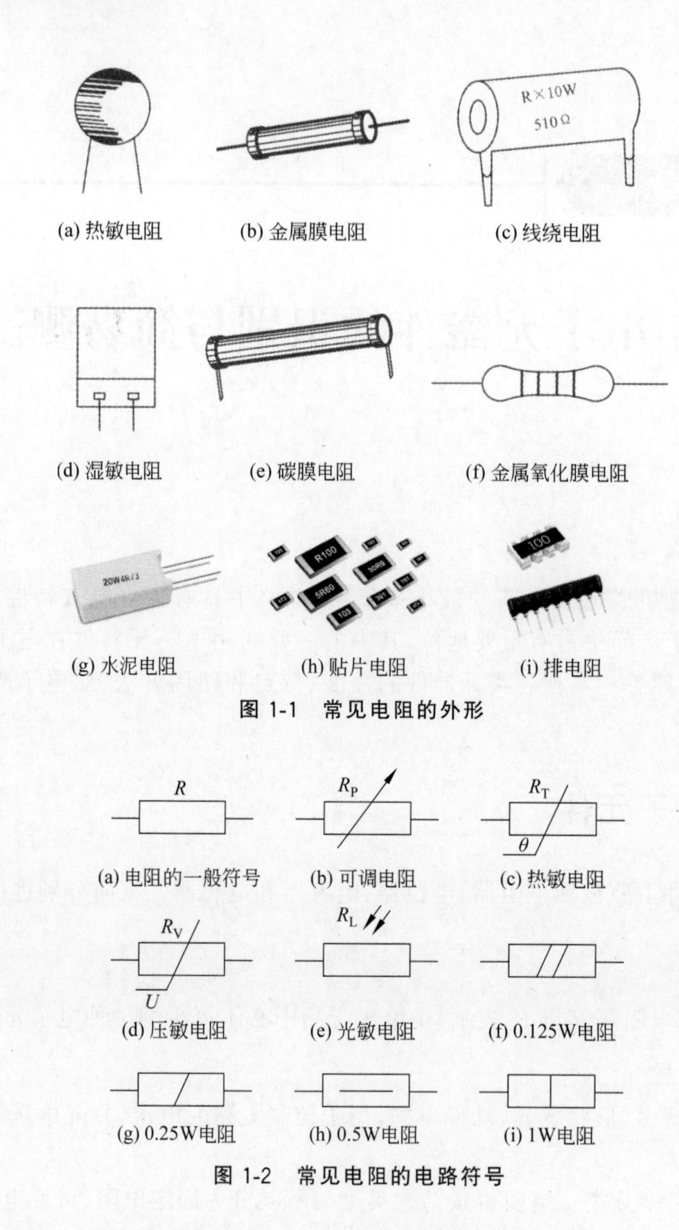

图 1-1 常见电阻的外形

图 1-2 常见电阻的电路符号

耐高温,当环境温度升高时,其阻值变化比其他种类的电阻小很多;另外,它还有高频特性好、精度高的优点,因此常在精密仪表等高档设备中使用。

(2) 金属膜电阻。金属膜电阻所用的金属膜是在真空环境中,在瓷质基体上沉积的一层合金粉末,通过改变金属膜的厚度和长度便可得到不同的阻值。金属膜电阻的主要特点是耐高温。当环境温度升高后,其阻值的变化比碳膜电阻小很多,由于其高频特性好、精度高,所以常用于精密仪表等高档设备中。

(3) 线绕电阻。线绕电阻是用康铜丝①或锰铜丝②缠绕在绝缘骨架上制成的。它具

---

① 以铜镍为主要成分。
② 以锰铜为主要成分。

有耐高温、精度高、功率大等优点。由于其高频特性差、分布电感较大,所以常用于低频的精密仪表中。

(4) 熔断电阻。熔断电阻具有双重功能,在正常情况下具有普通电阻的电气特性,一旦电路中出现过压、过流,就会在规定的时间内熔断,达到保护其他元器件的目的。

(5) 光敏电阻。光敏电阻是一种阻值随吸收的光量子数量变化而变化的电阻。它是利用半导体的光电效应工作的,阻值随光通量的变化而变化。光敏电阻主要用于各种自动控制、光电计数、光电跟踪、数字照相机自动曝光等场合。

(6) 热敏电阻。常用的热敏电阻分为 NTC(负温度系数)、PTC(正温度系数)两种。NTC 热敏电阻是一种具有负温度系数变化的热敏元件,其阻值随温度升高而减小,可用于稳定电路的工作点。PTC 热敏电阻是一种具有正温度系数的热敏元件。在达到某一特定温度前,电阻值随温度升高而缓慢下降,当超过这个温度时,其阻值急剧增大。这个特定温度点称为居里点。PTC 热敏电阻的居里点可通过改变其材料中各种成分的比例而改变。它在家电产品中被广泛应用,常用于彩电的消磁电阻、电饭煲的温控器等。

(7) 水泥电阻。水泥电阻是将电阻线绕在无碱性耐热瓷件上,外面用耐热、耐湿、耐腐蚀的材料进行保护和固定后,把绕线电阻体放入方形陶瓷框内,最后用特殊的不燃性耐热水泥填充密封而成。水泥电阻的外侧主要是陶瓷材质(一般可分为高铝瓷和长石瓷)。

(8) 贴片电阻。贴片电阻是一种金属玻璃釉电阻器,是将金属粉末和玻璃釉粉末混合后,用丝网印刷的方法印在基板上制成的电阻器。贴片电阻耐潮湿、耐高温,温度系数小,可大大节约电路空间成本,使设计精细化。

(9) 排电阻。排电阻又称集成电阻,是一种集多只电阻于一体的电阻器件。排电阻体积小、安装方便,适合需要多个阻值相同的电阻同时连接电路中同一位置时使用。

(10) 其他敏感电阻。除了上面介绍的电阻,还有湿敏电阻、磁敏电阻、气敏电阻、力敏电阻、压敏电阻等,这些敏感电阻在自动控制领域被广泛应用。

3. 电阻的主要参数及标识

标称阻值是指电阻表面印制的数字、符号或色环所表示的阻值。除特殊定制以外,其阻值范围应符合国标规定的阻值系列。目前电阻的标称阻值有 E6、E12、E24 三大系列,其中 E24 系列最全,如表 1-1 所示。标称阻值往往与其实际阻值有一定偏差,这个偏差与标称阻值的百分比为电阻的误差。误差越小,电阻精度越高。

(1) 电阻的单位。电阻的国际单位是欧[姆],用希腊字母 Ω 表示。除欧姆外,常用的单位还有千欧(kΩ)和兆欧(MΩ),当 $R<1000\Omega$ 时,用 Ω 表示;当 $1000\Omega\leqslant R<1000\text{k}\Omega$ 时,用千欧(kΩ)表示;当 $R\geqslant1000\text{k}\Omega$ 时,用兆欧(MΩ)表示。

表 1-1 电阻标称值系列

标称值系列	精度	标 称 阻 值
E24	±5%	1.0、1.1、1.2、1.3、1.5、1.6、1.8、2.0、2.2、2.4、2.7、3.0、3.3、3.6、3.9、4.3、4.7、5.1、5.6、6.2、6.8、7.5、8.2 和 9.1
E12	±10%	1.0、1.2、1.5、1.8、2.2、2.7、3.3、3.9、4.7、5.6、6.8 和 8.2
E6	±20%	1.0、1.5、2.2、3.3、4.7 和 6.8

(2) 阻值的表示方法。

① 直标法。直接用数字表示电阻的阻值和误差的表示方法称为直标法,例如电阻上印有“68kΩ±5%”,表示该电阻的阻值为68kΩ,误差为阻值的±5%。

② 文字符号法。用数字和文字符号或两者有规律的组合来表示电阻的阻值的表示方法称为文字符号法。文字符号Ω、k、M前面的数字表示阻值的整数部分,文字符号后面的数字表示阻值的小数部分,例如,2k7其阻值表示为2.7kΩ。

③ 色标法。用不同颜色的色环表示电阻的阻值和误差的表示方法称为色标法。常见的色环电阻有四环电阻和五环电阻两种,其中,五环电阻属于精密电阻,如表1-2和表1-3所示。

图1-3给出了色标法的两个示例。

表1-2 四环电阻色环颜色与数值对照表

色环颜色	第一色环 第一位数	第二色环 第二位数	第三色环 倍率	第四色环 误差
棕	1	1	$\times 10^1$	±1%
红	2	2	$\times 10^2$	±2%
橙	3	3	$\times 10^3$	—
黄	4	4	$\times 10^4$	—
绿	5	5	$\times 10^5$	±0.5%
蓝	6	6	$\times 10^6$	±0.25%
紫	7	7	$\times 10^7$	±0.1%
灰	8	8	$\times 10^8$	±0.05%
白	9	9	$\times 10^9$	—
黑	—	0	$\times 10^0$	—
金	—	—	$\times 10^{-1}$	±5%
银	—	—	$\times 10^{-2}$	±10%

表1-3 五环电阻色环颜色与数值对照表

色环颜色	第一色环 第一位数	第二色环 第二位数	第三色环 第三位数	第四色环 倍率	第五色环 误差
棕	1	1	1	$\times 10^1$	±1%
红	2	2	2	$\times 10^2$	±2%
橙	3	3	3	$\times 10^3$	—
黄	4	4	4	$\times 10^4$	—
绿	5	5	5	$\times 10^5$	±0.5%
蓝	6	6	6	$\times 10^6$	±0.25%

续表

色环颜色	第一色环 第一位数	第二色环 第二位数	第三色环 第三位数	第四色环 倍率	第五色环 误差
紫	7	7	7	$\times10^7$	±0.1%
灰	8	8	8	$\times10^8$	±0.05%
白	9	9	9	$\times10^9$	—
黑	—	0	0	$\times10^0$	—
金	—	—	—	$\times10^{-1}$	—
银	—	—	—	$\times10^{-2}$	—

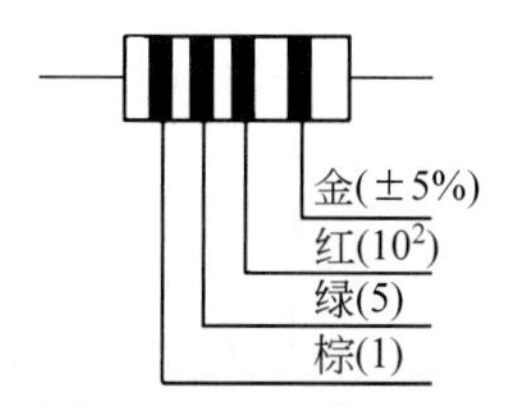

(a) 四环电阻的色环

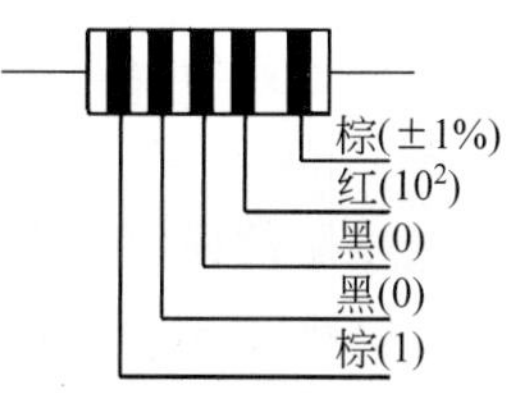

(b) 五环电阻的色环

图 1-3 电阻色标法

在实际中，读取色环电阻的阻值时应注意以下几点。

- 熟记表 1-2 和表 1-3 中颜色与阻值的对应关系。
- 找出色环电阻第一环的方法是，色环靠近引出端最近的一环为第一环，四环电阻多以金色作为误差环，五环电阻多以棕色作为误差环。
- 色环电阻标记不清或个人辨色能力差时，可以用万用表进行测量。

④ 数码法。数码法是用三位数码表示电阻的标称值。数码从左到右，前两位为有效值，第三位是乘数，即表示在前两位有效值后所加零的个数，单位为欧姆(Ω)。例如，152 表示在 15 后面加两个“0”，即 1500Ω(1.5kΩ)。此种方法在贴片电阻中使用较多。

(3) 额定功率。额定功率是指电阻在规定环境条件下，长期连续工作所允许消耗的最大功率。电路中电阻的实际功率必须小于其额定功率，否则电阻的阻值及其他性能将会发生改变甚至烧毁。常用电阻额定功率系列如表 1-4 所示。

表 1-4 电阻额定功率

名 称	额定功率/W
线绕电阻	0.05、0.125、0.25、0.5、1、2、4、8、10、16、25、40、50、75、100、150、250 和 500
非线绕电阻	0.05、0.125、0.25、0.5、1、2、5、10、16、25、50 和 100

电阻的额定功率与体积大小有关，电阻的体积越大，额定功率数值也越大。2W 以下的电阻以自身体积大小表示功率值。电阻体积与功率的关系如表 1-5 所示。

表 1-5　电阻的体积与功率关系

额定功率/W	碳膜电阻长度/mm	碳膜电阻直径/mm	金属膜电阻长度/mm	金属膜电阻直径/mm
0.125	11	3.9	0～8	2～2.5
0.25	18.5	5.5	7～8.3	2.5～2.9
0.5	28.0	5.5	10.8	4.2
1	30.5	7.2	13.0	6.6
2	48.5	9.5	18.5	8.6

4. 电阻的简易测试

最常用的阻值测试法是万用表测试法,另外还有电桥测试法、RLC智能测试仪测试法和电阻误差分选仪测试法等。

用数字万用表测量电阻的操作方法如下。

(1) 将黑表笔插入COM插孔,将红表笔插入V/Ω插孔。此时,红表笔的极性为正。

(2) 将功能转换开关置于Ω相应量程。

(3) 将数字式万用表的电源开关按下(置于ON位置),把红、黑表笔分开,液晶屏上显示"1",再进行短接,液晶屏显示"0.00Ω"。

(4) 将红、黑表笔分别接到待测电阻的两端,液晶屏上会显示被测电阻的阻值。

数字万用表使用电阻挡时应当注意以下事项。

(1) 在使用大于1MΩ的电阻挡(例如2MΩ、20MΩ挡)进行测量时,液晶屏的显示值会出现跳动的现象,经过几秒后才趋于稳定,这属于正常现象,应等到稳定之后再读数。

(2) 如果被测电阻超过所选量程的最大值,液晶屏将显示溢出符号"1",遇此情况,应改换更高的量程进行测量。当无输入时(即两支表笔开路),液晶屏显示溢出符号"1",这是正常现象。

(3) 用200Ω挡测量低阻时,应先将两支表笔短路,测出两支表笔引线的电阻值,此值视万用表型号的不同而不同,一般为0.1～0.3Ω。每次测量完毕,必须把测量结果减去此值,才是实际的电阻值。当处于2kΩ～20MΩ挡时,表笔引线电阻可忽略不计,不需要进行修正。

(4) 测量电阻(特别是低电阻)时,测试插头与插座之间必须接触良好,否则会引起测量误差或导致读数不稳定。

(5) 测量在线电阻时,应考虑与之并联的其他元器件的影响。

(6) 一些新型数字式万用表增加了低功率法测电阻挡,其符号为－LOΩ或LOWOHM。该挡的开路电压低于0.3V,可忽略不计。低功率电阻挡适于检测在线电阻的阻值。

(7) 各电阻挡的开路电压、满量程测试电压及短路电流(即最大测试电流)不尽相同,短路电流的数值随量程的升高而减小。

(8) 测量电阻时两手不得碰触表笔的金属端或元器件的引出端,以免引入人体电阻,影响测量结果。

(9) 严禁在被测电路带电的情况下测量电阻，也不允许直接测量电池的内阻。因为这相当于给万用表的输入端外加了一个测试电压，不仅使测量结果失去意义，而且还容易损坏万用表。

5. 电阻的选用

电阻的选用原则如下。

(1) 在高增益放大电路中，应选用噪声电动势小的电阻，例如金属膜电阻、碳膜电阻和线绕电阻。

(2) 应针对电路的工作频率选用不同相应的电阻。线绕电阻的分布参数较大，即使采用无感绕制的线绕电阻，其分布参数也比非线绕电阻大得多，因而线绕电阻不适合在高频电路中工作。在低于 50kHz 的电路中，由于电阻的分布参数对电路工作影响不大，可选用线绕电阻。

(3) 工作在高频电路中的电阻，分布参数越小越好，所以在高达数百兆赫的高频电路中应选用碳膜电阻、金属膜电阻和金属氧化膜电阻。在超高频电路中，应选用超高频碳膜电阻。

(4) 金属膜电阻稳定性好，额定工作温度高(70℃)，高频特性好，噪声电动势小，在高频电路中应优先选用。对于电阻值大于 1MΩ 的碳膜电阻，由于其稳定性差，应用金属膜电阻代换。

(5) 薄膜电阻不适宜在湿度高(相对湿度大于 80%)、温度低(−40℃)的环境下工作。在这种环境条件下工作的电路，应选用实心电阻或玻璃釉电阻。

(6) 对于要求耐热性较好和过负荷能力较强的低阻值电阻，应选用氧化膜电阻。

(7) 对于要求耐高压及高阻值的电阻，应选用合成膜电阻或玻璃釉电阻。

(8) 对于要求耗散功率大、阻值不高、工作频率不高、精度要求较高的电阻，应选用线绕电阻。

(9) 同一类型的电阻，若电阻值相同时功率越大，则高频特性越差。

(10) 应针对电路稳定性的要求选用具有不同温度特性的电阻。电阻的温度系数越大，则阻值随温度的变化越显著；温度系数越小，则阻值随温度的变化越小。当电路对电阻的阻值变化要求不严格，即阻值变化对电路影响不大时，可选用较为经济的电阻。

(11) 实心电阻的温度系数较大，不适合在稳定性要求较高的电路中使用。碳膜电阻、金属膜电阻、金属氧化膜电阻以及玻璃釉电阻等的温度系数较小，很适合在稳定性要求较高的电路中使用。

(12) 由于制作电阻的材料和工艺方法不同，相同电阻值和功率的电阻，它们的体积也不尽相同。金属膜电阻的体积较小，适用于电子元器件需要紧凑安装的场合。当有的电路的电子元器件安装位置较宽松时，可选用体积较大的碳膜电阻，这样较为经济。

(13) 有时电路工作的场合不仅温度和湿度较高，而且有酸碱腐蚀，此时应选用耐高温、抗潮湿、耐腐蚀的金属氧化膜电阻和金属玻璃釉电阻。

1.1.2 电位器

电位器是一种阻值可以连续调节的电阻。在电子产品设备中，经常用它进行阻值和电位的调节。例如,在收录机中控制音量;在电视机中调节亮度、对比度等。碳膜电位器的内部结构如图 1-4 所示。

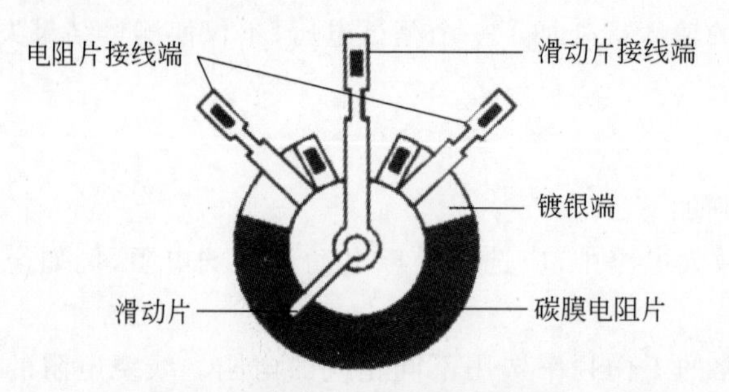

图 1-4 碳膜电位器的内部结构

1. 电位器的种类

电位器的种类很多、形状各异,可以按材料、调节方式、结构特点、阻值变化规律、用途等进行分类,如表 1-6 所示。常见的电位器的外观如图 1-5 所示。

表 1-6 电位器的分类

分类方式		种类
材料	合金型电位器	线性电位器、块金属膜电位器
	合成型电位器	有机和无机实心型、金属玻璃釉型、合成碳膜电位器
	薄膜型电位器	金属膜、金属氧化膜、碳膜,复合膜型
按调节方式		直滑式、旋转式(有单圈和多圈两种)
按结构方式		带抽头、带开关(推拉式和旋转式)、单联、同步多联、异步多联
按阻值变化规律		线性、对数、指数型
按用途		普通型、微调型、精密型、功率型、专用型

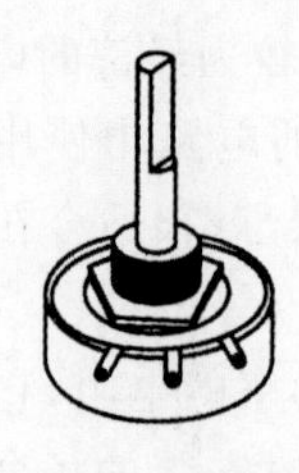

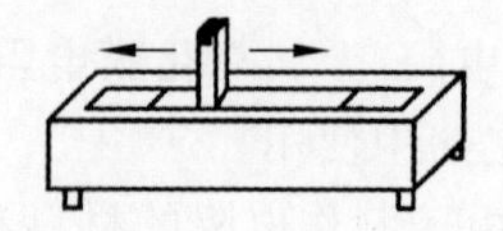

图 1-5 常见电位器的外观

2. 常用的电位器

(1) 合成金属膜电位器。合成金属膜电位器的阻值范围宽(一般为 100Ω～4.7MΩ),分辨率高,但滑动噪声大,对温度、湿度适应性差。由于其生产成本低,因此广泛用于收音机、电视机和音响等家电产品中。

(2) 有机实心电位器。有机实心电位器的阻值范围宽(一般为 100Ω～4.7MΩ),分辨率高,耐高温,体积小,可靠性高,但噪声较大,主要用于对可靠性、耐温性要求较高的环境。

(3) 线绕电位器。线绕电位器的相对额定功率大,耐高温性能稳定,精度易于控制,但阻值范围小(一般为 4.7Ω～100kΩ),分辨率低,高频特性差。

除了以上 3 种接触型电位器外,还有可用于大范围、高精度调整的多圈电位器,高性能、高耐磨导电塑料电位器,带驱动电动机的电位器(常作遥控调节音量使用)等。

由于非接触型电位器克服了接触型电位器滑动噪声大的缺点,所以使用范围越来越广,例如光敏电位器、磁敏电位器等。

3. 电位器的标识

电位器的阻值即电位器的标称值,是指其两固定端间的电阻值。其电路符号如图 1-6 所示,图中 1、3 为电位器的固定端,2 为电位器的滑动端。调节 2 的位置可以改变 1、2 或 2、3 间的阻值,但是不管怎样调节,结果应遵循如下原则:

$$R_{13}=R_{12}+R_{23}$$

图 1-6 电位器的电路符号

一般用文字或数字表示电位器的型号、品种、额定功率、标称阻值、允许误差、轴长及轴端形式等,如图 1-7 所示。

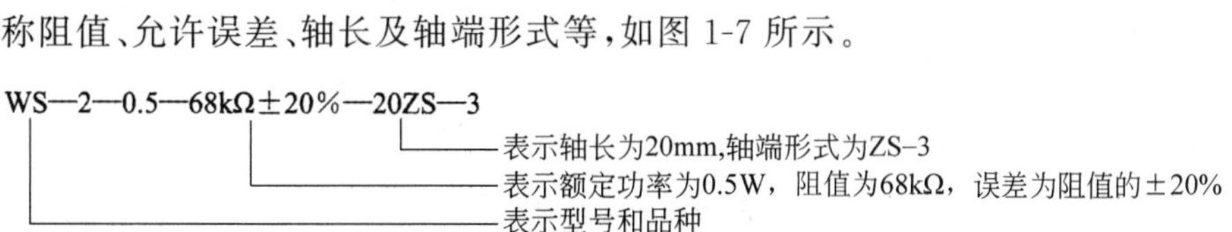

图 1-7 标识方法

4. 电位器的简易测试

在使用过程中,电位器由于旋转频繁而容易发生故障,这种故障表现为噪声、声音时大时小、电源开关失灵等。可使用万用表来检查电位器的质量。

(1) 测量电位器 1、3 端的总电阻是否符合标称值。把万用表的表笔分别接在 1、3 端,看读数是否与标称值一致。

(2) 检测电位器的活动臂与电阻片的接触是否良好。用万用表的欧姆挡测 1、2 或 2、3 两端,慢慢转动电位器,阻值应连续变大或变小,若有阻值跳动则说明活动触点有接触不良的故障。

(3) 测量开关电位器的好坏。对带有开关的电位器,检查时可用万用表 R×1 挡测"开关"两焊片间的通断情况是否正常。旋转电位器的轴柄,使开关一"开"一"关",观察万用表指针是否通或断。要开关多次,反复观察是否每次都反应正确。若在"开"的位置,电阻不为 0Ω,说明内部开关触点接触不良;若在"关"的位置,电阻值不为无穷大,说明内部开关失控。

(4) 检查外壳与引脚的绝缘性。将万用表切换至 R×10k 挡,一支表笔接电位器外壳,另一支表笔逐个接触每一个引脚,阻值均应为无穷大,否则,说明外壳与引脚间绝缘不良。

5. 电位器使用

使用电位器时应注意以下几点。

(1) 在各类电子设备中,电位器的安装位置比较重要,如果需要对电位器经常进行调节,电位器轴或驱动装置应装在不需要拆开设备就能方便调节的位置。

微调电位器放在印制电路板上可能会受到其他元件的影响。例如,把一个关键的微调电位器安放在靠近散发较多热量的大功率电阻的位置是不合适的。

电位器的安装位置与实际的组装工艺方法也有一定的关系。各种微调电位器可能散布在给定的印制电路板上,但是只有一个入口方向可进行调节,因此设计者必须精心地排列所有的电路元件,使全部微调电位器都能沿同一个入口方向加以调节才不会受到相邻元件的阻碍。

(2) 使用前进行检查。在使用前,应使用万用表测量电位器是否良好。

(3) 正确安装。安装电位器时,应把紧固零件拧紧,使之安装可靠。由于经常调节,若电位器松动变位,与电路中其他元件相碰,会使电路发生故障或损坏其他元件。对于带开关的电位器,由于开关常常和电源线相连,引线脱落与其他部位相碰,所以更易发生故障。在日常使用中,若发现松动,应及时紧固,不能大意。

(4) 正确焊接。与大多数电子元件一样,若电位器在装配时,其接线柱或外壳加热过度,则容易造成损坏。

(5) 使用中不能超负荷。

(6) 任何使用电位器调整的电路,都应避免在错误调整时对其他元器件造成过电流损坏,最好在调整电路中串入固定电阻。

(7) 正确调节使用。当电位器用于收音机、电视机等调节频繁的场合时,调节的力量应均匀,不要用力过猛。

(8) 修整电位器(特别是截去较长的调节轴)时,应夹紧转轴后再截短,避免电位器主体受到损坏。

(9) 应避免在湿度大的环境下使用电位器,这是因为传动机构不能进行有效的密封,潮气会进入电位器内部。

1.1.3 电容器

电容器(简称电容,用字母 C 表示)是一种储能元件,常用于调谐、滤波、耦合、旁路、能量转换和时延等电路中。

1. 电容器的种类

电容器按结构的不同可分为固定电容器、可变电容器和微调电容器;按介质的不同可分为空气介质电容器、固体介质(云母、陶瓷、涤纶等)电容器及电解电容器;按有无极性可分为有极性电容器和无极性电容器。常见电容器的外观及电路符号如图 1-8 所示。

2. 常用的电容器

(1) 圆片形瓷介电容器。圆片形瓷介电容器的主要特点是介质损耗较低,电容量对温

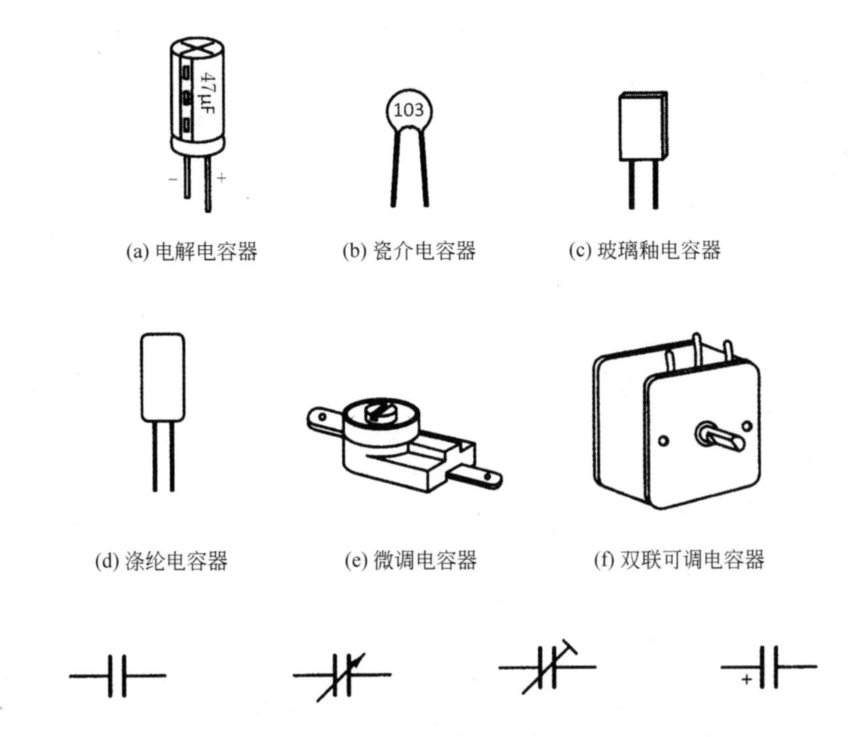

(a) 电解电容器 (b) 瓷介电容器 (c) 玻璃釉电容器

(d) 涤纶电容器 (e) 微调电容器 (f) 双联可调电容器

(g) 电容器的一般符号 (h) 可调电容器符号 (i) 半调电容器符号 (j) 极性电容器符号

图 1-8 常见电容器的外观及电路符号

度、频率、电压和时间的稳定性要求比较高，常用在高频电路及对电容器要求比较高的场所。

（2）圆片形低频瓷介电容器。这种电容器一般用于对损耗和容量稳定性要求不高的电路，常用于旁路和耦合电路。

（3）低频独石瓷介电容器。低频独石瓷介电容器用于旁路和低频隔直电路，特别适用于半导体电子电路，具有体积小、容量大、特性稳定、电感小、高频性能好等优点。

（4）云母电容器。云母电容器用于直流、交流和脉冲电路。云母电容器具有优良的电气性能，绝缘强度高，损耗小，温度、频率特性稳定，其缺点是抗潮湿性能差。

（5）金属化纸介电容器。金属化纸介电容器的体积仅相当于纸介电容器的 1/4。其主要特点是具有自愈作用，当介质发生局部击穿后，经自愈作用，其电气性能可恢复到击穿前的状态，其缺点是绝缘性能较差。这种电容器广泛应用于自动化仪表和家用电器中，不适用于高频电路，它的工作频率一般不宜超过 100kHz。

（6）涤纶电容器。涤纶电容器是塑料薄膜电容器（聚苯乙烯、聚丙烯、涤纶、聚碳酸酯电容器等）中的一种，也是塑料薄膜电容器中产量较大、应用较广泛的一种，其容量及耐压范围最宽。涤纶电容器的电参数随温度变化较大，其中容量在温度超过 100℃ 以后随温度的升高而急剧增加，因此它不宜作功率交流电容器。

（7）铝电解电容器。铝电解电容器用于直流或脉冲电路。这种电容器是有极性的，除正、负引出头外，外壳也为负极。

（8）钽电解电容器。钽电解电容器主要用于铝电解电容器性能参数难以满足要求的电路。例如,用于要求电容器体积小、上下限度范围宽、频率特性和阻抗特性要求高、产品稳定性、可靠性要求较高的电路。电视机、录像机、摄像机、高保真音响设备等也部分选用钽电解电容器,以提高整机质量。钽电解电容器的缺点是价格较高。

3. 电容器的主要参数及标识

(1) 电容器容量的单位。电容器的容量是指其加上电压后储存电荷能力的大小。它的国际单位是法[拉](F),由于法[拉]这个单位太大,因而常用的单位有微法(μF)、纳法(nF)和皮法(pF),具体的换算关系如下:

$$1\mu F=10^{-6}F \qquad 1nF=10^{-9}F \qquad 1pF=10^{-12}F$$

(2) 额定工作电压。额定工作电压又称为耐压,是指在允许的环境温度范围内,电容上可长时间施加的最大电压有效值。它一般直接标注在电容器的表面,使用时绝不允许电路的工作电压超过电容器的耐压,否则电容器就会击穿。

(3) 电容器容量的识别方法。电容器的标识方法主要有直标法、数码法和色标法3种。

① 直标法。将电容器的容量、耐压及误差直接标注在电容器的外壳上,其中误差一般用字母来表示。常见的表示误差的字母有J(±5%)和K(±10%)等。例如,47nJ100表示容量为47nF或0.047μF,误差为电容标称值的±5%,耐压为100V。

在实际工作中,通常在容量小于10000pF的时候,用皮法(pF)做单位,而且用简标,例如1000pF标为102、10000pF标为103,大于10000pF的时候,用微法(μF)做单位。为了简便,大于100pF且小于1μF的电容常常不注单位。当没有小数点时,它的单位是皮法(pF),当有小数点时,它的单位是微法(μF),例如3300可以表示3300pF也可以表示332,0.1表示0.1μF等。

② 数码法。用3位数字来表示容量的大小,单位为皮法(pF)。前两位为有效数字,第三位表示倍率,即乘以10^n,n的范围是1~9,其中,9表示10^{-1}。例如333表示33000pF(或0.033μF),229表示2.2pF。

③ 色标法。这种表示方法与电阻的色环表示方法类似,其颜色所代表的数字与电阻色环完全一致,单位为皮法(pF)。

4. 电容器的简易测试

(1) 用电容挡直接检测。某些数字万用表具有测量电容的功能,其量程分为2000p、20n、200n、2μ和20μ这5挡。测量时可将已放电的电容两引脚直接插入表板上的Cx插孔,选取适当的量程后就可读取显示数据。

2000p挡宜测量小于2000pF的电容,20n挡宜测量2~20nF的电容,200n挡宜测量20~200nF的电容,2μ挡宜测量0.2~2μF的电容,20μ挡宜测量2~20μF的电容。

(2) 用电阻挡检测。实践证明,利用数字万用表也可观察电容器的充电过程,这实际上是以离散的数字量反映充电电压的变化情况。设数字万用表的测量速率为n(单位:次/秒),则在观察电容器的充电过程中,每秒可看到n个彼此独立且依次增大的读数。根据数字万用表的这一显示特点,可以检测电容器的好坏和估测电容量的大小。下面介绍的是使用数字万用表电阻挡检测电容器的方法,对于未设置电容挡的仪表很有实用价值。此方法适用于测量0.1μF至几千微法的大容量电容器。

测量操作方法如下：将数字万用表拨至合适的电阻挡，红表笔和黑表笔分别接触被测电容器的两极，这时显示值将从“000”开始逐渐增加，直至显示溢出符号“1”。若始终显示“000”，则说明电容器内部短路；若始终显示溢出，则可能是电容器内部极间开路，也可能是所选择的电阻挡不合适。检查电解电容器时需要注意，红表笔（带正电）接电容器正极，黑表笔接电容器负极。

注意：测量之前应把电容器两引脚短路，进行放电，否则可能观察不到读数的变化过程；在测量过程中两手不得碰触电容电极，以免仪表跳数。

5. 电容器的选用

电容器的种类繁多、性能各异，合理选用电容器对电子产品的设计十分重要。

(1) 不同的电路应选用不同种类的电容器。在电源滤波、去耦电路中要选用电解电容器；在高频、高压电路中应选用瓷介电容器、云母电容器；在谐振电路中，可选用云母、陶瓷和有机薄膜等电容器；用于隔直流时，可选用纸介、涤纶、云母、电解等电容器；在调谐回路中，可选用空气介质或小型密封可变电容器。

(2) 电容器耐压的选择。电容器的额定电压应高于实际工作电压的10%～20%。对工作稳定性较差的电路，可留有更大的余量，以确保电容器不被损坏或击穿。

(3) 容量的选择。对业余的小制作一般不必考虑电容器的误差。对于振荡、时延电路，电容器容量误差应尽可能小，选择误差应小于5%，对于低频耦合电路中的电容器，误差可大一些，一般10%～20%就能满足要求。

(4) 在选用时还应注意电容器的引线形式。可根据实际需要选择焊片引出、接线引出和螺丝引出等，以适应线路的插孔要求。

(5) 在选用电容器时，不仅要注意以上几点，有时还要考虑其体积、价格和所处的工作环境（温度、湿度）等情况。

(6) 电容器的代用。在选购电容器时，若买不到所需的型号或参数的电容器，或者现有的电容器与所需的不相符合，便要考虑用别的电容器代用。代用的原则是，电容器的容量基本相同；电容器的耐压值不低于原电容器的耐压值；对于旁路电容器、耦合电容器，可选用比原电容器容量大的代用；在高频电路中，一定要让频率特性满足电路的要求。

(7) 电容器使用注意事项。在使用电容器时应注意以下几点。

① 使用电容器时应测量其绝缘电阻，其阻值应该符合使用要求。

② 电容器外观应该完整，引线不能松动。

③ 电解电容器极性不能接反。

④ 电容器耐压应符合要求，如果耐压不够，可采用串联的方法。

⑤ 某些电容器的外壳有黑点或黑圈，在接入电路时应将该端接低电位或低阻抗的一端（接地）。用于电源去耦以及旁路用途的电容器通常应使用两只电容器并联工作，一只先用较大容量的电解电容器作为低频通路，另一只选用小容量的云母或瓷介电容器作为高频通路。

⑥ 温度对电解电容器的漏电流、容量及寿命都有影响，一般的电解电容器只能在50℃以下的环境中使用。

⑦ 在脉冲电路中,应选用频率特性和耐温性能较好的电容器,一般为涤纶、云母和聚苯乙烯等电容器。

⑧ 可变电容器的动片应良好接地。

可变电容器在使用过程中,动片间会积累灰尘,应定期清洁处理。

1.1.4 电感器

电感器(简称电感,用字母 L 表示)是利用漆包线在绝缘骨架上绕制而成的一种能够存储磁能的电子元件。在电路中电感有阻流、变压和传送信号等作用。

1. 电感器的分类

电感器通常分为两大类,一类是应用于自感作用的电感线圈,另一类是应用于互感作用的变压器。

(1) 电感线圈的分类。电感线圈是根据电磁感应原理制成的。它的用途极为广泛,常用于 LC 滤波器、调谐放大器或振荡器中的谐振回路、均衡电路、去耦电路等。

① 电感按线圈磁心的不同,可分为空心线圈和带磁芯的线圈。

② 电感按绕制方式的不同可分为单层线圈、多层线圈、蜂房线圈等。

③ 电感按电感量变化情况的不同可分为固定电感和微调电感等。

(2) 变压器的分类。变压器利用两个绕组的互感来传递交流电信号和电能,同时还有变换前、后级阻抗的作用。

① 按磁芯和线圈结构分。变压器按磁芯和线圈结构的不同可分为有磁芯式变压器和壳式变压器等。大功率变压器以有磁芯式结构为多,小功率变压器常采用壳式结构。

② 按使用频率分。变压器按使用频率的不同可分为高频变压器、中频变压器和低频变压器。

常见的电感器及电路符号如图 1-9 所示。

2. 常用的电感器

常用的电感器分为以下 3 种。

(1) 小型固定电感器。这种电感器是在棒形、工字形或王字形的磁芯上绕制漆包线制成,它体积小、重量轻、安装方便,用于滤波、陷波、扼流、时延及去耦电路中,按结构的不同可分为卧式和立式两种。

(2) 中频变压器。中频变压器是超外差式无线电接收设备的主要元器件之一,它广泛应用于调幅收音机、调频收音机和电视机等电子产品中。调幅收音机中的中频变压器谐振频率为 465kHz,调频收音机的中频变压器谐振频率为 10.7MHz,伴音中频变压器谐振频率为 31.5 MHz。其主要功能是选频及阻抗匹配。

(3) 电源变压器。电源变压器由带磁芯的绕组、绕组骨架和绝缘物等部件组成。

① 磁芯。变压器的磁芯有 E 形、口形、C 形和等腰三角形,E 形磁芯使用较多,用磁芯制成的变压器,磁芯对绕组形成保护外壳。口形磁芯常用在大功率的变压器中。C 形磁芯采用新型材料,具有体积小、重量轻、质量好等优点,缺点是制作要求高。

(a) 固定电感器　(b) 中频变压器　(c) 高频变压器
(d) 空心电感器　(e) 可调磁芯电感器　(f) 低频变压器
(g) 电感器符号　(h) 带磁芯符号　(i) 带磁芯　(j) 空心变压器　(k) 磁芯变压器

图 1-9　常见电感器及电路符号

② 绕组。绕组是用不同规格的漆包线绕制而成的，由一个一次绕组和多个二次绕组组成，在一、二次绕组之间加有静电屏蔽层。

③ 特性。变压器的一次绕组、二次绕组的匝数与各自对应的电压之间的关系如下：

$$n = N_1/N_2 = U_1/U_2$$

式中，U_1 和 N_1 分别代表一次绕组的电压和线圈匝数；U_2 和 N_2 分别代表二次绕组的电压和线圈匝数；n 称为电压比或匝数比，$n<1$ 的变压器为升压变压器，$n>1$ 的变压器为降压变压器，$n=1$ 的变压器为隔离变压器。

3. 电感器的主要参数及标识

（1）电感器线圈的主要参数。

① 电感。电感是电感器线圈的重要参数，国际单位是亨[利]（H），常用单位还有毫亨（mH）和微亨（μH）。三者之间的换算关系如下：

$$1\text{H} = 10^3\text{mH} = 10^6\mu\text{H}$$

电感的大小主要取决于线圈的直径、匝数及有无磁芯等因素。电感器的用途不同，所需的电感大小也不同。例如在高频电路中，线圈的电感一般为 0.1μH～100H。

② 电感器线圈的品质因数。品质因数 Q 用来表示线圈损耗的大小，高频线圈的品

质因数通常为50～300。调谐回路线圈的Q值要求比较高,用高Q值的线圈与电容组成的谐振电路有更好的谐振特性;用低Q值线圈与电容器组成的谐振电路,其谐振特性不明显。耦合线圈的Q值要求可以低一些,高频扼流线圈和低频扼流线圈无要求。Q值的大小会影响回路的选择性、效率、滤波特性以及频率的稳定性。一般情况下希望Q值越大越好,但是提高线圈的Q值并不是一件容易的事,因此应根据实际使用场合,对线圈Q值提出适当的要求。线圈的品质因数Q的计算公式如下:

$$Q=\omega L/R$$

式中,ω为工作频率;L为线圈的电感量;R为线圈的总损耗电阻,它是由直流电阻、高频电阻(由集肤效应和邻近效应引起)介质损耗等所组成。

为了提高线圈的品质因数Q,可以采用镀银铜线,以减小高频电阻;用多股的绝缘线代替具有同样总截面的单股线,以减少集肤效应;采用介质损耗小的高频瓷骨架,以减小介质的损耗。采用磁芯虽然增加了磁芯损耗,但是可以减小线圈的匝数,从而减小导线的直流电阻,提高线圈的Q值。

③ 固有电容。电感器线圈绕组的匝与匝之间存在着分布电容,多层绕组层与层之间,也都存在着分布电容。这些分布电容可以等效成一个与线圈并联的电容C_0,实际为由L、R和C_0组成的并联谐振电路,其谐振频率f_0的计算公式如下:

$$f_0=\frac{1}{2\pi\sqrt{LC_0}}$$

f_0又称为线圈的固有频率。为了保证线圈有效电感量的稳定,使用电感线圈时,要使其工作频率远低于线圈的固有频率。为了减小线圈的固有电容,可以减少线圈骨架的直径,用细导线绕制线圈或采用间绕法。

④ 额定电流。它是指电感器正常工作时,允许通过的最大电流。若工作电流大于额定电流,电感器会因发热而改变参数,严重时会烧毁。在高频扼流圈和大功率谐振电路中,额定电流是一个重要的参数。在电源滤波电路中常用的低频阻流圈,额定电流也应被考虑到。

(2) 变压器的主要参数。

① 变压比。一次电压与二次电压之比为变压比,简称变比。变比大于1的变压器称为降压变压器;变比小于1的变压器称为升压变压器。

② 效率。在额定负载下,变压器的输出功率与输入功率的比值称为变压器的效率。变压器的效率与功率有关,如表1-7所示。一般情况下,功率越大,效率就越高。

表1-7　一般变压器效率与功率的关系

功率/(V・A)	<10	10～30	30～50	50～100	100～200	>200
效率(%)	60～70	70～80	80～85	85～90	90～95	>95

③ 额定功率和额定频率。电源变压器的额定功率是指在规定的频率和电压下,变压器能长期工作而不超过规定温升时的输出功率。由于变压器的负载不是纯电阻特性的,因此额定功率中会有部分无功功率。故常用伏安(V・A)作为单位来表示变压器的

容量。

变压器磁芯中的磁感应强度与频率有关。因此变压器在设计时必须确定使用频率，这一频率称为额定频率。

④ 额定电压。变压器工作时，一次绕组上允许施加的电压不应超过的额定值就是额定电压。

⑤ 电压调整率。它是变压器负载电压与空载电压差别的参数，用百分数表示。

⑥ 空载电流。当变压器的二次绕组无负载时，一次绕阻仍有一定的电流，这部分电流叫空载电流。

⑦ 绝缘电阻。绝缘电阻是施加试验电压与产生的漏电流之比。在理想的变压器中，各绕组之间及绕阻和磁芯之间在电气上应该是绝缘的，但是由于材料和工艺等原因达不到理想的绝缘效果。

⑧ 温升。温升是指变压器加电工作发热后，温度上升到稳定值时，比环境温度升高的温度。变压器的温升主要是指绕组的温升，它决定了绝缘系统的寿命。

⑨ 漏电感。变压器一次绕组中电流产生的磁通不可能完全通过二次绕组，不通过二次绕组的这部分磁通量称为漏磁通。由漏磁通产生的电感称为漏电感，简称漏感。

(3) 电感器的标识。为了表明各种电感器的不同参数，便于在生产、维修时识别和应用，常在小型固定电感器的外壳上涂上标识，其标志方法有直标法、色标法和电感值数码表示方法3种。

① 直标法。直标法是指在小型固定电感器的外壳上直接用文字标出电感器的主要参数，例如电感量、误差值、最大直流工作的对应电流等。其中，最大工作电流常用字母A、B、C、D、E等标注，字母和电流的对应关系如表1-8所示。

表1-8 小型固定电感器的工作电流和字母的关系

字母	A	B	C	D	E
最大工作电流/mA	50	150	300	700	1600

例如，电感器外壳上标有3.9mH、A、Ⅱ等字样，则表示其电感量为3.9mH，误差为Ⅱ(±10%)，最大工作电流为A挡(50mA)。

② 色标法。色标法是指在电感器的外壳涂上各种不同颜色的环，用来标注其主要参数。

第1条色环表示电感量的第1位有效数字，第2条色环表示第2位有效数字，第3条色环表示所乘的倍数(即10^n)，第4条表示允许偏差。数字与颜色的对应关系和色环电阻标志法相同。

例如，某电感器的色环标志为红红银黑，表示其电感量为0.22×(1－20%)～0.22×(1＋20%)μH；标志为黄紫金银，表示其电感量为4.7×(1－10%)～4.7×(1＋10%)μH。

③ 数码法。标称电感值采用3位数字表示，前2位数字表示电感值的有效数字，第3位数字表示0的个数；用微亨(μH)做单位时，R表示小数点；用nH做单位时，N表示小数点。例如，222表示2200μH，151表示150μH，100表示10μH，R68表示0.68μH，10N表示10nH。

4. 电感器的简易测量

电感器的感抗一般可通过高频 Q 表或电感表进行测量。

若不具备以上两种仪表可用万用表测量线圈的直流电阻来判断其好坏。用万用表电阻挡测量电感器直流电阻的大小。若被测电感器的直流电阻为 0Ω,则说明电感器内部绕组有短路故障(但是有许多电感器的直流电阻很小,只有不到 1Ω,最好用电感量测试仪来测量)。

若被测电感器直流电阻为无穷大,说明电感器的绕组或引出脚与绕组接点处发生了断路。

5. 电感器的选用

选用电感器时必须要考虑以下因素。

(1) 按工作频率的要求选择某种结构的线圈。工作在音频段的线圈,一般要用带铁芯(硅钢片或坡莫合金)或低铁氧体磁芯的;工作在几百千赫至几十兆赫间的线圈,最好用铁氧体磁芯,并以多股绝缘线绕制。工作在几兆赫至几十兆赫的线圈时,最好选用单股镀银粗铜线绕制,要采用短波高频铁氧体磁芯,也常用空心线圈。当工作频率为 100MHz 以上时,一般不能选用铁氧体磁芯,只能用空心线圈。如要进行微调,可用铜制磁芯。

(2) 因为线圈的骨架材料与线圈的损耗有关,所以用在高频电路里的线圈应选用高频损耗小的高频瓷作为骨架。对要求不高的场合,可以选用塑料、胶木和纸作骨架的电感器,这样一来,不但价格低廉,而且制作方便、重量轻。

(3) 选用线圈时必须考虑机械结构是否牢固、不应使线圈松脱、引线接点活动等因素。

1.2 半导体分立元件

半导体分立元件主要有二极管、三极管等。下面分别进行介绍。

1.2.1 二极管

二极管具有单向导电性,可用于整流、检波、稳压及混频电路中。

1. 二极管的分类

(1) 按材料分类。按所用材料的不同,二极管可以分为锗二极管(简称锗管)和硅二极管(简称硅管)两大类。两者性能区别在于,锗管正向压降比硅管小(锗管为 0.2～0.3V,硅管为 0.6～0.7V);锗管的反向漏电流比硅管大(锗管约为几百微安,硅管小于 1μA);锗管的 PN 结可以承受的温度比硅管低(锗管约为 100℃,硅管约为 200℃)。

(2) 按用途分类。二极管按用途不同可以分为普通二极管和特殊二极管。普通二极管包括检波二极管、整流二极管、开关二极管和稳压二极管;特殊二极管包括变容二极管、光电二极管和发光二极管。

常用二极管的外观如图 1-10 所示,符号如图 1-11 所示。

2. 二极管的特性及用途

二极管常用的特性及用途如表 1-9 所示。

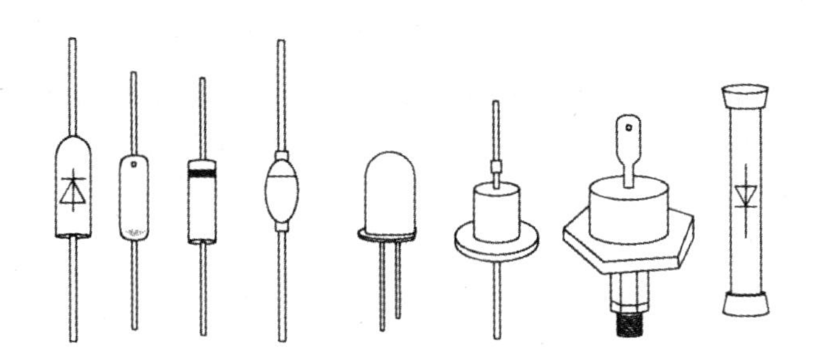

图 1-10 常用二极管的外观

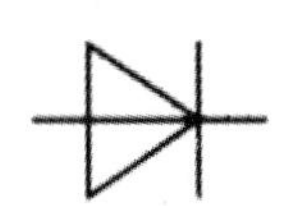

(a) 半导体二极管的一般符号

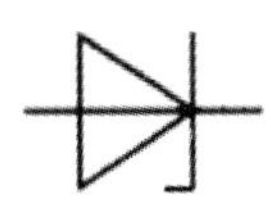

(b) 稳压二极管(单向击穿二极管)

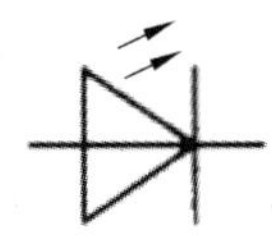

(c) 发光二极管的一般符号

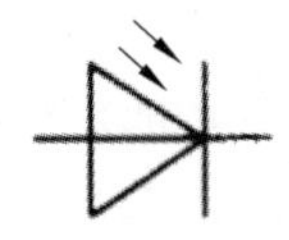

(d) 光电二极管

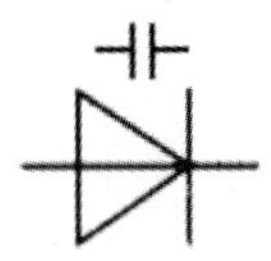

(e) 变容二极管

图 1-11 常用二极管的符号

表 1-9 常用二极管的特性

名称	原理	用途
整流二极管	多用硅半导体制成,利用 PN 结单向导电性	将交流变成脉动直流,即整流
检波二极管	常用点接触式,高频特性好	检出调制在高频电磁波上的低频信号
稳压二极管	利用二极管反向击穿时,两端电压不变原理	稳压限幅,过载保护,广泛用于稳压电源装置中
开关二极管	利用正向偏压时,二极管电阻很小;反向偏压时,电阻很大,具有单向导电性	在电路中对电流进行控制,起到开关的作用
变容二极管	利用 PN 结电容随加到二极管上的反向电压进行变化的特性	在调谐等电路中取代可变电容
发光二极管	正向电压为 1.5～3V 时,只要正向电流通过,就可以发光	可组成数字或符号的 LED 数码管,起到指示的作用
光电二极管	将光信息转换成电信号。有光照时,其反向电流与光照强度呈正比	用于光的测量或作为光电池进行能量转换

3. 二极管的主要参数及命名

(1) 最大整流电流 I_F。在正常工作的情况下,二极管允许通过的最大正向平均电流称最大整流电流 I_F,使用时二极管的平均电流不能超过这个数值。

(2) 最高反向电压 U_{RM}。反向加在二极管两端,而不致引起 PN 结击穿的最大电压称最

高反向电压 U_{RM},工作电压仅为击穿电压的 1/2～1/3,工作电压的峰值不能超过 U_{RM}。

(3) 最高反向电流 I_{RM}。因载流子的漂移作用,二极管截止时仍有反向电流流过 PN 结,该电流受温度及反向电压的影响。I_{RM} 越小,二极管质量越好。

(4) 最高工作频率。最高工作频率指保证二极管单向导电作用的最高工作频率,若信号频率超过此值,管子和单向导电性将变坏。

(5) 二极管与三极管的型号命名。根据《半导体分立器件型号命名方法》(GB/T 249—2017)的规定,半导体二极管和半导体三极管的型号由 5 个部分组成,如表 1-10 所示。

表 1-10　半导体分立器件型号命名方法

第一部分		第二部分		第三部分		第四部分	第五部分
用阿拉伯数字表示器件的电极数目		用汉语拼音字母表示器件的材料和极性		用汉语拼音字母表示器件的类别		用阿拉伯数字表示序号	用汉语拼音表示规格号
符号	意义	符号	意义	符号	意义		
2	二极管	A	N 型,锗材料	P	小信号管		
		B	P 型,锗材料	V	混频检波管		
		C	N 型,硅材料	W	电压调整管和电压基准管		
		D	P 型,硅材料	C	变容管		
3	三极管	A	PNP 型,锗材料	Z	整流管		
		B	NPN 型,锗材料	L	整流堆		
		C	PNP 型,硅材料	S	隧道管		
		D	NPN 型,硅材料	K	开关管		
		E	化合物材料	X	低频小功率晶体管		
					($f_a<3\text{MHz}$, $P_c<1\text{W}$)		
				G	高频小功率晶体管		
					($f_a\geqslant3\text{MHz}$, $P_c<1\text{W}$)		
				D	低频大功率晶体管		
					($f_a<3\text{MHz}$, $P_c\geqslant1\text{W}$)		
				A	高频大功率晶体管		
					($f_a\geqslant3\text{MHz}$, $P_c\geqslant1\text{W}$)		
				T	闸流管		
				Y	体效应管		
				B	雪崩管		
				J	阶跃恢复管		

第一部分：用数字“2”表示二极管,用数字“3”表示三极管。

第二部分：材料和极性，用字母表示。

第三部分：类型，用字母表示。

第四部分：序号，用数字表示。

第五部分：规格号，用字母表示。

例如，锗材料 PNP 型低频大功率三极管 3AD50C 的含义如下：

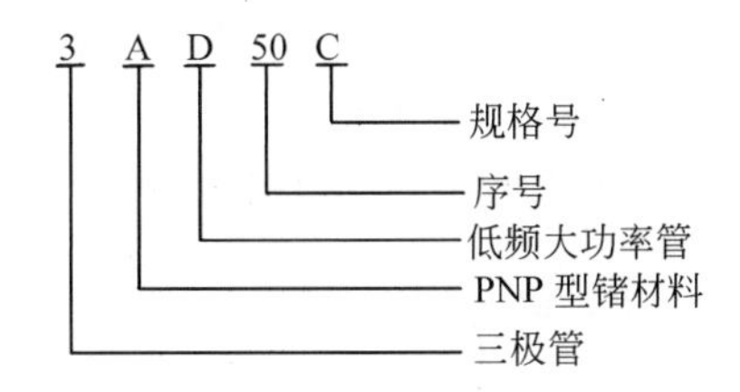

硅材料 NPN 型高频小功率三极管 3DG201B 的含义如下：

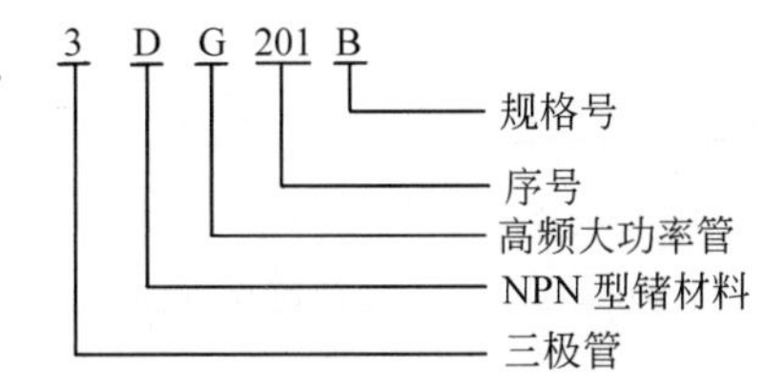

4. 二极管的简易测试

1）极性的识别方法

二极管的外壳上一般都印有型号和标记。标记箭头所指的方向为阴极。有的二极管只有一个色点，有色的一端为阴极，有时会带定位标志。判别时，观察者面对管底，由定位标志起，引出线按顺时针方向依次为正极和负极，如图 1-12 所示。

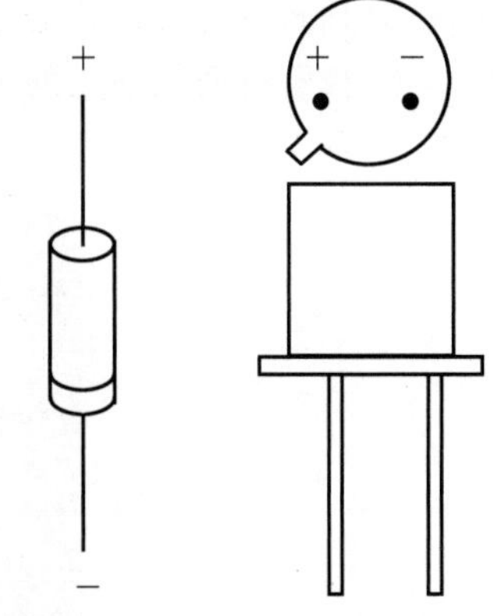

(a) 轴向引线型　(b) 带定位标志型

图 1-12　二极管极性识别示意图

2）检测方法

(1) 单向导电性的检测。

① 用指针万用表的欧姆挡测量二极管的正反向电阻，可能会出现以下 4 种情况。

- 测得的反向电阻(最小为几百千欧)和正向电阻(最大为几千欧)之比值大于 100，表明二极管性能良好。
- 反向电阻与正向电阻之比为十几甚至几十，表明二极管单向导电性不佳，不宜使用。
- 正向电阻与反向电阻均为无限大，表明二极管断路。
- 正向电阻与反向电阻均为 0Ω，表明二极管短路。

测试时必须注意，检测小功率二极管时应将万用表置于 $R\times100$ 挡或 $R\times1\text{k}$ 挡，检测中、大功率二极管时，方可将量程置于 $R\times1$ 或 $R\times10$ 挡。

② 用数字万用表测量时,将选择旋钮拨到测量二极管挡,用万用表的红表笔接触二极管的正端,黑表笔接触二极管的负端,万用表就会显示二极管正向导通时的电压,一般在0.5～0.7V;表笔反向接时,无电压显示。

(2) 二极管的极性判断。

① 用指针万用表判别二极管的极性。将指针万用表的两只表笔分别接触二极管的两个电极。若测出的电阻为几十欧、几百欧或几千欧,则黑表笔所接触的电极为正极,红表笔所接触的电极是负极,如图1-13(a)所示;若测出来的电阻为几十千欧或几百千欧,则黑表笔所接触的电极为二极管的负极,红表笔所接触的电极为正极,如图1-13(b)所示。

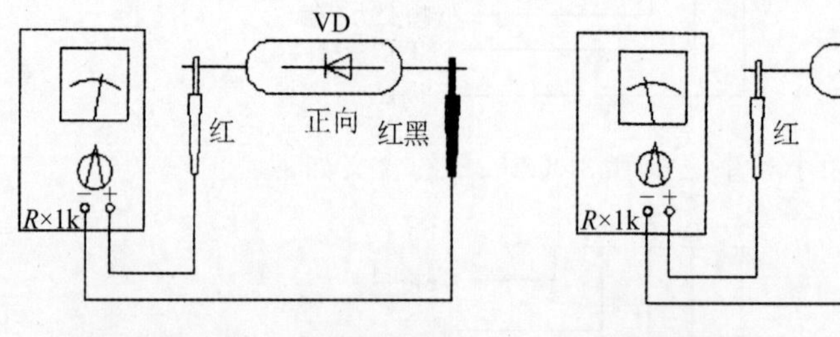

(a) 黑表笔接触正极,红表笔接触负极　　(b) 黑表笔接触负极,红表笔接触正极

图1-13　二极管的极性判断

② 用数字式万用表判别二极管的极性。将数字万用表拨至二极管测试挡,用两支表笔分别接触二极管的两个电极。若万用表显示值小于1V,则说明二极管处于正向导通状态,这时红表笔接的是正极,黑表笔接的是负极(因为红表笔带正电,黑表笔带负电);若显示溢出符号"1",则说明二极管处于反向截止状态,这时黑表笔接的是正极,红表笔接的是负极。

- 直插式发光二极管的极性判断方法。全新的发光二极管引脚正极比负极长,发光二极管有两块独立的金属区域,面积较大的为负极,面积较小的为正极,如图1-14所示。

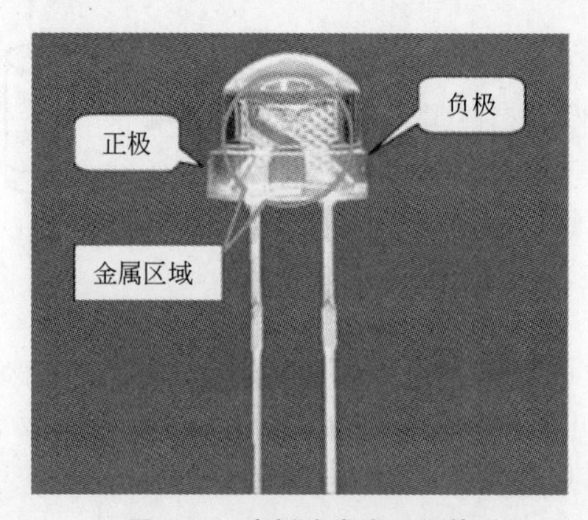

图1-14　直插式发光二极管

- 贴片式发光二极管的极性判断方法。由于贴片式发光二极管的封装是透明的,所以透过外壳就可以看到里面的接触电极的形状是不一样的,面积大的部分是负极,在它的背面用箭头指向了正极到负极的方向,如图1-15所示。

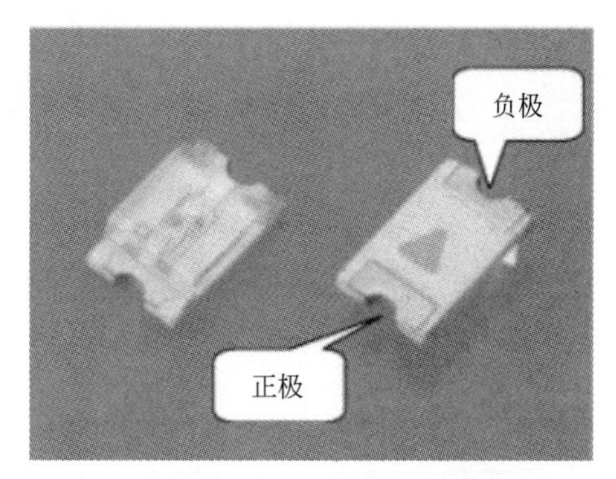

图 1-15 贴片式发光二极管

(3) 区分硅管与锗管。利用数字式万用表不仅能判定二极管的正、负极性,还能根据硅二极管与锗二极管的正向导通压降 V_F 的差异判别出硅管与锗管。方法是把数字式万用表置于二极管测试挡,将红表笔接二极管的正极,黑表笔接二极管的负极,这样就可测量二极管的正向导通压降 V_F 的值,如果显示 0.15~0.3V,则表明被测的是锗二极管,如果显示 0.5~0.8V,则表明被测的是硅二极管。

5. 二极管的选用

(1) 类型选择。按照用途选择二极管的类型。若用于检波,可以选择点接触式普通二极管;若用于整流,可以选择面接触型普通二极管或整流二极管;若用于光电转换,可以选用光电二极管;若用于开关电路,可使用开关二极管等。

(2) 参数选择。用于电源电路的整流二极管,通常考虑两个参数 I_F 与 U_{RM},在选择的时候应适当留有余量。

(3) 材料选择。选择硅管还是锗管,可以按照以下原则决定:要求正向压降小时,选择锗管;要求反向电流小时,选择硅管;要求反向电压高、耐高压时,选择硅管。

1.2.2 三极管

半导体极三极管又称晶体三极管、晶体管或双极型晶体管。它是一种用电流控制电流的半导体元件,可用来对微弱信号进行放大或用于无触点开关。它具有结构牢固、寿命长、体积小、耗电少等优点,在各个领域广泛应用。

1. 三极管的分类

(1) 按材料分类。三极管可按材料的不同分为硅三极管、锗三极管。

(2) 按导电类型分类。三极管按导电类型的不同可分为 PNP 型和 NPN 型两种。锗三极管多为 PNP 型,硅三极管多为 NPN 型。

(3) 按用途分类。依工作频率分为高频($f_T>3$MHz)、低频($f_T<3$MHz)和开关三极管。依功率又分为大功率($P_{CM}>1$W)、中功率(P_{CM}在 0.5~1W)和小功率三极管($P_{CM}<0.5$W)。

常用三极管的外观如图 1-16 所示,符号如图 1-17 所示。

2. 常用的三极管

常用三极管的主要参数如表 1-11 所示。

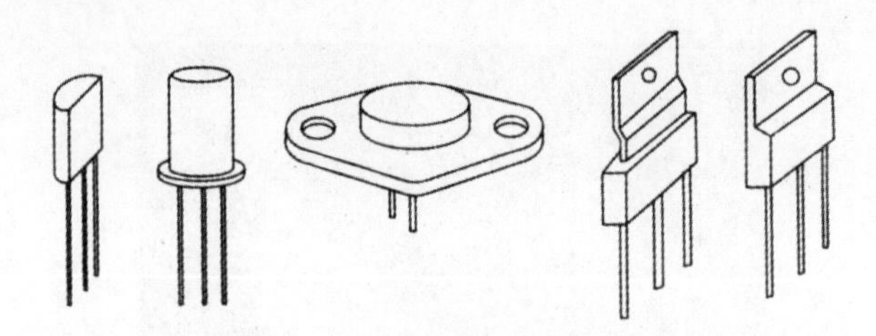

图 1-16　常用三极管的外观

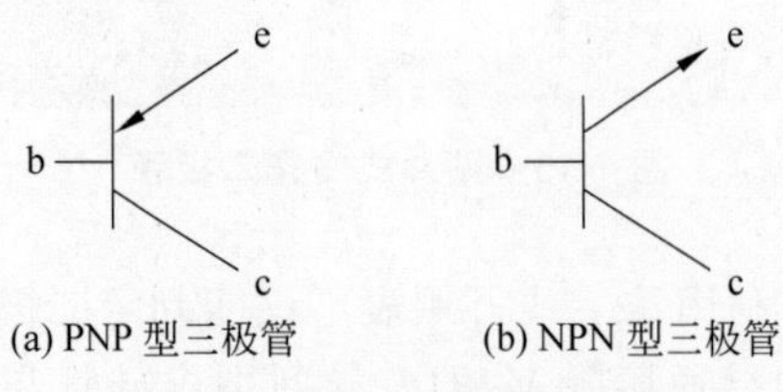

(a) PNP 型三极管　　(b) NPN 型三极管

图 1-17　常用三极管的符号

表 1-11　部分常用、小功率三极管的技术参数

型号	U_{cb0}/V	U_{ce0}/V	I_{CM}/A	P_{CM}/W	h_{ce0}(β)	f_T/MHz
9011(NPN)	50	30	0.03	0.4	28～200	370
9012(PNP)	40	20	0.5	0.625	64～200	—
9013(NPN)	40	20	0.5	0.625	64～200	—
9014(NPN)	50	45	0.1	0.625	60～180	270
9015(PNP)	50	45	0.1	0.45	60～600	190
9016(NPN)	30	20	0.025	0.4	28～200	620
9018(NPN)	30	15	0.05	0.4	28～200	1100
8050(NPN)	40	25	1.5	1.0	85～300	110
8550(PNP)	40	25	1.5	1.0	60～300	110
2N5401	150		0.6	1.0	60	100
2N5550		140	0.6	1.0	60	100
2N5551		160	0.6	1.0	80	100
2SC945		50	0.1	0.25	90～600	200
2SC1815		50	0.15	0.4	70～700	80
2SC965		20	5	0.75	180～600	150

3. 三极管的主要参数

三极管的特性参数有很多,大致可为直流参数、交流参数和极限参数 3 类。

(1) 直流参数。

① 共发射极电流放大倍数 h_{fe}：集电极电流 I_c 与基极电流 I_b 之比,即

$$h_{fe}=I_c/I_b$$

② 集电极—发射极反向饱和电流 I_{ce0}：基极开路时，集电极与发射极之间加上规定的反向电压时的集电极电流，又称穿透电流。它是衡量二极管热稳定性的一个重要参数，其值越小，则三极管的抗热危害性越好。

③ 集电极—基极反向饱和电流 I_{cb0}：发射极开路时，集电极与基极之间加上规定的电压时的集电极电流。良好三极管的 I_{cb0}应很小。

(2) 交流参数。

① 共射极交流电流放大系数 $h_{ce0}(\beta)$：在共发射极电路中，集电极电流变化量 ΔI_c 与基极电流变化量 Δi_b 之比，即 $\beta=\Delta I_{c/}\Delta I_b$。

② 共发射极截止频率 f_β：反向电流放大系数因频率增加而下降至低频放大系数的 0.707 时的频率。

③ 特征频率 f_T：β 值因频率升高而下降至 1 时的频率。

(3) 极限参数。

① 集电极最大允许电流 I_{CM}：三极管参数变化不超过规定值时，集电极允许通过的最大电流。当三极管的实际工作电流大于 I_{CM}时，三极管的性能将显著变差。

② 集电极-发射极反向击穿电压 $I_{ce0}(BR_{ce0})$：基极开路时，集电极与发射极间的反向击穿电压。

③ 集电极最大允许功率损耗 P_{CM}：集电结允许功耗的最大值，其大小取决于集电结允许的最高温度。

(4) 型号命名。三极管型号由 5 部分组成，如表 1-11 所示。

例如，3AGllC 表示锗 PNP 型高频小功率管，序号为 11，三极管的规格号为 C。

4. 三极管的检测

(1) 放大倍数与极性的识别方法。一般情况下可以根据命名规则从三极管壳上的符号辨别出它的型号和类型。同时还可以从管壳上的色点的颜色来判断出三极管的放大系数 $h_{ce0}(\beta)$值的大致范围。常用颜色对 β 值分挡如表 1-12 所示。

表 1-12 常用颜色对应的 β 值

β	5～15	15～25	25～40	40～55	55～80	80～120	120～180	180～270	270～400	400 以上
颜色	棕	红	橙	黄	绿	蓝	紫	灰	白	黑

例如，颜色为橙色表明该三极管的 β 值为 25～40。但有的厂家不按此规定，使用时要注意。当从管壳上知道它们的类型型号以及 β 值后，还应进一步判别它们的 3 个极。

小功率三极管有金属外壳和塑料外壳封装两种。金属外壳封装的三极管如果管壳上带有定位销，那么，将管底朝上，从定位销起，按顺时针方向，3 根电极依次为 e、b 和 c；如果管壳上无定位销且 3 根电极在半圆内，将有 3 个极的半圆置于上方，按顺时针顺序，3 个电极依次为 e、b 和 c，如图 1-18(a)所示。

对于大功率三极管，按外形一般可分为 F 型和 G 型两种，如图 1-19 所示。F 型三极管从外形上只能看到两根电极。将管底朝上，两根电极置于左侧，则上为 e，下为 b，底座

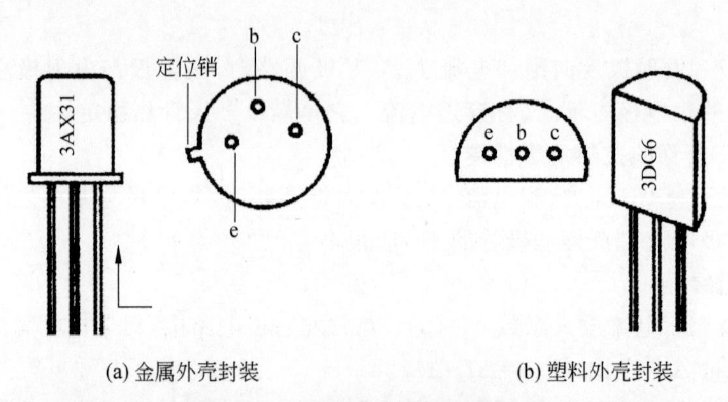

(a) 金属外壳封装　　(b) 塑料外壳封装

图 1-18　小功率三极管电极的识别

为 c。G 型三极管的 3 个电极一般在管壳的顶部,将管底朝下,3 根电极置于左方,从最下面电极起,顺时针方向,依次为 e、b、c。

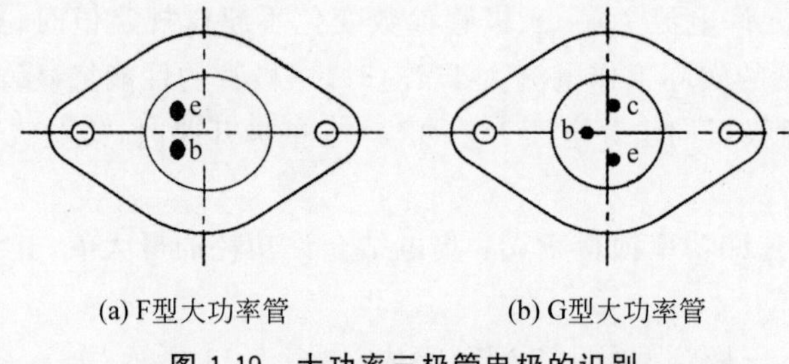

(a) F型大功率管　　(b) G型大功率管

图 1-19　大功率三极管电极的识别

三极管的引脚必须正确确认,否则接入电路中不但不能正常工作,还可能将其烧坏。

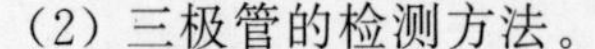

(2) 三极管的检测方法。

① 用数字万用表的二极管挡位测量三极管的类型和基极 b。判断时可将三极管看成是一个背靠背的 PN 结,选数字万用表的二极管挡,用红表笔去接三极管的某一引脚(假设该引脚为基极),用黑表笔分别接另外两个引脚,如果表的液晶屏上两次都显示有零点几伏的电压(锗管为 0.3V 左右;硅管为 0.7V 左右)或者显示为 500~600V,那么此三极管应为 NPN 型且红表笔所接的那一个引脚是基极。如果两次所显示的均为"OL"或者"1",那么红表笔所接的那一个引脚便是 PNP 型管的基极。

② 发射极 e 和集电极 c 的判断。

方法 1:利用万用表测量(HFE)值的挡位,判断发射极 e 和集电极 c。将挡位旋至 HFE 基极插入所对应类型的孔中,把其余引脚分别插入 c、e 孔,观察数据,若 HFE 测试结果是几十至几百,说明引脚插对了,若 HFE 测试结果是几至十几,说明引脚插错了。

方法 2:判别集电极 c 和发射极 e。以 NPN 型管为例。把红表笔接到假设的集电极 c 上,黑表笔接到假设的发射极 e 上,并且用手握住 b 和 c 极(b 和 c 极不能直接接触),通过人体,相当于在 b、c 之间接入偏置电阻。读出表所示 c、e 间的电阻值,然后将红、黑两表笔反接重测,若第一次电阻比第二次小(第二次阻值接近无穷大),说明原假设成立,即红表笔所接的是集电极 c，黑表笔接的是发射极 e。因为 c、e 之间电阻值小正说明通过万用表的电流大，偏值较小，如图 1-20 所示。

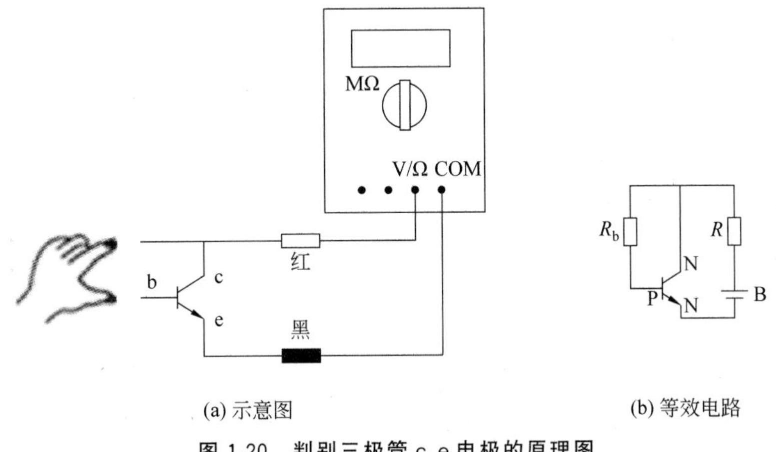

(a) 示意图　　(b) 等效电路

图 1-20　判别三极管 c、e 电极的原理图

③ 质量的判定。

- 正常：在正向测量两个 PN 结时具有正常的正向导通压降 0.1～0.7V，反向测量时两个 PN 结截止，显示屏上显示溢出符号“1”。集电极和发射极之间测量时，显示溢出符号“1”。
- 击穿：常见故障为集电结或发射结以及集电极和发射极之间击穿，在测量时蜂鸣挡会发出蜂鸣声，同时显示屏上显示的数据接近零。
- 开路：常见的故障为发射结或集电结开路，在正向测量时显示屏上会显示为 1 的溢出符号。
- 漏电：常见的故障为发射结或集电结之间在正向测量时有正常的结压降，而在反向测量时也有一定的压降值显示。一般为零点几伏到一点几伏，反向压降值越小，说明漏电越严重。

5. 三极管的选用

(1) 类别选择。按用途选择三极管的类型。如按电路的工作频率，可分为低频放大和高频放大，应选用相应的低频管或高频管；若要求管子工作在开关状态，应选用开关管。根据集电极电流和耗散功率的大小，可分别选用小功率管或大功率管，一般集电极电流在 0.5A 以上，集电极耗散功率在 1W 以上的选用大功率三极管，而集电极电流在 0.1A 以下的称小功率三极管另外还按电路要求，选用 NPN 型或 PNP 型管等。

(2) 参数选择。对放大管，通常必须考虑 4 个参数 $\bar{\beta}$、$U_{(BR)CE0}$、I_{cM} 和 P_{cM}，一般希望 $\bar{\beta}$ 大，但并不是越大越好，需根据电路要求选择 $\bar{\beta}$ 值。$\bar{\beta}$ 太高，易引起自激振荡，工作稳定性差，受温度影响也大。通常选 $\bar{\beta}$ 为 40～100。$U_{(br)ce0}$，I_{CM} 和 P_{CM} 是三极管的极限参数，电路的估算值不得超过这些极限参数。

1.3 集成电路

集成电路是利用半导体工艺、厚膜工艺、薄膜工艺,将无源(电阻、电容、电感等)和有源(如二极管、三极管、场效应管等)的元器件按照设计要求连接起来,制作在同一块硅片上,成为具有特殊功能的电路。集成电路打破了传统的观念,实现了材料、元器件、电路的三位一体。与分立元器件相比,集成电路具有体积小、重量轻、功能多、成本低、适合大批量生产等特点,同时缩短和减少了连线和焊接点,提高了产品的可靠性和一致性。几十年来,集成电路生产技术取得了迅速的发展,集成电路得到了非常广泛的应用。

1.3.1 集成电路的分类

集成电路有多种不同的分类方法。按照制造工艺的不同,集成电路可以分为半导体集成电路、厚膜集成电路、薄膜集成电路和混合集成电路;按功能和性质分,集成电路可分为数字集成电路、模拟集成电路和微波集成电路;按集成规模大小,可分为小规模、中规模、大规模和超大规模集成电路等。

1. 按照功能分类

(1) 数字集成电路。以“开”和“关”两种状态或以高、低电平来对应“1”和“0”二进制数字量,并进行数字的运算、存储、传输及转换的集成电路称为数字集成电路。数字电路中最基本的逻辑关系有“与”“或”“非”3 种,它们可组成各类门电路和具有某一特定功能的逻辑电路,例如触发器、计数器、寄存器和译码器等。与模拟电路相比,数字电路的工作形式简单、种类较少、通用性强、对元件精度要求不高。目前,数字集成电路已广泛应用于计算机、自动控制和数字通信系统中。

数字集成电路又可以分为双极型和 CMOS 场效应管型数字集成电路。常用的双极型数字集成电路有 54××、74××和 74LS××系列,常用的 CMOS 型数字集成电路有 4000 和 74HC××系列。

(2) 模拟集成电路。以电压和电流为模拟量进行放大、转换、调制的集成电路称为模拟集成电路,也可将数字集成电路以外的集成电路统称为模拟集成电路。模拟集成电路的精度高、种类多、通用性小。模拟集成电路又可分为线性集成电路和非线性集成电路两种。

① 线性集成电路。线性集成电路是指输入输出信号呈线性关系的集成电路。这类集成电路的型号很多,功能多样,最常见的是各类运算放大器。线性集成电路在测量仪器、控制设备、电视机、收音机、通信和雷达设备等方面得到了广泛应用。

② 非线性集成电路。非线性集成电路是指输出信号随输入信号的变化既不呈线性关系,也不是开关性质的集成电路。非线性集成电路大多是专用集成电路,其输入、输出的信号通常是模拟—数字、交流—直流、高频—低频、正—负极性信号的混合,很难用某种模式统一起来。常用的非线性集成电路有用于通信设备的混频器、振荡器、检波器、鉴频器、鉴相器,用于工业检测控制的模数隔离放大器、交直流变换器、稳压电路,以及各种家用电器中的专用集成电路。

(3) 微波集成电路。工作在 100MHz 以上微波频段的集成电路,称为微波集成电路。

它是利用半导体和薄膜、厚膜技术在绝缘基片上将有源元件、无源元件和微带传输线或其他特种微型波导连接成一个整体所构成的微波电路。

微波集成电路具有体积小、重量轻、性能好、可靠性高、成本低等特点，在微波测量、微波地面通信、导航、雷达、电子对抗、导弹制导和宇宙航行等重要领域得到了广泛应用。

2. 按集成规模分

集成度少于 10 个门电路或少于 100 个元件的集成电路，称为小规模集成电路；集成度在 10～100 个门电路或元件个数为 100～1000 的集成电路，称为中规模集成电路；集成度在 100 个门电路以上或 1000 个元件以上的集成电路，称为大规模集成电路；集成度达到 1 万个门电路或 10 万个元件的集成电路，称为超大规模集成电路。

1.3.2 集成电路的型号与命名

近年来，集成电路的发展十分迅速，特别是中、大规模集成电路的发展，使各种功能的通用、专用集成电路大量涌现。国外各大公司生产的集成电路在推出时已经自成系列，除了表示公司标志的电路型号字头有所不同外，其他部分基本一致。大部分数字序号相同的器件，功能差别不大，可以互相代换。因此，在使用国外集成电路时，应该查阅手册或有关产品型号对照表，以便正确选用。

根据国家标准，国产集成电路的型号命名由 5 部分组成，如表 1-13 所示。

表 1-13 国产集成电路的型号命名

第零部分		第一部分		第二部分		第三部分		第四部分	
用字母表示器件符合国家标准		用字母表示器件的类型		用阿拉伯数字表示器件的系列代号		用字母表示器件的工作温度范围/℃		用字母表示器件的封装	
符号	意义	符号	意义	符号	意义	符号	意义	符号	意义
C	中国制造	T	TTL		与国际同品	C	0～70	A	陶瓷扁平
		H	HTL		种保持一致	E	−40～85	B	塑料扁平
		E	ECL			R	−55～85	C	陶瓷双列直播
		C	CMOS			M	−55～125	D	塑料双列直播
		F	线性放大器					Y	金属圆壳
		D	音响电视电路					F	全密封扁平封装
		W	稳压器						
		J	接口电路						
		B	非线性电路						
		M	存储器						
		u	微型机电路						

命名示例：

(1) 肖特基 TTL 双四输入与非门。

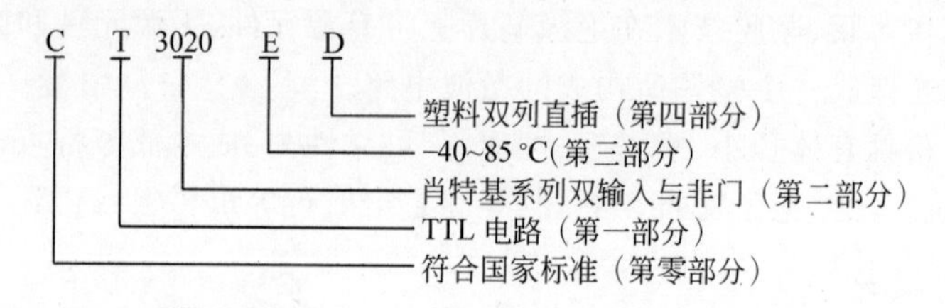

（2）CMOS 8 选 1 数据选择器。

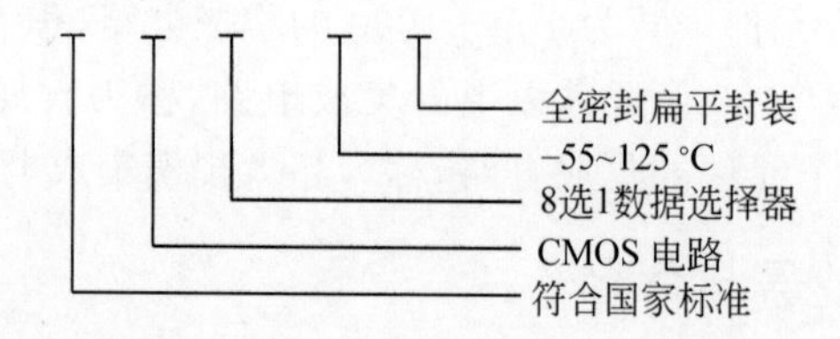

1.3.3 集成电路引脚识别

集成电路引脚排列顺序的标志一般有色点、凹槽、管键及封装时压出的圆形标志。对于双列直插集成块，引脚识别方法是，将集成电路水平放置，引脚向下，标志朝左边，左下角第一个引脚为 1 脚，然后按逆时针方向数，依次类推，如图 1-21 所示。

对于单列直插集成电路也让引脚向下，标志朝左边，从左下角第一个引脚到最后一个引脚依次为 1、2、3……

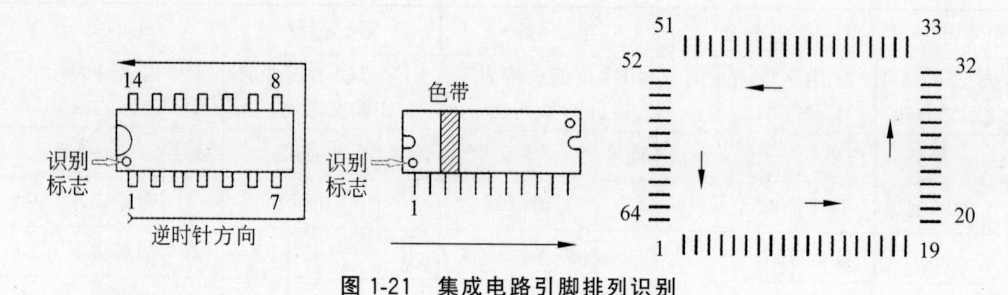

图 1-21 集成电路引脚排列识别

1.3.4 集成电路的选用和使用注意事项

集成电路的种类五花八门，各种功能的集成电路应有尽有。在选用集成电路时，应根据实际情况查器件手册，选用功能和参数都符合要求的集成电路。集成电路在使用时，应注意以下几个问题。

（1）集成电路在使用时，不许超过参数手册中规定的参数数值。

（2）集成电路插装时要注意引脚序号方向，不能插错。

（3）扁平集成电路外引脚在成形、焊接时，引脚要与印制电路板平行，不得穿引脚焊，不得从根部弯折。

（4）为了避免损坏电路或影响电路性能，集成电路焊接时不得使用大于 45W 的电烙铁，每次焊接的时间不得超过 10s。集成电路引脚间距较小，在焊接时不得相互锡连，以免造成短路。

（5）CMOS 集成电路有金属氧化物半导体构成的非常薄的绝缘氧化膜，可在栅极的电压控制源和漏区之间构成导电通路，若加在栅极上的电压过大，栅极的绝缘氧化膜就会被击穿。一旦发生了绝缘击穿，就不可能再恢复集成电路的性能。

虽然 CMOS 集成电路为保护栅极的绝缘氧化膜免遭击穿而备有输入保护电路，但是这种保护也十分有限，使用时如不小心，仍会引起绝缘击穿，因此使用时应注意以下几点。

① 焊接时采用漏电小的电烙铁（绝缘电阻在 10MΩ 以上的 A 级电烙铁或 1MΩ 以上的 B 级电烙铁）或在焊接时暂时拔掉电烙铁电源。

② 电路操作者的工作服、手套等应由不产生静电的材料制成。工作台要铺上导电的金属板、椅子、工夹器具和测量仪器等均应接地。特别是电烙铁的外壳必须良好地接地。

③ 在印制电路板上插入或拔出大规模集成电路时，一定要先切断电源。

④ 切勿用手触摸大规模集成电路的引脚。

⑤ 直流电源的接地引脚一定要接地。

⑥ 在存储 CMOS 集成电路时，必须将集成电路放在金属盒内或用金属箔包装起来。

1.4　思考题

1. 四环电阻和五环电阻上的各个环代表什么含义？
2. 怎样判别固定电容器性能的好坏？
3. 怎样判别电解电容器的极性？
4. 怎样判别二极管的正负极？
5. 使用二极管时，应注意哪些问题？
6. 如何用万用表判别三极管是不是 PNP 型的？
7. 如何用万用表判别三极管的 3 个电极？
8. 简述集成电路的使用注意事项。

第 2 章

电子技术基本操作技能的训练

在电路的设计和制作过程中，除了要用到电子元器件，还需要用到印制电路板和焊接材料。本章将着重介绍印制电路板的设计、制作及焊接技术，印制电路板的设计、制作与焊接技术是电子设备装配的重要工艺，其质量的好坏直接影响电子电路及电子装置的工作性能。优秀的印制电路板和焊接质量，可为电路提供良好的稳定性、可靠性，不良的印制电路板和焊接方法会使设备工作异常，给测试带来很大困难，留下隐患。因此，了解和掌握印制电路板的设计与焊接操作技能是很有必要的。

2.1 印制电路板的设计与制作

2.1.1 印制电路板的基本知识

印制电路板(Print Circuit Board，PCB)是通过专门的工艺，在一定尺寸的绝缘基材覆铜板上，按照预定的设计印制导线和开孔，实现元器件的相互连接。

1. 印制电路板的种类

(1) 单面印制板、双面印制板和多层印制板。

① 单面印制板。在印制电路板上只有一面有铜箔导线的称为单面印制板，简称单面板，如图 2-1(a)所示。单面板结构简单、成本低廉，因此广泛应用于各个行业。也正是因

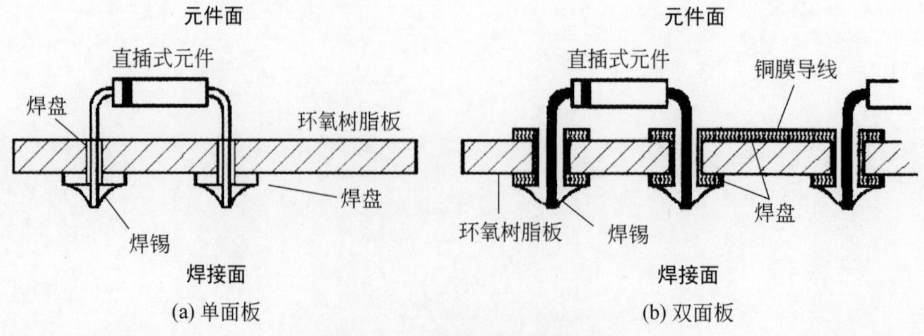

图 2-1 单面和双面印制板

为其过于简单，布线的选择余地小，所以对于比较复杂的电路，设计的难度往往很大，甚至不可能实现。

② 双面印制板。在电路板的两面都可以布线，中间利用过孔连接，交叉的导线可以在不同的板层通过而不相互接触，这样的电路板称为双面印制板，简称双面板，如图 2-1(b)所示。同单面板相比，双面板应用更为广泛，它具有布线方便、简捷的特点，同样的电路，使用双面板后，线路长度更短，劳动强度更小，所以在目前的电路板制作中，使用最多的就是双面板。

③ 多层印制板。多层印制板简称多层板，是指四层或四层以上的电路板，如图 2-2 所示。它是在双面板已有的顶层和底层基础上，增加了内部电源层、内部接地层和中间布线层。随着电子工业的迅速发展，在电路比较复杂且对电路板要求严格时，若单面板和双面板不能实现理想的布线，则必须采用多层板布线。

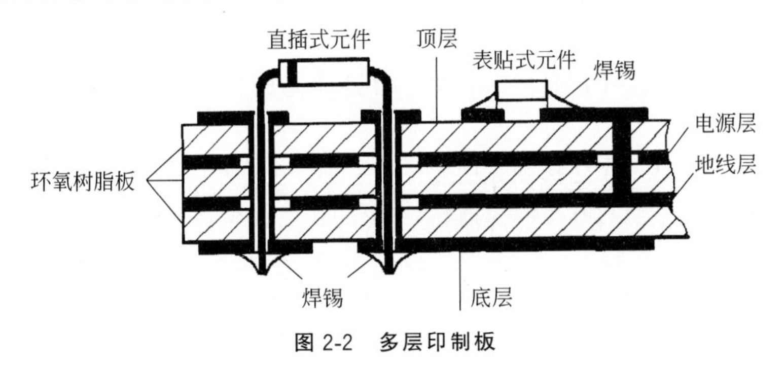

图 2-2　多层印制板

(2) 刚性、柔韧印制板。

① 刚性印制板是指由不易变形的刚性基材制成的印制电路板，在使用时处于平展状态。一般电子设备中使用的都是刚性印制电路板。

② 柔韧印制板是指由可以扭曲和伸缩的基材制成的印制电路板，在使用时可根据安装要求将其弯曲。柔韧印制板一般用于特殊场合，如某些无绳电话机的手柄是弧形的，其内部往往采用柔韧印制板。

2. 印制电路板的材料

印制电路板是在绝缘的基板上，敷以铜箔，再经热压而成的。目前，我国常用单面印制板、双面印制板的铜箔厚度为 35μm，国外已开始使用的 18μm、10μm 和 5μm 等超薄铜箔，具有蚀刻时间短、侧面腐蚀小、易钻孔、节约铜材等优点。

常用的基板有以下几种。

(1) 酚醛纸质基板。这种基板价格低，但耐潮和耐热性不好，一般用于对耐潮和耐热性要求不高的电气设备中。

(2) 环氧酚醛玻璃布基板。这种基板的耐潮和耐热性都较好，但其透明度稍差。

(3) 环氧玻璃布基板。这种基板除了具有环氧酚醛玻璃布基板的优点外，还有透明度好，便于安装和维修，冲剪和钻孔性能良好等优点，多用于双面印制板。

(4) 聚四氟乙烯玻璃布基板。这种基板具有良好的介电性能和化学稳定性，是一种工作范围宽(−230～260℃)、耐温、高绝缘的基材。

此外，还有耐火的自熄性基板等。

印制电路板的常用厚度有0.1mm、0.5mm、1.0mm、1.5mm、2.0mm、2.5mm、3.0mm等，印制电路板的电气指标可参阅相关手册。

3. 印制电路板设计的常用术语

(1) 元件面。元件面是安装了大多数电子元件的那一面。

(2) 焊接面。焊接面是与元件面相对的那一面。

(3) 丝印层。丝印层是印制在元件面上的不导电的图形(有时焊接面上也有丝印层)，代表一些元器件的符号和标号，用于标注元器件的安装位置，一般通过丝印的方法，将绝缘的白色涂料印制在元件面上。

(4) 阻焊图。阻焊图是为了防止需要焊接的印制导线被焊接而绘制的图形。在制板过程中，可根据阻焊图的要求将不需要焊接的地方涂一层阻焊剂，只露出需要焊接的部位。使用软件设计PCB时，当焊接面和元件面设计完成后，软件可自动生成阻焊图。

(5) 焊盘。焊盘是用于连接和焊接元件的一种导电图形。

(6) 金属化孔。金属化孔也称为通孔，在它的孔壁沉积有金属，主要用于层间导电图形的电气连接。

(7) 通孔。通孔也称为中继孔，是用于导线转接的一种金属孔。通孔一般只用于电气连接，不用于焊接元件。

(8) 坐标网格。坐标网格是两组等距离平行正交而成的网格(或称为格点)。它用于元器件在印制电路板上的定位，一般要求元件的管脚必须位于网格的交点上。导线不一定按网格定位。

2.1.2 印制电路板的设计

印制电路板设计是电子产品制作的重要环节，其设计合理与否不仅关系到电路在装配、焊接、调试和检修过程中是否方便，而且直接影响产品的质量与电气性能。

因为思路不同、习惯不一、技巧各异，所以即使是同一张电路原理图也会出现各种设计方案，具有很大的灵活性和离散性。

对于初学者来说，首先要掌握电路的原理和一些基本布局、布线原则，然后通过大量的实践摸索，领悟并掌握布局、布线原则，积累经验，不断地提高印制电路板的设计水平。

1. 印制电路板设计的常用标准

印制电路板设计必须符合有关标准，下面列出几个最基本的标准。

(1) 一般分公制和英制两种标准。1mil=0.001in=0.0254mm。

(2) 孔径和焊盘尺寸。标称孔径和最小焊盘直径的关系如表2-1所示。实际制作中，最小孔径受生产印制电路板厂家生产工艺水平的限制，就目前而言，一般选0.8mm以上，焊盘尺寸一般也要比表中所列数据稍大些。

(3) 导线宽度。导线宽度没有统一的要求，其最小值应能承受通过这条导线的最大电流值。一般应大于 10mil(密尔,1mil=0.001in≈0.0254mm)。考虑到美观、整齐,导线宽度应尽量宽一些,一般可取 20~50mil。

表 2-1 标称孔径与最小焊盘直径 单位:mm

标称孔径	0.4	0.5	0.6	0.8	0.9	1.0	1.3	1.6	2.0
最小焊盘直径	1.0	1.0	1.2	1.4	1.5	1.6	1.8	2.5	3.0

(4) 导线间距。导线之间的距离没有统一的要求,但两条导线之间的最小距离应满足电气安全要求。考虑到工艺方便,导线间距应大于 10mil,在允许的条件下,导线间距应尽量宽一些,在集成电路的两引脚之间(100mil)一般只设计一根导线。当导线平行时,各导线之间的距离应均匀一致。

(5) 焊盘形状。常用的焊盘形状有方形、圆形、长圆形和椭圆形 4 种。最常用的是圆形焊盘。

2. 印制电路板上的干扰及抑制

(1) 电源干扰与抑制。电路的质量直接影响着整机的技术指标,除原理设计本身外,工艺布线和印制电路板设计不合理,去耦电容放置的位置不正确,都会产生干扰,特别是交流电源的干扰。一般情况下,常将铝电解电容器放置在印制电路板电源线上,以滤除低频干扰;将陶瓷电容器装在集成电路的近处用于滤除高频干扰;每个大规模集成电路的电源与地之间都要并联 0.01~0.1μF 的电容;每几个中规模集成电路都要并联 0.01~0.1μF 的电容器;每 5~10 个小规模集成电路都要并联 0.01~0.1μF 的电容器;每个用作线路驱动器和接收器的集成电路,都要并联 0.1μF 左右的电容器。

(2) 印刷导线间的寄生耦合。当信号从两条距离相近的平行导线中的一条通过时,另一条导线内也会产生感应信号,此感应信号就是由分布参数产生的干扰源。为了抑制这种干扰,排版前应分析原理图,区别强弱信号线,使弱信号线尽量短并且避免与其他信号线平行。

(3) 温度的干扰及抑制。温度升高造成的干扰在印制电路板设计中也应引起注意,所以对于发热元器件,应优先安排在有利于散热的位置,尽量不要把几个发热元器件放在一起;对于温度敏感的元器件,不宜放在热源附近或设备的上部。

(4) 地线的公共阻抗干扰及抑制。由于地线具有一定的电阻和电感,因此在电路工作时,地线具有一定的阻抗。当地线中有电流时,因阻抗的存在,必然在地线上产生压降,这个压降使地线上各点电位都不相等,这就对各级电路带来影响。为克服地线公共阻抗的干扰,在地线布设时应遵循以下几个原则。

① 地线一般布设在印制电路板的最边缘,以便于印制电路板安装在机壳底座或机架上。

② 对低频信号地线,采用一点接地的原则。

- 串联式一点接地。如图 2-3 所示,各单元电路一点接地线于公共地线,但各电路离电源远近不同,离电源较远的回路 C 因地线阻抗大所受的干扰大,而离电源最近的回路 A 因地线阻抗小所受的干扰最小。由于各电路抗干扰的能力不同,所以在这种地线系统中,除了要设计低阻抗地线外,还应将易受干扰的敏感电路单元尽可能靠近电源。串联式一点接地能有效地避免公共阻抗和接地闭合回路造成的干扰,而且简单经济,在电路中被广泛采用。

- 并联式一点接地。如图 2-4 所示,以面积足够大的铜箔作为接地母线,并直接接到电位基准点,需要接地的各部分就近接到该母线上。由于接地母线阻抗很小,故能够把公共阻抗干扰减弱到允许程度。

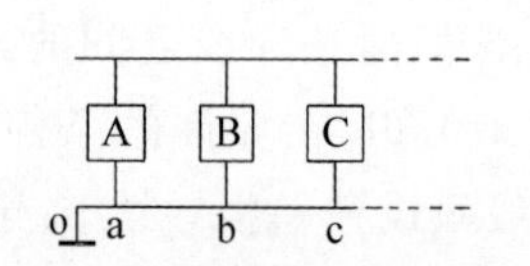

图 2-3　串联式一点接地

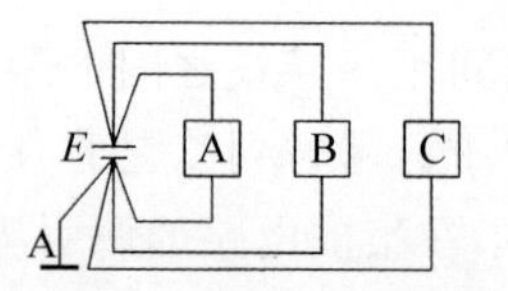

图 2-4　并联式一点接地

③ 高频电路宜采用多点接地,在高频电路中应尽量扩大印制电路板上地线的面积,这样可以有效减小地线的阻抗;在一块印制电路板上,如果同时布设模拟电路和数字电路,两种电路的地线要完全分开,供电也要完全分开,以防止它们相互干扰。

3. 印制电路板元器件的布局

在进行印制电路板的排版设计时,元器件的布局至关重要,它不但决定了板面的整齐美观程度和印制导线路的长短与数量,而且对整机的可靠性有一定的影响,对于模拟电路和高频电路尤为重要。布设元器件时应遵循以下几个原则。

(1) 在通常情况下,所有元器件均应布置在印制电路板的一面,如果需要绝缘,可在元器件与印制电路板之间垫绝缘薄膜或元器件与印制电路板之间留有 1～2mm 的间隙。

(2) 在条件允许的情况下,尽量使元器件在整个板面上分布均匀、疏密一致。在保证电气性能的前提下,元器件应相互平行或垂直排列,以求整齐、美观。

(3) 重而大的元器件,尽量安置在印制电路板上紧靠固定端的位置,并降低重心。

(4) 发热元器件应优先安排在有利于散热且远离高温区的位置。

(5) 对电磁感应较灵敏的元器件和电磁辐射较强的元器件在布局时应避免它们之间相互影响。

布局的首要任务就是如何合理地安排元件位置,减少不利因素。目前,已有多种印制电路板设计软件具有自动布局功能,但是这些软件在布局时只从拓扑结构上考虑元件的位置,未能考虑上述所列的种种因素,这样的布局有时无法可靠保证电路指标特性,所以设计人员往往要采用人工布局或进行调整。

4. 印制电路板的布线设计

除了布局,布线设计对电路板的性能也很重要。在布线设计时如何使布局合理化、整齐、美观,要考虑如下几点。

(1) 先设计公共通路的导线。公共通路导线主要指地线和电源线。这些线要连接每个单元电路,走线距离最长,所以应先设计它们。

(2) 按信号流向布线。在设计导线时,一般按信号的传输走向,逐步设计各个单元电路的导线。

（3）保持良好的导线形状。在设计导线时，良好的导线形状的主要标准如下：导线的长度最短；在导线转弯时要避免出现锐角；焊盘和导线的附着力强；地线和电源线应尽量宽一些；除了地线和电源线之外，导线的宽度和线距应整齐、均匀、美观。图 2-5 列出了一些初学者容易犯的错误，希望初学者在设计导线时应特别注意。

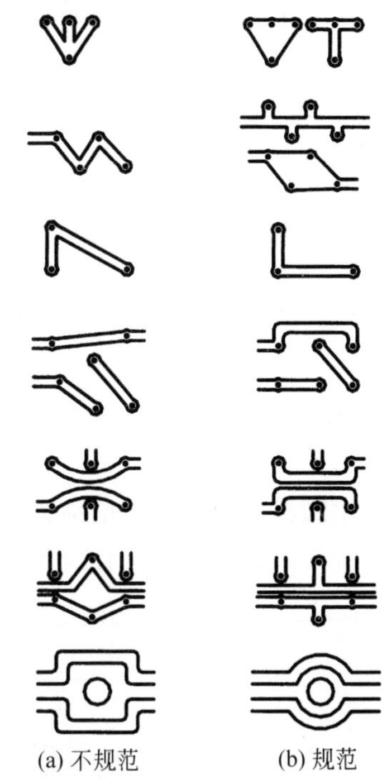
(a) 不规范　　(b) 规范

图 2-5　圆形接点的导线布设

（4）双面板布线。双面板的导线设计与单面板有较大的不同，一般来说，同一层面上的导线方向尽量一致，或者都是水平方向布线或者都是垂直方向布线；元件面的导线与焊接面的导线相互垂直；两个层面上的导线连接必须通过通孔。

5. 印制电路板的设计步骤和方法

（1）确定印制电路板的形状及尺寸。

① 印制电路板的形状。印制电路板的形状通常与整机外形有关，一般采用长方形，其长度比例以 3∶2 或 4∶3 为最佳。

② 印制电路板的尺寸。印制电路板的尺寸的确定应考虑整机的内部结构、印制电路板上元器件的数量尺寸及安装排列方式。

（2）草图设计。电路板的四周应留出一定的空白间距（一般为 5～10mm）不设置焊盘与导线，绘制印制电路板的定板孔和各元器件的固定孔。

① 进行元器件的布局。用铅笔画出各个元器件的外形轮廓，应使元器件轮廓尺寸与实物对应，元器件的间距要均匀一致，各元器件之间外形距离不能小于 1.5mm。电阻、小电容器等使用较多的小型元器件可不画出轮廓，但要做到心中有数。在进行元器件布局时，还应考虑各种干扰及散热等问题。

② 确定并标出焊盘位置。有精度要求的焊盘要严格按尺寸标出。无尺寸要求的焊盘，应尽量使元器件排列均匀、整齐。布置焊盘位置时，不要考虑焊盘间距是否一致，而应根据元器件大小形状而定，最终保证元器件装配后均匀、整齐、疏密适中。

③ 勾画印刷导线。为简便起见，只用细线标明导线的走向和路径，不需要把印刷导线按照实际宽度画出来，但应考虑线间的距离以及地线、电源线等产生的公共阻抗的干扰。在布线时，导线不能交叉，必要时可用跨线。

铅笔绘制的草图反复核对无误后，再用绘图笔重描焊点及印制导线，描好后擦去元器件实物轮廓图，使草图清晰明了。

标明焊盘尺寸及印制导线的宽度，注明印制电路板的技术要求。

2.1.3 印制电路板的制造工艺

随着电子工业的快速发展,尤其是微电子技术的飞速发展,对印制电路板的制造工艺、质量和精度也提出了新的要求。印制板的品种从单面板、双面板发展到多层板和挠性板,印制线条越来越细、间距越来越小。虽然目前不少厂家都可以制造线宽和间距在0.2mm以下的高密度印制板,但是现阶段电子产品应用最为广泛的还是单、双面印制板,本节重点介绍这两类印制板的制造工艺。

1. 单面印制板的快速制作

单面印制板是只有一面覆铜,另一面没有覆铜的电路板,仅在它覆铜的一面进行布线和元件焊接。这种方法适用于样品制作,常用于科研、电子设计比赛、电子课程设计、毕业设计、创新制作等环节。它具有成本低,制作速度快的优点;精度可满足一般需求,线宽为0.2mm,线间距为0.2mm。

印制板快速制作简单易行的制作方法是热转印法,是最常见的制板方法。热转印法工艺流程图如图2-6所示,具体步骤如下。

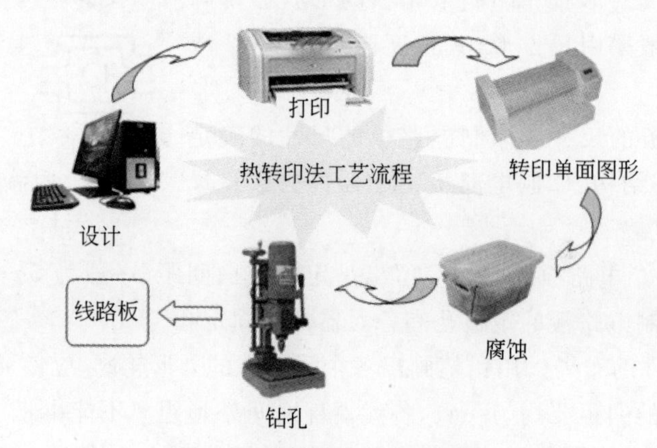

图2-6 热转印法工艺流程图

1) 材料的确定

根据电路的工作频率及工作环境选用不同基材的印制电路板。覆铜板是制作PCB板的材料,分为单面覆铜板和双面覆铜板,铜箔板(厚度有18μm、35μm、55μm和70μm几种)通过专用胶热压到PCB基板上(基板厚度有0.2nm、0.5nm、1nm、1.6nm等规格)。

制作中PCB板厚度根据制作需求选择,常用规格为1.6nm,铜箔厚度尽量选择薄的覆铜板,这样腐蚀速度快、侧蚀少,适合高精度PCB板的制作。覆铜板外形尺寸的大小与形状完全根据制作需求而定,可用剪板机、剪刀、锯等工具实现。

(1) 板材的性能。确定板材主要是依据整机的性能要求、使用条件以及销售价格。分立元器件的电路常用单面板,因为分立元器件的引线少,所以排列位置便于灵活变换。双面板多用于相对较复杂的电路,尤其是应用在贴片元器件较多的电路,因为器件引线的间距小且数目多，在单面板上布设不交叉印制导线十分困难。

在印制板的选材中，不仅要了解覆铜板的性能指标，还要熟悉产品的特点，才可能在确定板材时获得良好的性能价格比。

(2) 印制板的形状。印制电路板的形状通常由整机结构和内部空间位置的大小决定。外形应该尽量简单，一般采用长方形为好，长宽比的尺寸为 3∶2 或 4∶3 为最佳，不宜比例过大，否则，容易变形并使强度减低。采用长方形，可以简化印制板制作成型的加工量。若采用异形板，将会增加制板难度和加工成本，故应尽量少用。

(3) 印制板的尺寸。印制电路板的尺寸要根据总体设计的要求，从整机的内部结构和板上元器件的数量、尺寸及安装、排列方式来考虑，应尽量采用标准值。印制电路板上元器件之间要留有一定间隔，特别在高压电路中，更应该留有足够的间距；在考虑元器件所占用的面积时，要注意发热元器件安装散热片的尺寸；在确定了板的净面积后，还应当向外扩出 5～10mm，便于印制板在整机中的安装固定；如果印制板的面积较大、元器件较重或在振动环境下工作，应该采用边框、加强肋或多点支撑等形式加固；当整机内有多块印制板，特别当这些印制板是通过导轨和插座固定时，应该使每块板的尺寸整齐一致、利于固定与加工。

(4) 印制板的厚度。在确定板的厚度时，主要根据印制板尺寸大小和元器件的重量以及振动冲击等因素来决定，如果板的尺寸过大或板上的元器件过重，都应该适当增加板的厚度或对印制板采取加固措施，否则印制板容易产生翘曲。通常印制板尺寸小于 $100\times150mm^2$ 时，其厚度常采用 1.5mm 的板材，大于 $200\times150mm^2$ 时，其厚度可选用 2mm 的板材。注意，当印制板对外通过印制板插座连线时，必须注意插座槽的间隙一般为 1.5mm，若板材过厚则插不进去，过薄则容易造成接触不良。

2) 覆铜板的表面处理

由于加工、储存等原因，在覆铜板的表面会形成一层氧化层，氧化层将影响底图的复印，为此在复印底图前应将覆铜板表面清洗干净。具体方法是，先用水砂纸蘸水打磨再用去污粉擦洗，直到将板面擦亮为止，然后用水冲洗，最后用布擦净。这里切忌用粗砂纸打磨，否则会使铜箔变薄且表面不光滑，影响描绘底图。

3) 转印电路板

把已经绘制完毕的印制电路板图用热转印纸复印在覆铜板的铜箔面上。热转印时最好把复印纸、印制电路板图用胶带固定在覆铜板上。转印完毕后，要认真复查是否有错误和漏掉的线条，复查后再把印制电路板图和复写纸取下。

(1) 下料。按照实际设计尺寸用裁板机裁剪覆铜板，去除四周毛刺。

(2) 打印。具体步骤如下。

① 打开 Altium Designer 软件的文件。在页面设置对话框的“缩放比例”栏中设置缩放模式为“Scaled Print”，缩放为“1.00”，颜色设置选中“单色”单选按钮，如图 2-7 所示。

② 打开 Altium Designer 软件的文件。在打印预览窗口中右击，在弹出的快捷菜单中选中“配置”选项，如图 2-8 所示。

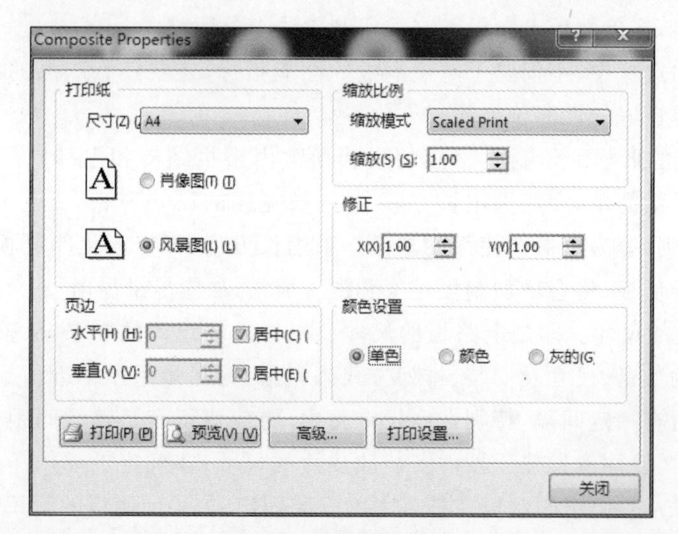

图 2-7　打印页面设置

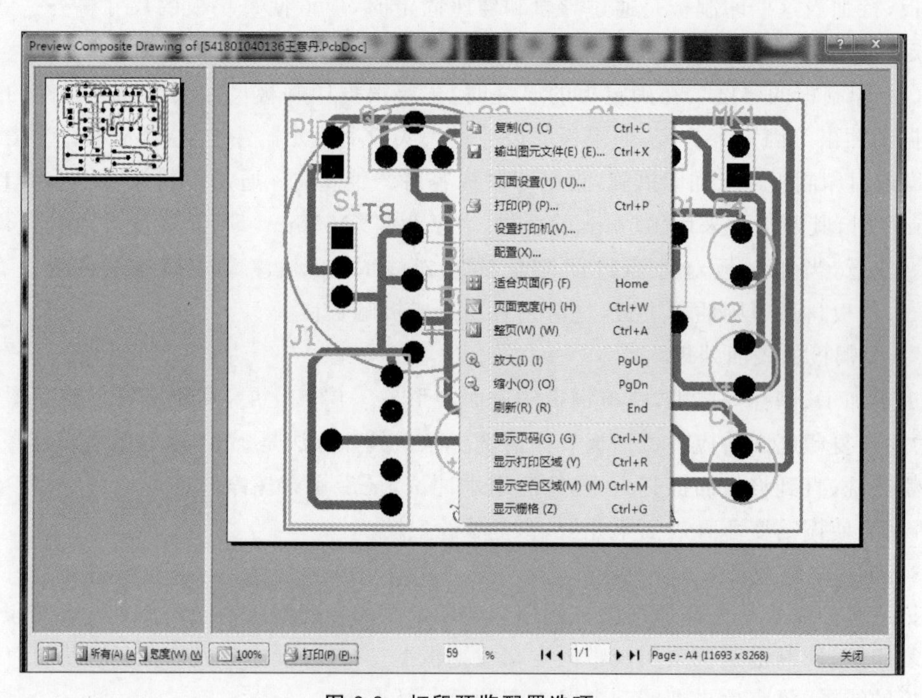

图 2-8　打印预览配置选项

③ 对于线路绘制在底层的电路图，只需留下 Bottom Layer、Multi-Layer、Keep-Out Layer 这 3 个图层，选中其他不需要的图层，通过右键快捷菜单进行删除，最后选中 Holes 选项，然后单击“确定”按钮，就可以进行打印了，如图 2-9 所示。

(3) 转印。将步骤(2)的热转印纸上的图形转印到覆铜板上。操作方法如下：将打印好的热转印纸覆盖在覆铜板上，送入热转印机来回压几次，使熔化的墨粉完全吸附在覆铜板上。待覆铜板冷却后，揭去热转印纸。

图 2-9　配置打印参数

4）描图

仔细检查复印后的印制电路板图，确认无误后，用小冲头对准要钻孔的部位冲上小的凹痕，确保以后打孔时不偏移位置，随后便可对复印痕迹描上防腐蚀剂。防腐蚀剂种类很多，一般业余制作可采用喷漆或漆片溶液等。这些防腐蚀剂的特点是干得快，图描完后稍等片刻就能进行腐蚀处理。由于漆层较薄，在腐蚀工序中，稍有疏忽就容易碰掉，所以操作时要十分注意。漆片溶液可以自己配制，将 1 份漆片溶于 3 份工业酒精中，完全溶解后再加入少量的甲基紫作为着色剂。描图用的笔，可用小号毛笔，也可用鸭嘴笔，另外还可将描图液灌在废旧的注射器中进行描制，这种方法既灵活又方便，特别适宜描绘较细的线条。

在实际使用前，针尖的斜口部分要先用钢丝钳剪去，再用锉刀锉光滑。描完后的印制电路板应平放，让描图液自然干透，同时检查线条是否有麻点、缺口或断线，如果有，应及时填补、修复。最后，用快口尖刀对线条进行修整，使线条光滑、焊盘圆滑。

5）去除废铜箔

铜箔上所需的线路已被防腐蚀剂涂上，剩下的铜箔必须去除。常用的制作方法有化学腐蚀法和刀刻法。

（1）化学腐蚀法。三氯化铁是腐蚀印制电路板最常用的化学药品，溶液浓度一般约取 35%，即用 1 份三氯化铁加 2 份水配制而成。配制时，在容器里先放三氯化铁后放水，然后不断搅拌。盛放腐蚀液的容器应是塑料或搪瓷盆，不能使用铜、铁、铝等金属制品，因为三氯化铁会与这些金属发生化学反应。把要腐蚀的印制电路板浸没在溶液之中，溶液量控制在铜箔面正好完全被浸没为限，溶液太少不能很好地腐蚀印制电路板，太多则造成浪费。为了加快腐蚀速度,在腐蚀过程中,要不断晃动容器并用毛笔在印制电路板上来回地刷洗。如嫌速度太慢,可适当加大三氯化铁的浓度或提高溶液的温度。溶液浓度不宜超过50%,温度不要超过60℃,否则溶液太浓会使铜箔板上需要保存的铜箔从侧面被三氯化铁腐蚀,温度太高会使漆层隆起脱落。

(2) 刀刻法。利用锋利的小刀将铜箔板上不要的铜箔刻去,这样可以省去描漆、腐蚀、清洗等工序。刻制电路时需要小心,否则容易损坏底层的绝缘板和需要保留的线路铜箔。这种方法一般只适用于制作线条及电路比较简单的印制电路板。

6) 水冲洗

当废铜箔被腐蚀完后,应立即将印制电路板取出,用清水冲洗干净残存的三氯化铁,否则残存的腐蚀液会使铜箔导线的边缘出现黄色的痕迹。

7) 擦去防腐蚀层

经过腐蚀工序后,制作印制电路板时描在铜箔上的防腐蚀层依然会留在印制电路板上,所以应当擦掉。如果是喷漆,可用棉花蘸乙酸异戊酯(俗称香蕉水)或丙酮擦洗;如果是漆片溶液,可采用酒精擦洗;如果缺少这些溶剂,也可用细砂纸(最好是水磨砂纸)轻轻磨去覆盖的漆层。

8) 钻孔

按描图前所冲的凹痕钻孔,孔径应根据引脚粗细而定。普通电阻、电容器和晶体管的安装孔一般为1~1.3mm,固定螺钉孔的直径一般为3mm。钻孔时,为了使钻出的孔眼光洁、无毛刺,除了要选用锋利的钻头以外,直径为2mm以下的孔,最好采用高速(4000r/min以上)电钻来钻孔。如果转速过低,钻出来的孔眼就会有严重的毛刺。对于直径在3mm以上的孔,转速可略低一些。

9) 涂助焊剂

先用布蘸去污粉反复地在板面上擦拭,去掉铜箔氧化膜,露出光亮的铜本色。冲洗晾干后,立即涂助焊剂(可用已配好的松香酒精溶液)。助焊剂有以下两点作用:

(1) 保护焊盘不被氧化。

(2) 助焊。

10) 涂保护层

在腐蚀后留下的印制线路的铜箔表面上,还需涂一层保护层。涂保护层的目的有两个,一是防止导线铜箔因受潮而锈蚀,二是便于在铜箔上焊接,保证良好的导电性能。常用的保护层有松香涂层和镀银层。无论涂何种保护层,印制电路板上的铜箔都必须先进行清洁处理。处理方法与前面介绍的相同,清洁后晾干,即可涂上保护层。

(1) 涂松香层。将2份松香研碎后放入1份纯酒精中(浓度在90%以上)。将配制好的溶液倒入容器,盖紧盖子搁置一天后涂在铜箔的表面,待溶液中的酒精自然挥发后,印制电路板上就会留下一层黄色透明的松香保护层。

(2) 涂银层。在盆中倒入硝酸银溶液,然后将印制电路板浸没在溶液中,过10min后即可在导线铜箔表面均匀地留下银层。用清水冲洗晾干后就可以使用。

2. 双面板的小型工业制作

对于复杂的电路，由于单面板只能在一个面上走线并且不允许交叉，所以布线难度很大，布通率较低。通常只有电路比较简单时才采用单面板的布线方案。对于复杂的电路，通常采用双面板的布线方案。双面板是一种包括顶层（Top Layer）和底层（Bottom Layer）的电路板，顶层一般为元件面，底层一般为焊接面。双面板两面都敷有铜箔，因此PCB图中两面都可以布线，可通过导孔在不同工作层切换走线，相对于多层板而言，双面板的成本不高。对于一般的应用电路，在给定一定面积时通常都能100%布通，因此目前一般的印制板都是双面板。

下面介绍如何使用小型工业制板设备制作具有工业水准的双面板。该套设备具有如下特点。

（1）制板速度较快（批量生产）。

（2）制作精度较高。

（3）具备镀锡、阻焊及字符工艺，焊接容易。

工业制板可分为底片制作、金属过孔、线路制作、阻焊制作、字符制作、OSP 6个步骤，流程如图2-10所示。

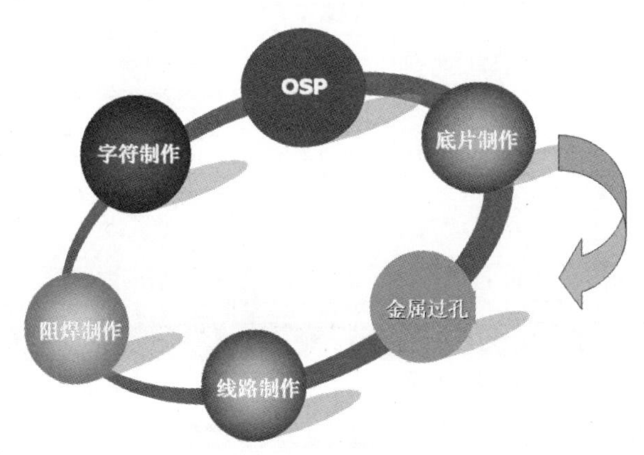

图2-10 工业制板流程

1）文件输出

（1）设置零点。PCB电路板设计好后，首先要检查线路的完好性，在PCB图禁止布线层左下角位置处设置原点。此原点是机器视觉识别原点，因此要设计准确，以确保后期正常使用。PCB板的最左下角（Keep-Out Layer的左下角顶点）为零点，即指定这里为机床加工的起始位置，如图2-11所示。在Altium Designer中，选中Edit|Origin|Set菜单选项设置零点，如图2-12所示。

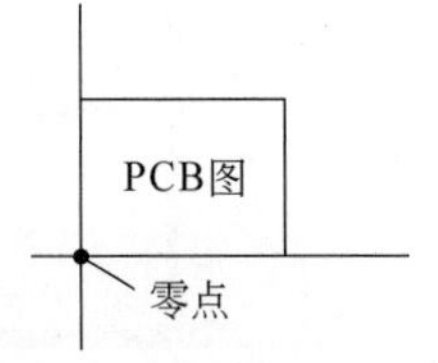

图2-11 零点位置设置

（2）Gerber数据导出。在完成印制电路板的设计后，使用Altium Designer打开该PCB后，执行如下步骤。

① 产生Gerber文件。选中File|Fabrication Outputs|Gerber Files菜单选项，如图2-13所示。

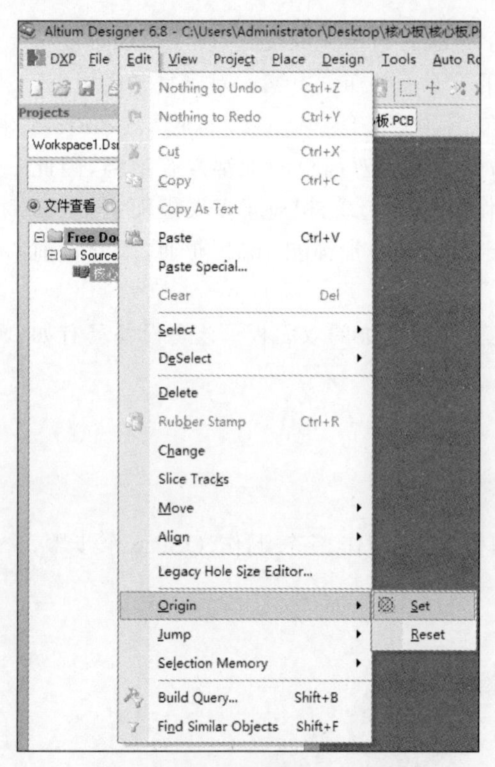

图 2-12　设置原点

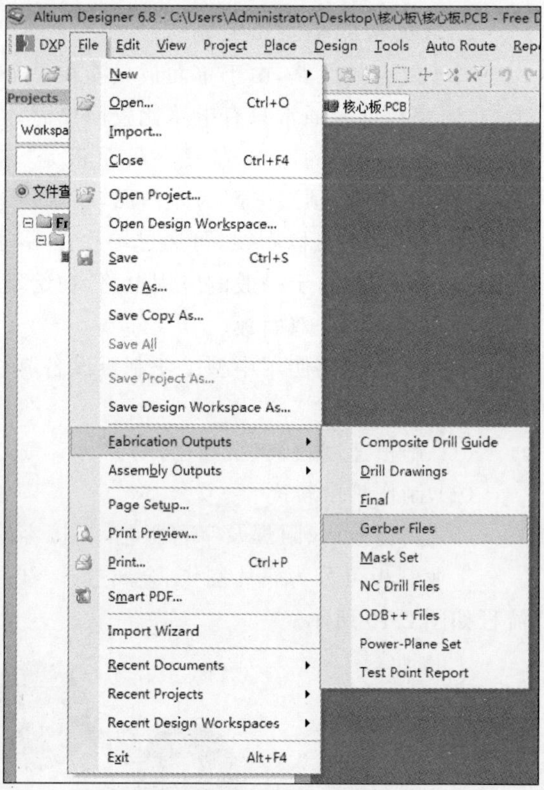

图 2-13　Gerber 文件输出

弹出“Gerber 设定”对话框,如图 2-14 所示。

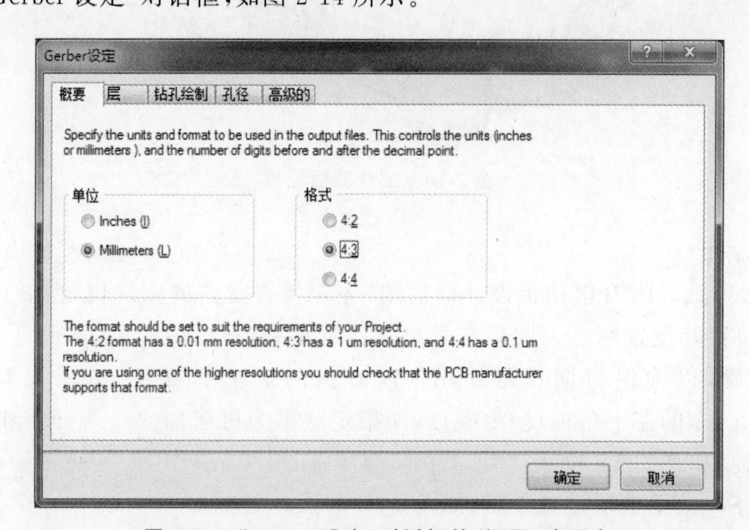

图 2-14　“Gerber 设定”对话框的“概要”选项卡

具体操作如下。

- 在“概要”选项卡中选中 Millimeters 和“4∶3”单选按钮。

• 在“层”选项卡中选中需要导出数据的层，可以直接从“小区域层”下拉列表中选择，选中“包含未连接到一起的 mid-layer 焊盘”复选框，其他选项采用默认值即可。最后单击“确定”按钮，如图 2-15 所示。

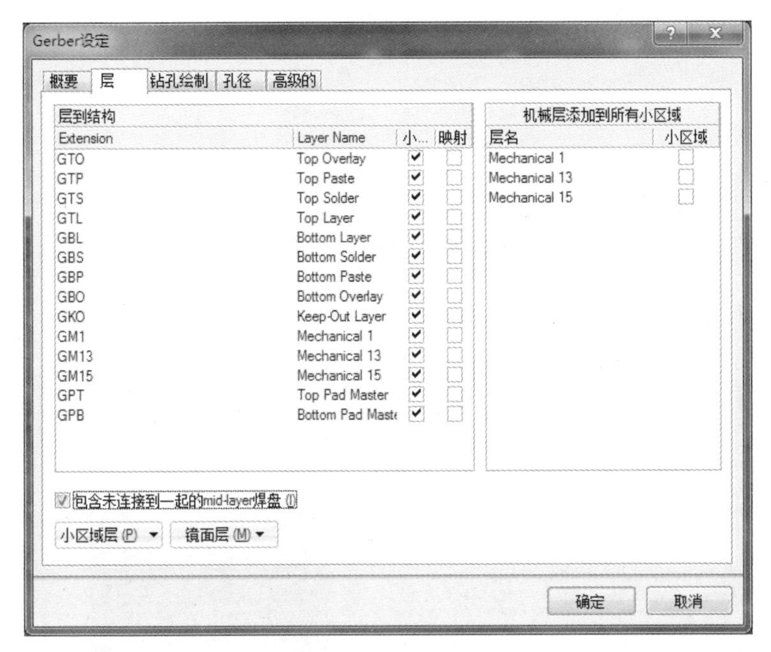

图 2-15　“层”选项卡

② 导出 Gerber 数据。Gerber 数据是导出光绘数据的基础。单击“确定”按钮返回主界面，如图 2-16 所示。

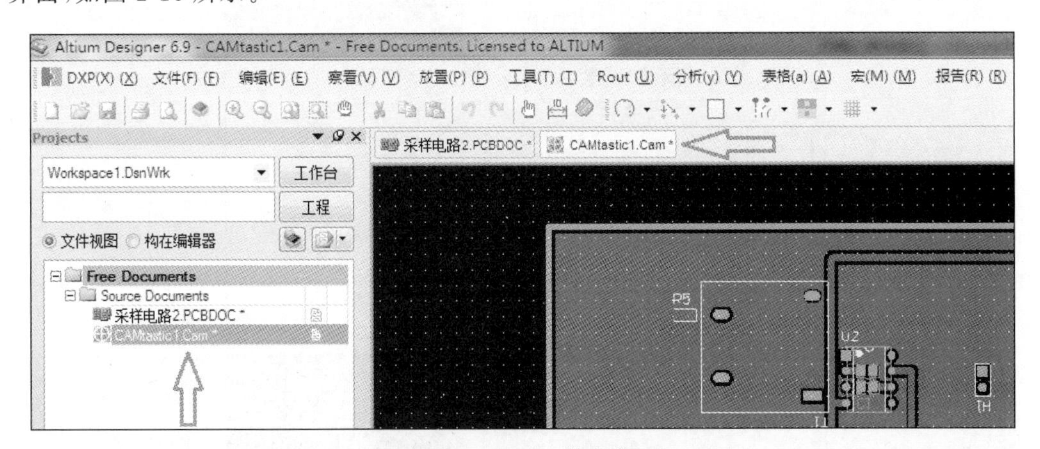

图 2-16　Gerber 输出窗口

打开 PCB 文件所存放的文件夹，可以找到生成的对应文件，如图 2-17 所示。

在此，可以看到每层对应的输出 Gerber 文件，并设置存放路径，不能存放在桌面上，因为 CAM 软件不能从桌面文件导入数据。

(3) 钻孔数据输出。在 Altium Designer 中选中 File|Fabrication Outputs|NC Drill

采样电路2	CAMtastic Bottom Layer Gerber Data
采样电路2	CAMtastic Bottom Overlay Gerber Data
采样电路2	CAMtastic Bottom Paste Mask Gerber Data
采样电路2	CAMtastic Bottom Solder Mask Gerber Data
采样电路2	CAMtastic Keepout Layer Gerber Data
采样电路2	CAMtastic Mechanical Layer 1 Gerber Data
采样电路2	CAMtastic Mechanical Layer 13 Gerber Data
采样电路2	CAMtastic Mechanical Layer 15 Gerber Data
采样电路2	CAMtastic Bottom Pad Master Gerber Data
采样电路2	360压缩
采样电路2	CAMtastic Top Layer Gerber Data
采样电路2	CAMtastic Top Overlay Gerber Data

图 2-17　Gerber 输出文件

Files 菜单选项,如图 2-18 所示。

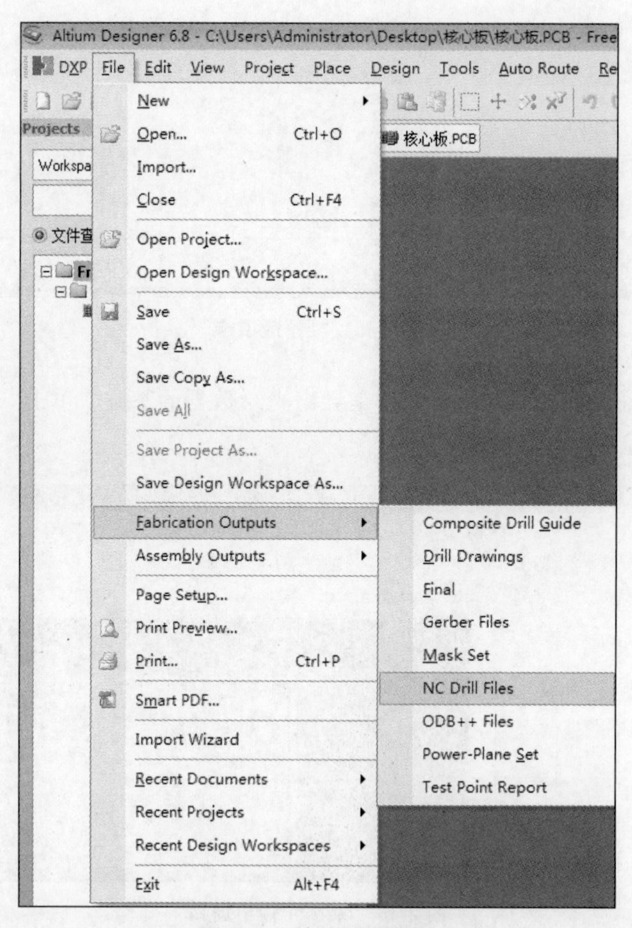

图 2-18　钻孔数据输出

在弹出的“NC 钻孔设定”对话框的“单位”栏中选中“毫米”,在“格式”栏中选中“4 : 3”单选按钮,如图 2-19 所示。单击“确定”按钮,弹出“输入钻孔数据”对话框,如图 2-20 所示。

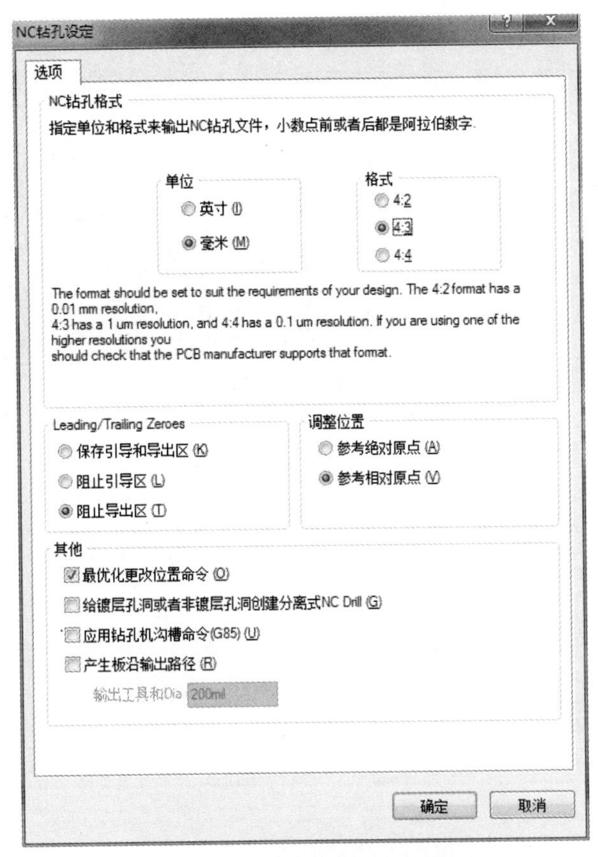

图 2-19　“NC 钻孔设定”对话框

图 2-20　“输入钻孔数据”对话框

单击“确定”按钮，对初始钻孔数据进行导出保存，此时界面如图 2-21 所示。

找到 PCB 文件存放路径，可以看到该钻孔数据与之前 Gerber 数据存放在一起。确保钻孔的 TXT 文档名字和图形名字一致，如使用不同版本软件生成的文件可能会不同，这时就需要把它们设定成同一个名字，如图 2-22 所示。

2）印制板底片制作

底片制作是图形转移的基础，根据底片输出方式的不同可分为底片打印输出和光绘

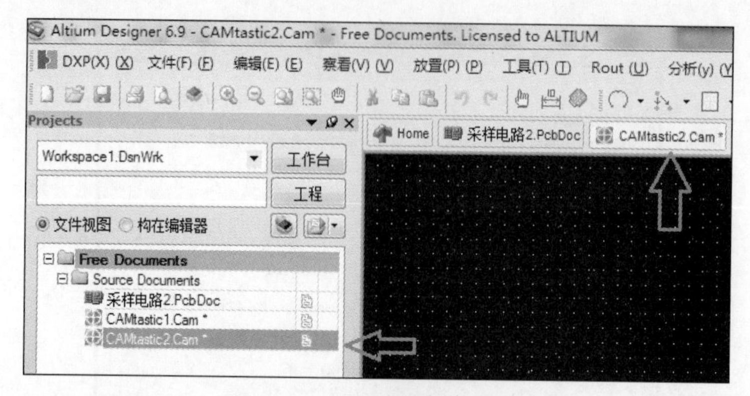

图 2-21　钻孔数据输出窗口

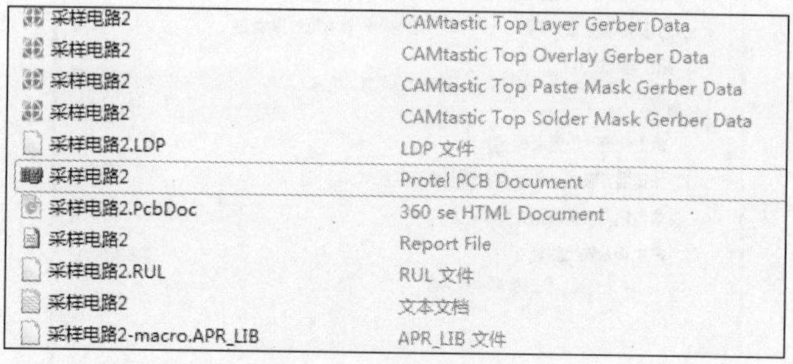

采样电路2	CAMtastic Top Layer Gerber Data
采样电路2	CAMtastic Top Overlay Gerber Data
采样电路2	CAMtastic Top Paste Mask Gerber Data
采样电路2	CAMtastic Top Solder Mask Gerber Data
采样电路2.LDP	LDP 文件
采样电路2	Protel PCB Document
采样电路2.PcbDoc	360 se HTML Document
采样电路2	Report File
采样电路2.RUL	RUL 文件
采样电路2	文本文档
采样电路2-macro.APR_LIB	APR_LIB 文件

图 2-22　NC 钻孔输出文件

输出,本节介绍的是采用光绘输出的方法制作光绘底片的过程。

首先导入各层数据。打开 CAM350 PRO,选中"文件"|"导入"|"Gerber 数据"菜单选项,如图 2-23 所示。

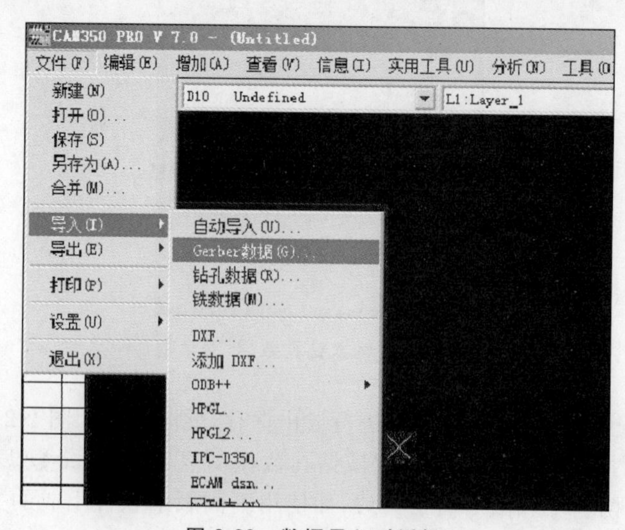

图 2-23　数据导入对话框

在弹出的 Import Gerber 对话框中单击图层对应的按钮,找到文件位置,层类型选所有文件，选中生成的图层，单击“确定”按钮，如图 2-24 所示。

打开之前导出 Gerber 数据所在的文件夹，选择将要光绘的层，双层板为 GBL、GTL、GBS、GTS、GTO 和 GKO 这 6 层，如图 2-25 所示。

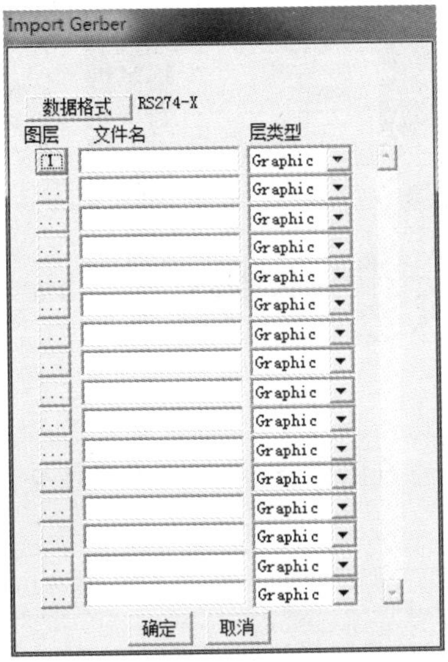

图 2-24　图层 1

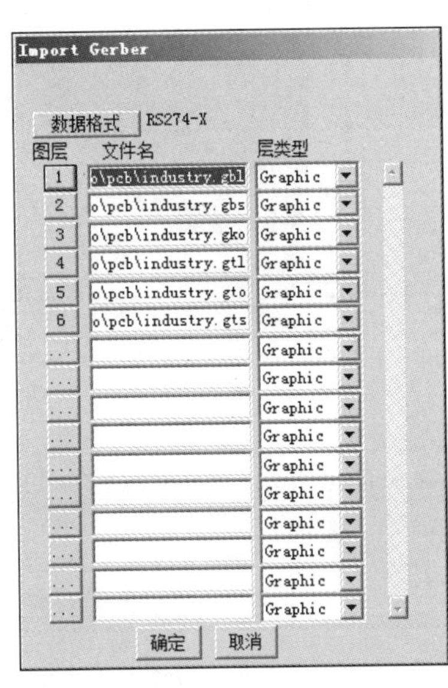

图 2-25　图层文件

完成以上设置后，单击“确定”按钮，即可导入 GBL、GBS、GTL、GTS、GKO、GTO 和钻孔数据并得到 CAM 视图，如图 2-26 所示。

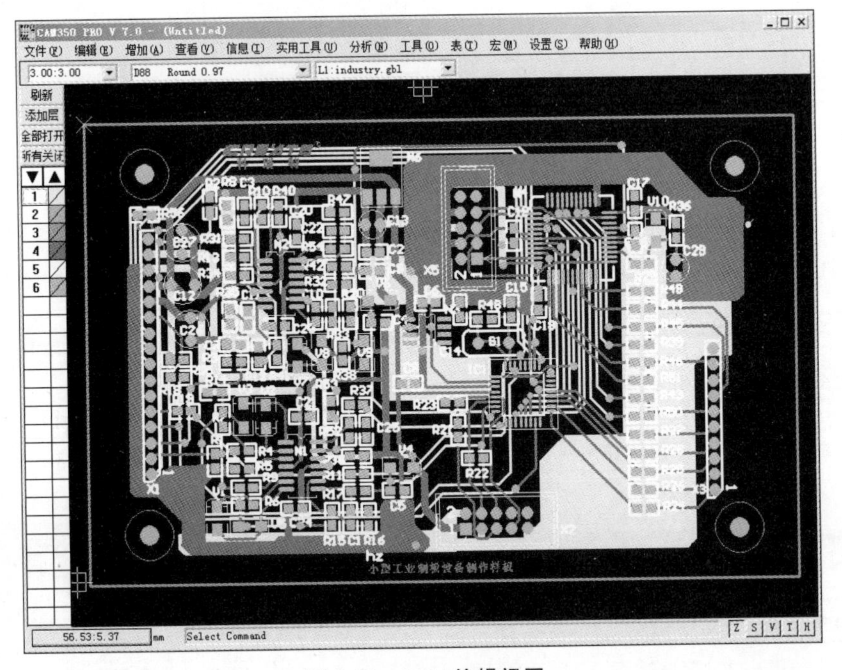

图 2-26　CAM 编辑视图

此时,所有图层都显示出来了,再选中“表”|“复合层”菜单选项,进行图层复合,如图 2-27 所示。

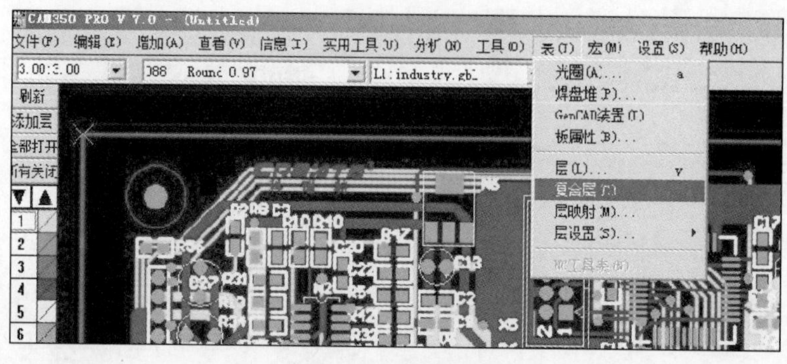

图 2-27　图层复合

在弹出的 Composites 对话框中增加 5 个复合层,若底层有文字,则要增加 6 个复合层,如图 2-28 所示。

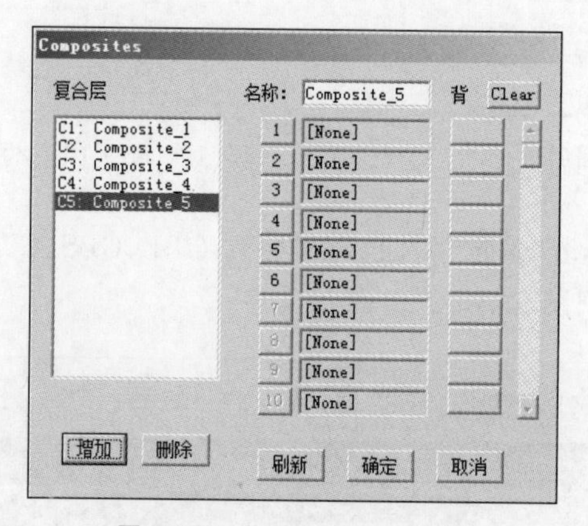

图 2-28　Composites 对话框

把边框复合到其他每个层,字符层选 Dark(负片),其余层选 Clear(正片)。若为单面板,则线路层也选 Dark(负片),然后单击“确定”按钮。各复合层设置如图 2-29～图 2-33 所示。

图 2-29　顶层线路

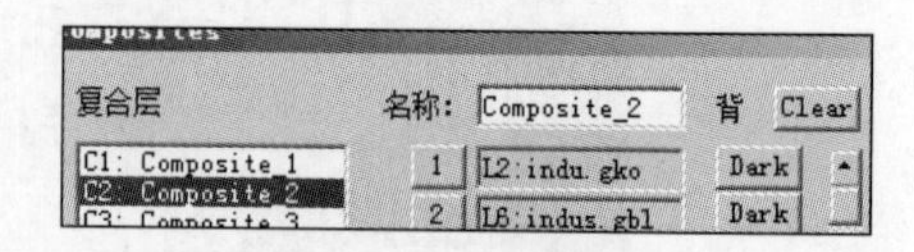

图 2-30　底层线路

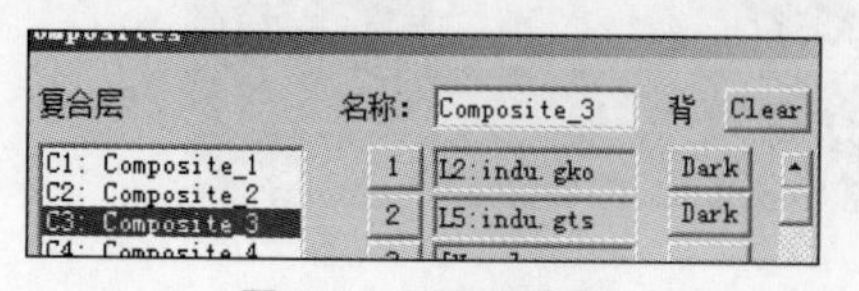

图 2-31　顶层阻焊

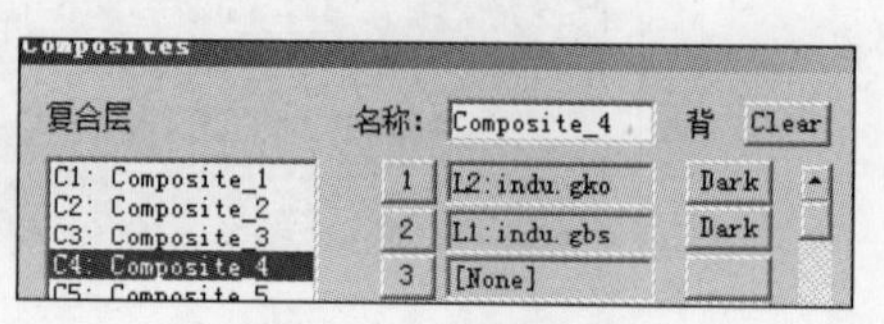

图 2-32　底层阻焊

图层设置好后，连接打印机，对各层进行排版布局，分别对视图进行放大、缩小。注意，选中字符层（GTO），选择 Dark（负片）；选中底层（GBL）、底层阻焊层（GBS），选择 Clear（正片），如图 2-34 所示。

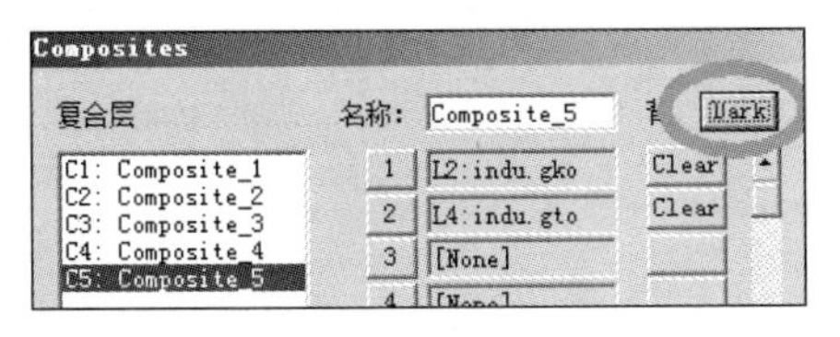

图 2-33 顶层丝印

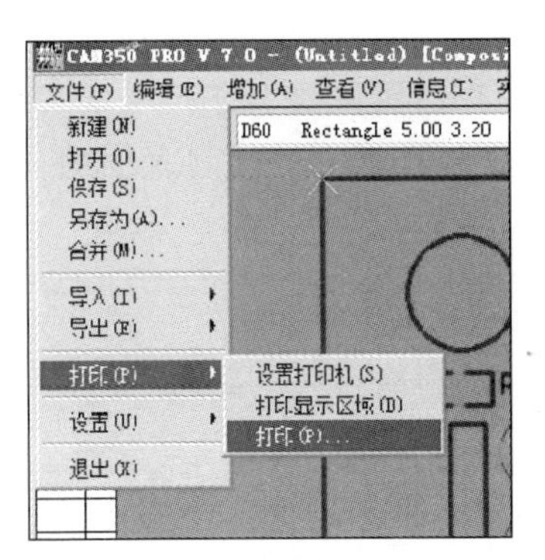

图 2-34 打印机设置

单击“绘图”按钮，开始打印，一张底片放不下时要进行多次打印，一定要注意打印比例必须为 1，图形打印在底片的粗糙面，如图 2-35 所示。打印后，需喷涂线路增黑剂以使图形线条更黑。最后保存好打印的图形，避免弄断线条。

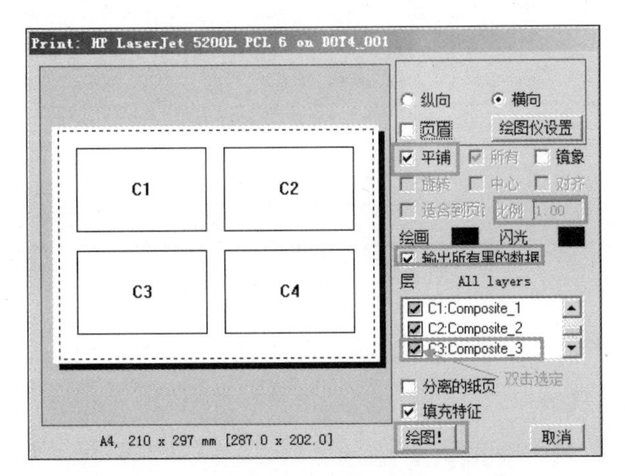

图 2-35 页面设置

曝光采用的是湖南科瑞特公司生产的 EXP3400 紫外线曝光机。取出底片时，应注意避免底片见光。

将底片送入自动显影机，经过显影、定影后，就完成了印制板底片的制作，此时底片才可以见光。按设置键，将显影液温度设为 32℃，定影液温度设为 32℃，烤制温度设为 52℃，走片时间设为 48s。

3）自动钻孔

面对复杂的电路，必然有很多焊盘、过孔和定位孔，如果采用人工方式进行钻孔，工作量非常大而且精度不高。因此，目前工业上的钻孔均采用数控钻铣机，其优点是速度快、精度高。这里，同样采用湖南科瑞特公司生产的科瑞特 DCD3800 全自动数控钻铣雕一体机进行钻孔操作。

自动钻孔的操作步骤如下。

(1) 将电路板固定在钻铣机的加工面板上并用胶布粘好。

(2) 启动钻铣操作软件进行钻孔操作。

① 打开设备电源,打开气泵阀门,开启工控机的计算机,打开 Create-DCM 软件,在机器连接成功后,单击工具栏中的按钮,打开要钻孔图形的 Gerber 文件路径,选中任意 Gerber 文件,单击“确定”按钮,如图 2-36 所示。

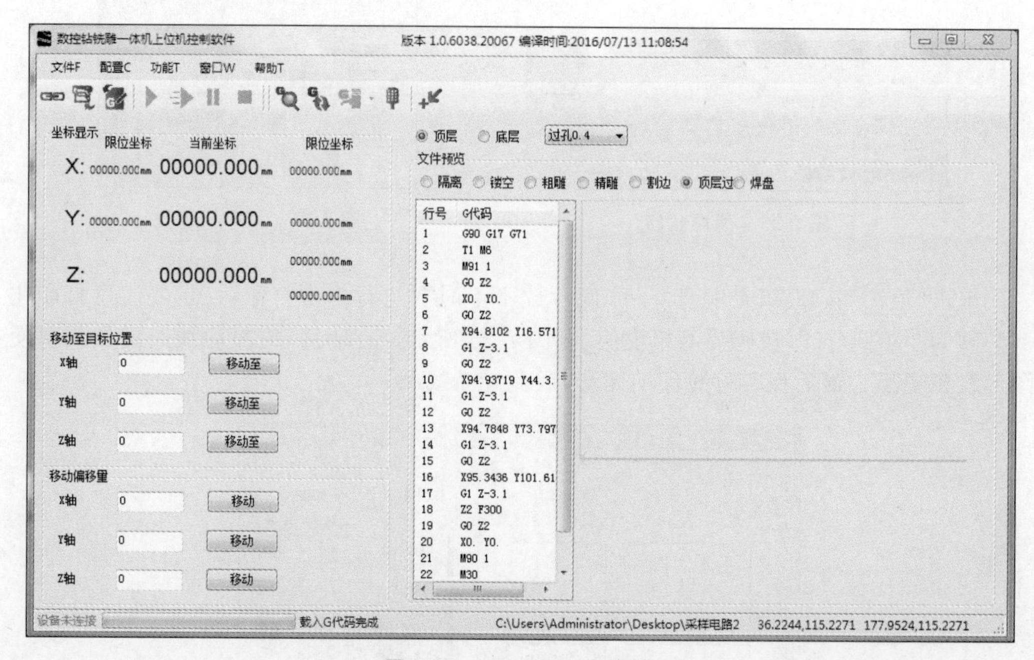

图 2-36 Create-DCM 软件

② 选中“配置”|“加工配置”菜单选项,打开“加工配置”对话框,如图 2-37 所示。

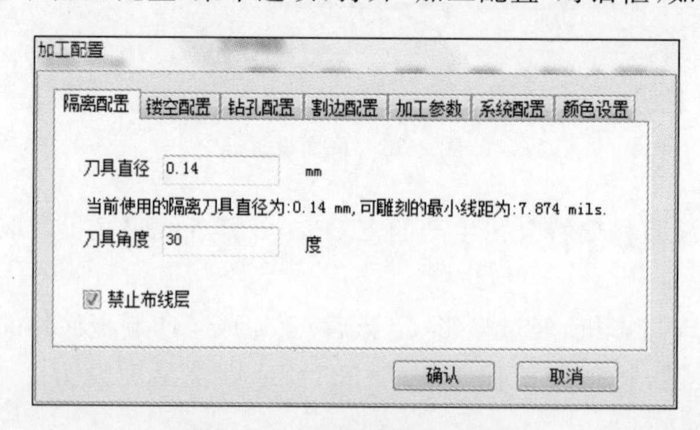

图 2-37 “加工配置”对话框

在“钻孔配置”选项卡的左栏显示当前文件的孔径。单击某一个文件孔径时,在中间选择与孔径相近的刀具大小并单击 >> 按钮,在右边将显示选择好的刀具,选择完成后单击“确认”按钮，单面板底层布线时选择“底层过孔”单选按钮，放板的时候将底层朝上放，如图 2-38 所示。

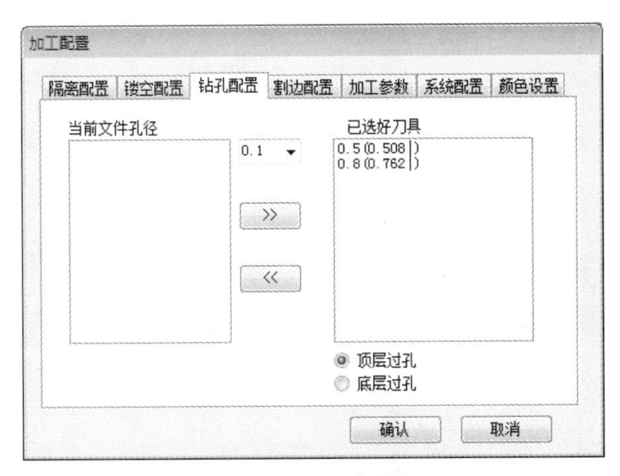

图 2-38　钻孔配置

③ 生成钻孔文件。选中“功能”|“生成 G 代码”|“过孔”菜单选项，如图 2-39 所示。

④ 设置板材加工零点。单击工具栏中的按钮，弹出“控制台”对话框，如图 2-40 所示。

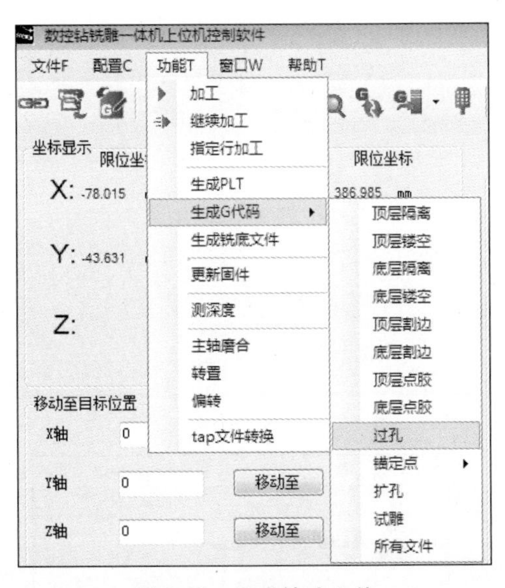

图 2-39　生成钻孔文件

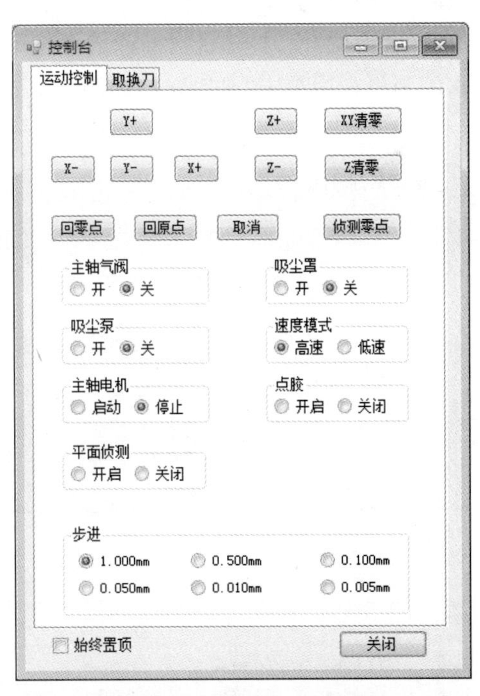

图 2-40　“控制台”对话框

单击“回原点”按钮，在机器回到原点后，在“取换刀”选项卡中选中 8 号刀库(1.5mm 锚定孔刀具)，单击“取刀”按钮，如图 2-41 所示。

取刀完成后在“运动控制”选项卡中单击“回零点”按钮，然后在主界面将 Z 轴移动至

2mm 位置,放置加工板材,调整 X、Y 坐标,使钻头在板材左下角距左边及下边 5mm 的位置,如图 2-42 所示。

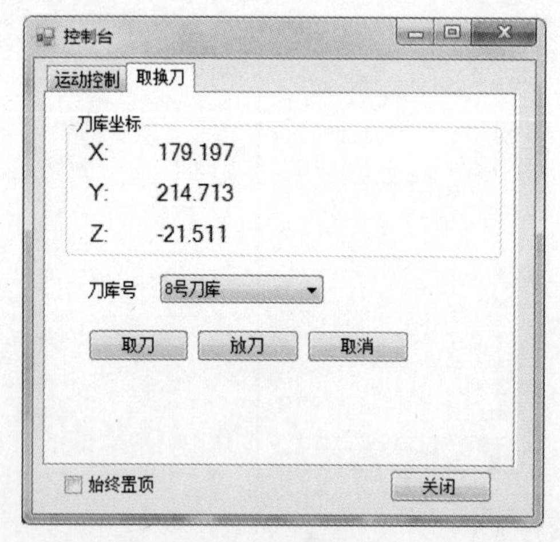

图 2-41　选择刀库

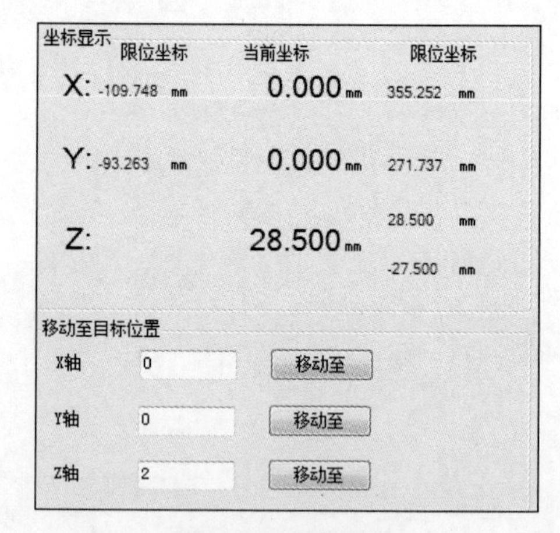

图 2-42　移动设置

单击"XY 清零"按钮,设置好加工零点。打开吸尘泵,吸住覆铜板,准备开始后续加工,如图 2-43 所示。

⑤ 启动加工。打开机器前面的主轴电源按钮,单击工具栏中的▶按钮,启动加工,在弹出的消息框中单击"是"按钮,如图 2-44 所示。

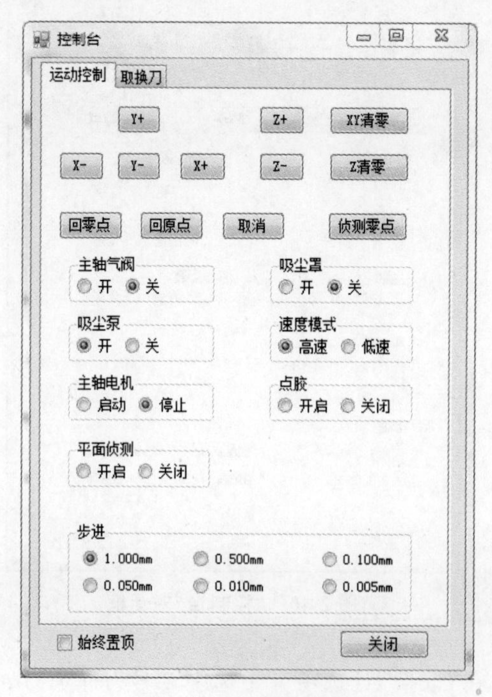

图 2-43　打开吸尘泵

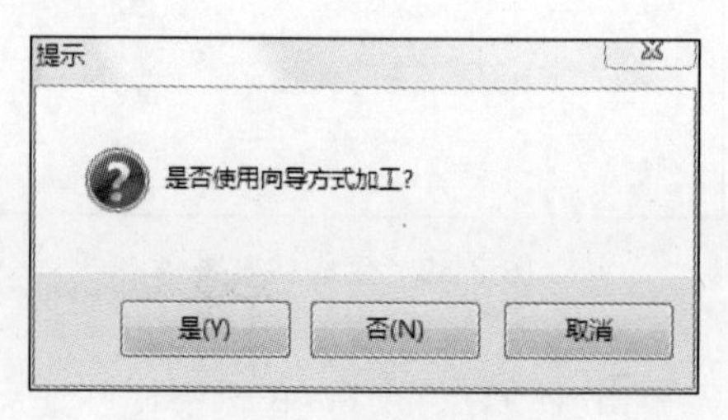

图 2-44　自动加工提示

在弹出的“加工向导”对话框中单击“下一步”按钮，再单击“加工锚定点”按钮，开始自动加工，如图 2-45 所示。

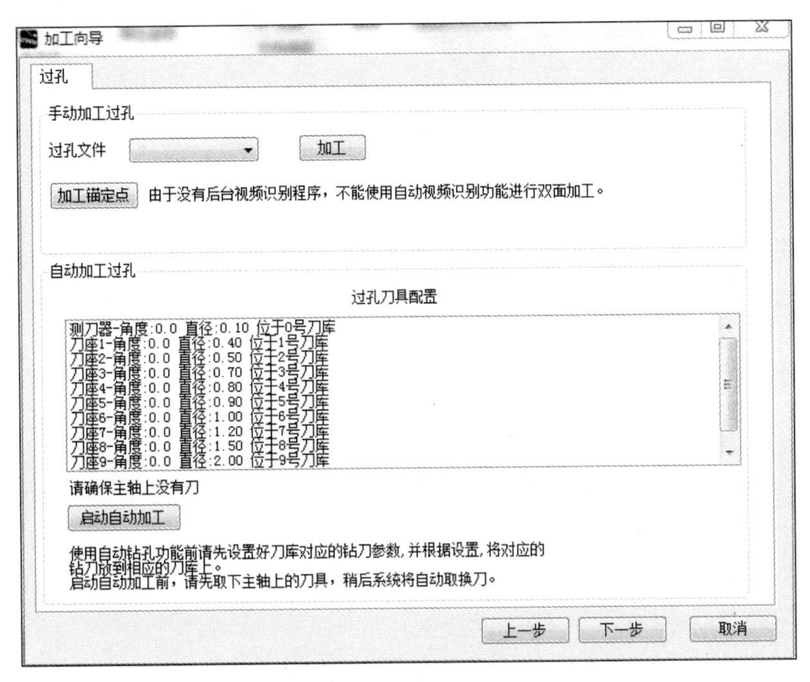

图 2-45　操作界面

在加工完成后，单击“控制台”对话框“取换刀”选项卡中的“放刀”按钮，将 8 号刀放回原来位置，如图 2-46 所示。

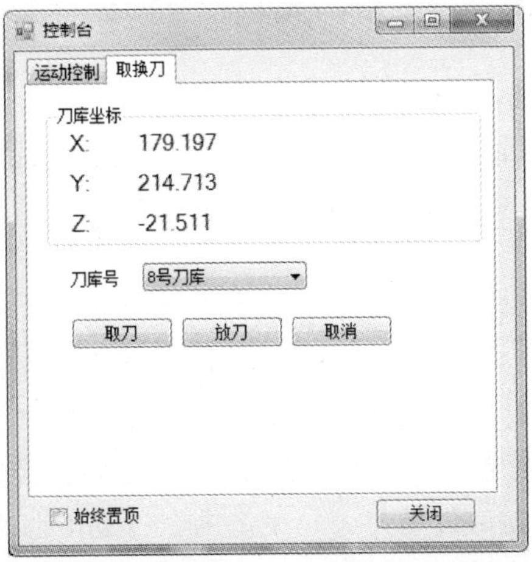

图 2-46　放刀设置

刀具放刀完成后，再在“加工向导”对话框中单击“启动自动加工”按钮，如图 2-47 所示。完成钻孔后关掉吸尘泵，取出覆铜板，将板材放抛光机抛光干净后进行烤干。

注意：当钻孔的孔径没有对应的钻头(如 2.5mm)时，选择的钻头(2mm 或 3mm)生成的

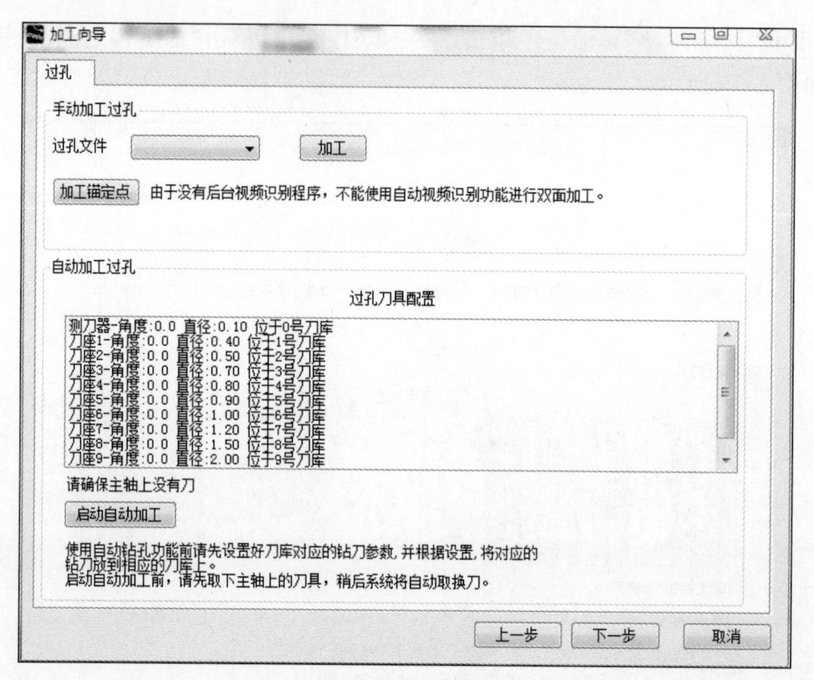

图 2-47　加工界面

文件在自动加工时机器会自动跳过，需手动取相对应的钻头(直径 2mm 位于 9 号刀库，直径 3mm 位于 10 号刀库)，并在主界面单击“发送自定义 G 代码”按钮，如图 2-48 所示。

图 2-48　操作界面控制台

找到没加工的 G 代码并打开，然后单击工具栏中的▶按钮，提示向导选择“否”，加工刚发送的文件。最后单击“加工”按钮，即可对电路板进行钻孔操作。当某一孔径的孔加工完毕，会提示自动或者搜索更换另一种规格大小的钻头。

4) 孔金属化

孔金属化是双面板和多层板的孔与孔间、孔与导线间导通的最可靠方法，是印制板质量好坏的关键，它采用将铜沉积在贯通两面导线或焊盘的孔壁上，使原来非金属的孔壁金属化。在双面板和多层板电路中，这是必不可少的工序。

(1) 抛光处理。抛光的目的是去除电路板金属表面氧化物保护膜及油污，进行表面抛光处理。这里采用的是湖南科瑞特公司生产的全自动电路板抛光机，该机集送入、刷磨、水洗、吸干到送出于一体，具有板基双面抛光的特点。抛光机开机顺序是，合上电源开关，接通水源，开启刷辊喷淋管，开启刷辊 1、刷辊 2、热风机，开启传送开关，摆放工件，进行作业。设置传动调速为 2.5 左右，速度越慢抛光效果越好。

(2) 沉铜。孔金属化需经过的环节有去油、浸清洗液、孔壁活化通孔、化学沉铜、电镀铜加厚等一系列工艺过程才能完成。化学沉铜被广泛应用于有通孔的双面板或多层板的生产加工中，其主要目的在于通过一系列化学处理方法在非导电基材上沉积一层导电体。金属化孔要求金属层均匀、完整，与铜箔连接可靠，电性能和机械性能符合标准。

这里采用的是湖南科瑞特公司生产的PTH4200智能金属过孔机。利用智能金属过孔机进行沉铜操作的步骤如下。

① 预浸。用时5min。进行此步操作的目的是去除孔内毛刺和调整孔壁电荷。

② 水洗。用时3min。进行此步操作的目的是防止预浸液破坏下个环节的活化液。

③ 烘干。将电路板置于烘干箱中，温度设为100℃，烘干5min。防止液体堵孔(针对小孔)。

④ 活化。用时2min。进行此步操作的目的是通过物理吸附作用，使孔壁基材的表面吸附一层均匀细致的石墨炭黑导电层。

⑤ 通孔。用时2min，进行垂直上下两次换边，直到看见孔都通了即可。若活化后孔内已堵上，则需使孔内畅通无阻。

⑥ 烘干。将电路板置于烘干箱中，温度设为100℃，烘干5min。进行短时间高温处理的目的是增进石墨炭黑与孔壁基材表面之间的附着力。

⑦ 微蚀。用时2min。为确保电镀铜与基体铜有良好的结合，必须将铜上的石墨炭黑除去。

⑧ 水洗。用时3min。进行此步操作的目的是去除微蚀液。

⑨ 抛光。进行此步操作的目的是去除表面氧化物。

(3) 镀铜。在CPC4200镀铜机镀铜机中进行镀铜操作，利用电解的方法使金属铜沉积在工件表面形成均匀、致密、结合力良好的金属铜层。具体操作步骤如下。

① 用不锈钢夹具将沉好铜的电路板夹好，将电路板需要镀铜的部分浸入镀铜液中，不锈钢夹具挂钩挂在镀铜机阴极挂杆上。

② 调节电流到适宜电流大小，电流标准为单面板1.5A/dm^2，双面板3A/dm^2。

③ 电镀。电镀时间以30min左右为宜，待电镀完成时，取出电路板用清水冲洗干净，放入抛光机内刷光。

④ 将电路板置于烘干箱进行烘干，让铜与孔壁结合得更好。温度设置为100℃，烘干5min。

5) 电路制作

电路制作的目的是将电路图像转移到电路板上。具体方法有激光雕刻法、丝网漏印法、光化学法等。现在主要介绍激光雕刻法，该法适用于品种多、大批量的印制电路板生产，用该方法生产制作的电路板尺寸精度高、工艺简单，对于单面板或双面板都能适用。激光雕刻法的主要工艺流程如下：

激光刻线→抛光→烘干→刷感光阻焊油墨→烘干→曝光→显影→水洗→烘干→刷感光文字油墨→烘干→曝光→显影→水洗→热固化→裁边。

(1) 打开LCM6200软件。在工具栏中单击按钮，找到要加工的文件目录，选中任意Gerber文件并打开，如图2-49所示。

(2) 能量设置。加工重叠距离为0.1mm，完成后扫白，横向镂空。激光能量设置线路加工功率为100，速度为500，阻焊加工设置功率为10，速度为2000。当进行线路预雕刻时，设置功率为20，速度为2000，如图2-50和图2-51所示。

LCM6200
版本 3.1.5701.25369 编译时间:2015/08/11 14:05:38
文件F 配置C 功能T 窗口W
坐标显示
限位坐标
当前坐标
限位坐标
X: -42.172 mm 0.000mm 157.828 mm
Y: -69.738 mm 0.000mm 130.262 mm
Z: 0.000mm -0.001 mm -56.001 mm
K: -0.100mm
加工信息
顶层 底层 顶层阻焊 底层阻焊
文件预览
设备已经打开!
Ready
C:\Users\Administrator\Desktop\采样电路2 194.04,123.5519 184.515,124.622

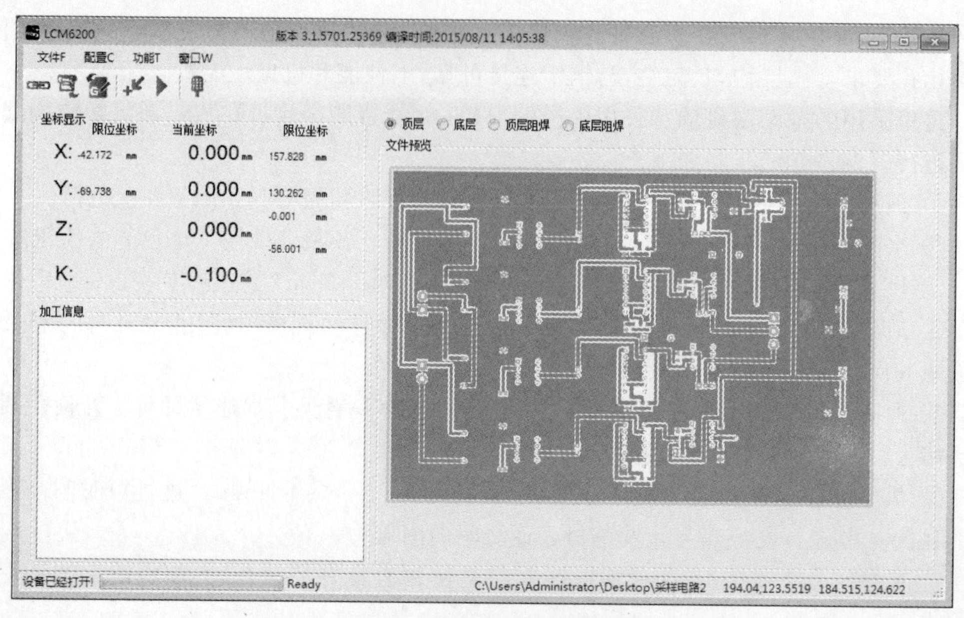

图 2-49 LCM6200 软件界面

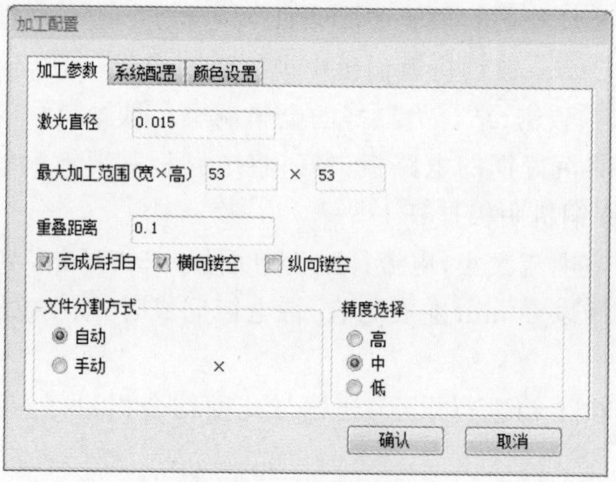

加工配置
加工参数 系统配置 颜色设置
激光直径 0.015
最大加工范围(宽×高) 53 × 53
重叠距离 0.1
完成后扫白 横向镂空 纵向镂空
文件分割方式
自动
手动 ×
精度选择
高
中
低
确认 取消

图 2-50 加工设置

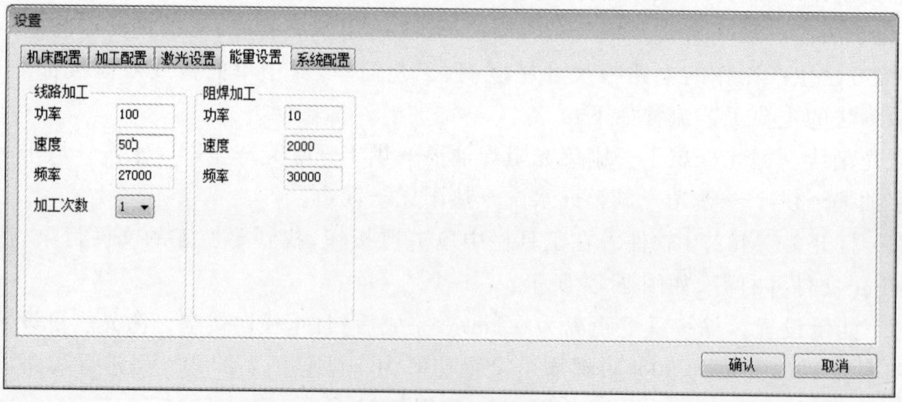

设置
机床配置 加工配置 激光设置 能量设置 系统配置
线路加工
功率 100
速度 500
频率 27000
加工次数 1
阻焊加工
功率 10
速度 2000
频率 30000
确认 取消

图 2-51 能量设置

(3) 找零点。单击软件上的按钮,选中“中心红光”复选框,使中心红光对准瞄定孔,如图2-52所示。

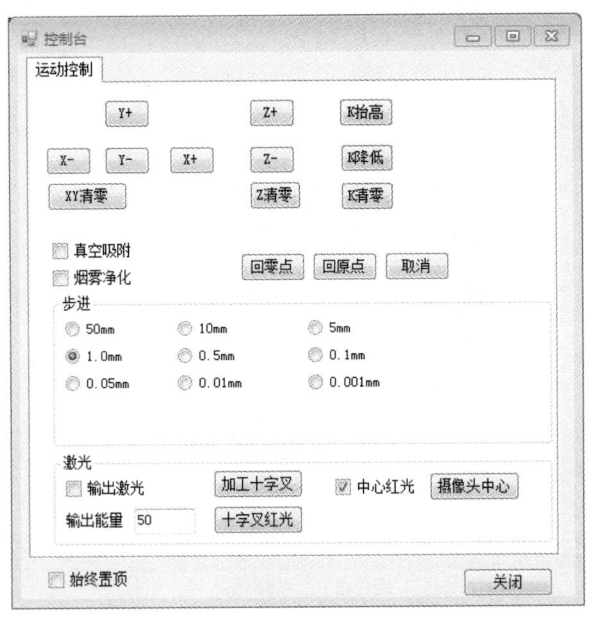

图2-52　中心红光

将要加工的板材放入工作平台并使相应加工面左下角的锚定孔对准中心红光。单击摄像头中心,使摄像头移动到锚定孔上方,按下机器上的“真空吸附”按钮,在软件中选中“窗口”|“视频接口”菜单选项,在“视频窗口”中单击“开始”按钮。

打开摄像头,稍微移动平台使锚定孔完全落入视频范围内,单击“锚定A”按钮,识别后单击模拟手柄,设置好的相应步进,移动图形高度值,使另一个锚定孔落入“视频窗口”内,单击“锚定B”按钮,识别后单击“设置零点”按钮,如图2-53所示。

(4) 在主程序界面设置放入板材的顶层或底层,在工具栏中单击按钮,等左下角显示转换完成后单击工具栏中的按钮开始加工。等加工完成后,关掉“真空吸附”按钮,将板材反面放入平台,按步骤(2)和(3)的方法加工另一面。

注意:双面板激光能量界面速度设置为560,单面板由于铜层厚,速度设置为400。加I边框异形的底层线路时会出现异常,激光雕刻时需提前在图纸里更改边框为方形。

6) 阻焊制作

阻焊制作是将底片上的阻焊图像转移到腐蚀好的电路板上。它的主要作用是防止在焊接时造成短路(如锡渣掉在线与线之间等)。如果电路板需要做字符层,则必须要做阻焊层。它的制作流程与线路显影前5个工艺流程一样,即按如下工艺流程进行:电路板表面处理→湿膜→烘干→曝光→显影。

(1) 具体操作步骤如下。

① 电路板表面处理。一般采用抛光机进行抛光处理,清除表面油污,以便湿膜可以牢固地粘贴在电路板上。

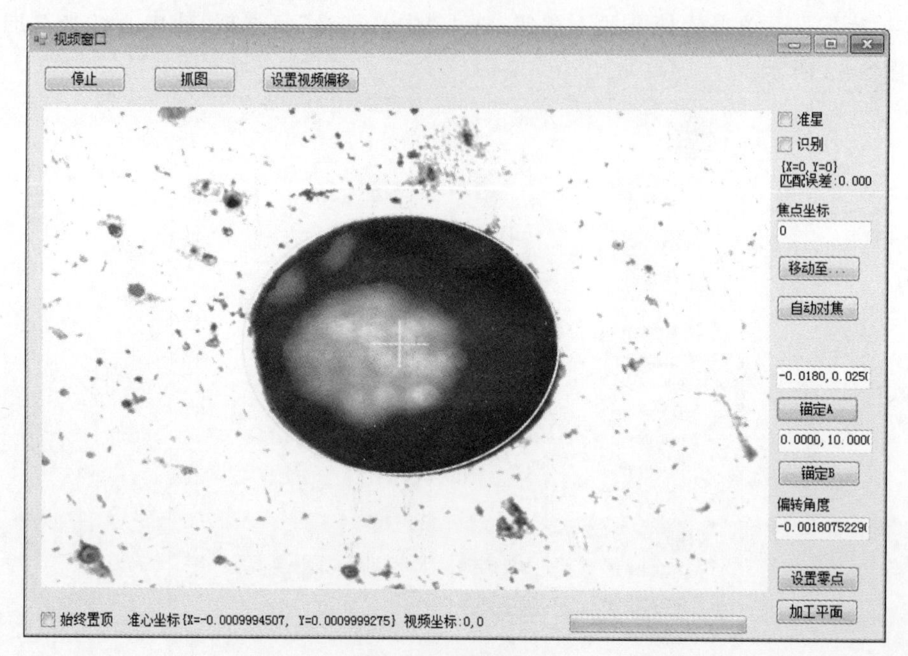

图 2-53 视频锚定

② 固定丝网框。将准备好的丝网框固定在丝印台上并用固定旋钮拧紧。

③ 粘边角垫板。在丝印机底板粘上边角垫板,主要用于刮双面板,刮完一面再刮另一面时,防止与工作台面摩擦使油墨受损。

④ 放板。把需要刮油墨的电路板放上去,摆放好位置。

⑤ 调节丝网框的高度。调节丝网框的高度主要是为了避免在刮油墨时网与电路板粘在一起,丝网与电路板间距约为 1mm。

⑥ 提取适量的阻焊油墨放在丝网上。先用手将丝网框提高一点,在丝网上表面和下表面分别刮一次,不要将油墨刮到电路板上,然后将丝网框平放,双手握住刮刀,方向斜上 45°均匀用力推过去。双面板的两面均要刮上阻焊油墨,阻焊油墨由感光阻焊油墨和阻焊固化剂混合得来,其比例为 7∶3。

⑦ 刮好阻焊油墨的电路板需要烘干。将电路板竖放于烘干箱中,根据阻焊油墨的特性,烘干箱温度宜设置为 75℃,时间约为 20min。

(2) 阻焊对位。阻焊对位是在刮好阻焊油墨的电路板上进行对位,根据 CAM 软件里设置的定位孔,将顶层阻焊底片(GTS)、底层阻焊底片(GBS)分别与电路板两面进行定位。

(3) 阻焊曝光。阻焊曝光的操作步骤同线路曝光,不同的是阻焊曝光时间为 80s。

(4) 阻焊显影。阻焊显影的操作步骤同线路显影。

(5) 阻焊固化。阻焊固化也就是烘干,它主要是电路板在阻焊显影后要让其固化,使阻焊油墨在焊接时不易脱落。阻焊固化与阻焊烘干操作方法一样,只有时间和温度需要调节,固化时间为 30min,固化温度为 150℃。

7) 字符制作

字符制作主要是在做好的电路板上印上一层与元器件对应的符号,不但便于在焊接时插贴元器件，而且便于产品的检验与维修。字符制作较为简单，具体步骤如下。

（1）刮感光字符油墨。操作方法同刮感光线路油墨和阻焊油墨。

（2）烘干。将电路板放在烘干箱内烘干，烘干箱温度设为75℃，时间约为20min。

（3）曝光。操作方法铜线路曝光，不同的是这里曝光时间设为45s。

（4）显影。操作方法同阻焊显影。

（5）水洗。将电路板用清水清洗干净。

（6）烘干。高温烘干的目的是进一步固化字符油墨和阻焊油墨，烘干箱温度设为150℃，时间设为30min。

8）线路曝光

曝光的基本原理是光引发剂在紫外光照射下吸收了光能并分解成自由基，自由基再引发光聚合单体进行聚合交联反应，形成不溶于稀碱溶液的大分子。这里采用的是湖南科瑞特公司生产的EXP3600曝光机，该曝光机的有效曝光面是底面。曝光是对已经对位好的电路板进行曝光，曝光的部分被固化，经光源作用将原始底片上的图像转移到感光底板上，在后续流程中通过显影可呈现图形。

线路对位曝光操作步骤如下。

（1）对孔。将顶层线路底片和底层线路底片通过定位孔分别与电路板两面（底片的放置按照有形面朝下，背图形面朝上的方法放置）对位好并用透明胶固定。

（2）抬起上罩框，将上一步的电路板放于曝光机的玻璃板上。

（3）落下上罩框，并将玻璃板推进曝光机内。

（4）启动曝光机，曝光时间设置为20s。

（5）按"真空启动"按钮，待真空表指针稳定后，按"曝光启动"按钮，开始曝光。

（6）曝光结束后，拉出玻璃板，抬起上罩框将电路板翻面，重复步骤(2)～(5)。

注意：曝光操作必须在暗室进行；曝光机不能连续曝光，应至少间隔3min。

9）线路显影

显影是将没有曝光的湿膜层部分除去得到所需电路图形的过程。由于底片的线路部分是黑色的，而非线路部分是透明的，所以经过曝光流程后，线路没曝光，被保护起来，而非线路曝光了，曝光部分的线路感光油墨被固化了，而没有曝光的线路感光油墨没有被固化，经显影后可去掉。显影操作前要严格控制显影液的浓度和温度，显影液浓度太高或太低都易造成显影不净。显影时间过长或显影温度过高，都会对湿膜表面造成劣化，在电镀或碱性蚀刻时出现严重的渗度或侧蚀。

这里采用的是湖南科瑞特公司生产的DPM4200全自动显影机，该机的操作步骤如下。

（1）开启加热开关，工作温度设置为45℃。

（2）当温度加热至45℃时，启动传动开关。

（3）启动显影，按钮将电路板放在滚轮上。

（4）显影完成后用清水清洗干净。

（5）首次显影时，为了掌握最佳显影时间和双面板显影速率，应先试显影一块双面板观察显影效果，如果显影不彻底应调慢传送速度，如果两面显影不一则需调节上下球阀的开通角度，直到满意为止。

10) 镀锡

化学电镀锡主要是在电路板部分镀上一层锡,用来保护线路部分不被蚀刻液腐蚀,同时增强电路板的可焊接性。镀锡与镀铜原理一样,只不过镀铜是整板镀铜,而镀锡只对线路部分镀锡。

镀锡前,应将电路板进行微蚀,以进一步去除残留的显影液,然后用清水冲洗干净。

这里采用的是湖南科瑞特公司生产的CPT4000智能镀锡机,操作步骤如下。

(1) 固定。用不锈钢夹具将显影后的电路板固定好后置于化学镀锡机中。

(2) 设置电流大小。设置电流为1.5A/dm^2。注意,这里的面积是指布线有效面积,而非电路板面积。

(3) 电镀。电镀时间约为20min,完成后取出电路板。

(4) 抛光。抛光的目的是去除电路板表面的残留物和氧化层。

(5) 烘干。将电路板置于烘干箱中,温度设为100℃,时间为3~5min。

11) OSP工艺

OSP工艺是在焊盘上形成一层均匀、透明的有机膜,该涂覆层具有优良的耐热性,适用于不同的助焊剂。OSP工艺能与多种常见的波峰焊助焊剂(包括无清洁作用的焊剂)同时使用,不污染电镀金属表面,是一种环保工艺。

这里采用的是湖南科瑞特公司生产的OSP4000铜防氧化机。启动电源后,在系统状态下按SET键,设置每道工序的时间分别为除油2min,水洗1min,微蚀2min,酸洗1min,水洗1min,成膜3min。各道工序的作用如下。

(1) 除油。这道工序是去除电路板焊盘上的油污。除油效果的好坏直接影响到成膜品质,除油不良将导致成膜厚度不均匀。

(2) 水洗。这道工序是将电路板上的除油液清洗干净,防止板上剩余除油液带入微蚀槽,污染微蚀液。

(3) 微蚀。微蚀的目的是形成粗糙的铜面,便于成膜。微蚀的厚度直接影响成膜速率。因此,要形成稳定的防氧化膜,保持微蚀厚度的稳定是十分重要的。一般将微蚀厚度控制在1.0~1.5μm比较合适。

(4) 酸洗。这道工序是去除板材上的氧化物。

(5) 水洗。这道工序是防止将板材上剩余的酸洗液带入成膜槽,污染成膜液,所以经酸洗后的板材应水洗干净。

(6) 成膜。这道工序是在铜表面形成防氧化膜。

12) 铣边

铣边操作同钻孔基本一样,不同的是铣削速度应调低,速度太快易造成边框粗糙。在此为了能对电路板精确铣边,可采取如下方法:先用数控钻铣床的摄像头对准两个瞄定孔,然后将其固定在垫板上进行铣边。

至此,一个具有工业水准的电路板(双面板)基本完成。

2.2　常用焊接工艺

在电子电器的装配与维修过程中，往往需要大量焊接工作。焊接工艺质量对电路整机的性能指标和可靠性有很大的影响。随着电子设备的复杂化、超小型化和对可靠性要求不断提高，焊接质量的重要性越来越突出。只有能熟练地掌握了焊接要领，才能在电器装修中提高效率，保证工作质量。

焊接的方式有多种，常用的是电烙铁钎焊（锡焊）和手工电弧焊。这两种焊接技术成本低、可靠性高、技术易于掌握、操作方便、适用于个体劳动。本节将重点讨论电烙铁钎焊工艺。

2.2.1　焊接基础知识

利用加热或其他方法使焊料与被焊接金属原子之间互相吸引和渗透，依靠原子之间的内聚力使它们永久、牢固地结合的过程称为焊接。焊接分为熔焊、钎焊及接触焊 3 种。在电子电器设备的装修中主要采用钎焊。所谓钎焊，就是通过加热将作为焊料的金属熔化成液态，再通过它把被焊固态金属（母材）连接在一起并在焊接部位发生化学变化的焊接方法。在钎焊中起连接作用的金属材料称为钎料，即焊料。焊料的熔点应低于被焊接金属的熔点。

在电工和电子技术中，大量采用锡铅焊料进行焊接，称为锡钎焊，简称锡焊。锡铅焊点是将被加热熔化的液态锡铅焊料，借助干焊剂的作用，熔于被焊接金属材料缝隙并适量堆积而形成的，如果被焊接的金属结合面清洁，焊料中的锡和铅原子会在加热后进入被焊接金属材料的晶格，在焊接面形成合金，使被焊金属连接在一起，得到牢固、可靠的焊接点。要使被焊接金属与焊锡生成合金，实现良好焊接，应具备以下几个条件。

1. 被焊接的金属应具有良好的可焊性

所谓可焊性是指在适当温度和助焊剂的作用下，焊接面上的焊料原子与被焊金属原子能互相渗透，牢固结合，生成良好的焊点。

2. 被焊金属表面和焊锡应保持清洁接触

在焊接前，必须清除焊接部位的氧化膜和脏物，否则容易阻碍焊接时合金的形成。

3. 应选用助焊性能适合的助焊剂

助焊剂在熔化后能熔解被焊部位的氧化膜和污物，增强焊锡的流动性，并能保证焊锡与被焊金属的牢固结合。

4. 选择合适的焊锡

焊锡的选用应能使其在被焊金属表面产生良好的浸润，使焊锡与被焊金属间熔为一体。

5. 保证足够的焊接温度

足够的焊接温度一是能够使焊料熔化，二是能够加热被焊金属，使两者生成金属合金。焊接温度不足将造成假焊或虚焊。

6. 要有适当的焊接时间

若焊接时间过短,则不能保证焊点质量;过长,则会损坏焊接部位和元器件,对印刷板焊接时间过长还会使电路铜箔起泡。

为了获得良好焊接,在锡焊时对焊点有如下要求。

(1) 应有可靠的导电连接,即焊点必须有良好的导电性能。

(2) 应有足够的机械强度,即焊接部位比较牢固,能承受一定的机械应力。

(3) 焊料要适量。焊点上焊料过少,会影响机械强度,缩短焊点的使用寿命,焊料过多,不仅浪费,影响美观,还容易使焊点之间发生短路。

(4) 焊点不应有毛刺、空隙和其他缺陷。在高频高压电路上,毛刺易造成尖端放电。对于一般电路,严重的毛刺还会导致短路。

(5) 焊点表面必须清洁。焊接点表面的污垢含有有害物质,会腐蚀焊点、线路及元器件,焊完后应及时清除。除了上述基本要求外,焊接工具(电烙铁)的使用及焊接的操作及工艺要求,都是十分重要的。

2.2.2 电烙铁的使用与维护

焊接必须使用合适的工具。目前,用电烙铁进行手工焊接仍占有极其重要的地位,电烙铁的正确选用与维护,是必须掌握的基础知识。

1. 电烙铁的种类及构造

常用的电烙铁分为外热式和内热式两大类,随着焊接技术的发展,后来又研制出了恒温电烙铁和吸锡电烙铁。无论是哪种电烙铁,工作原理都十分相似,即在接通电源后,电阻丝发热并通过传热筒加热烙铁头,在达到焊接温度后即可进行工作。电烙铁要热量充足、温度稳定、耗电少、效率高、安全耐用、漏电流小、无磁场影响元器件。

(1) 外热式电烙铁。外热式电烙铁通常按功率分为25W、45W、75W、100W、150W、200W和300W等多种规格,这几种功率实际是指电烙铁向电源吸取的电功率,其结构如图2-54所示。各部分的作用如下。

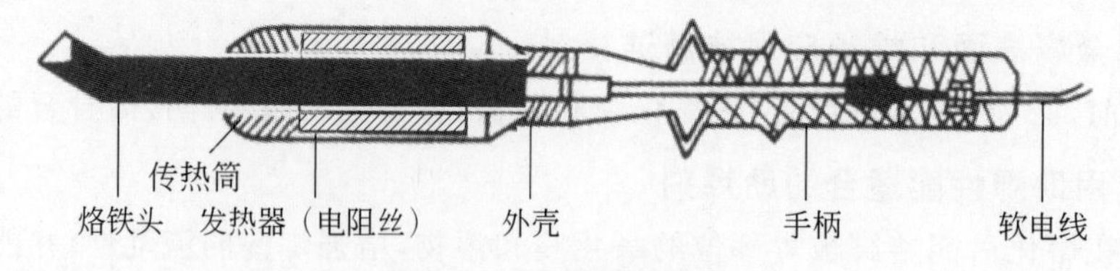

图2-54 外热式电烙铁

① 烙铁头:烙铁头由紫铜做成,用螺丝固定在传热筒中,它是电烙铁中用于焊接工作的部分,根据焊接面的不同,烙铁头被制成各种不同的形状。烙铁头在传热筒中的长度可以伸缩,借以调节其温度。

② 传热筒:传热筒为一铁质圆筒,内部固定烙铁头,外部缠绕电阻丝,它的作用是将发热器的热量传递到烙铁头。

③ 发热器：发热器的结构是用电阻丝分层绕制在传热筒上，以云母作层间绝缘。其作用是将电能转换成热能并加热烙铁头。

④ 支架：木制手柄和铁制外壳为整个电烙铁的支架和壳体，起操作手柄的作用。

(2) 内热式电烙铁。内热式电烙铁常见的规格有 20W、30W、35W、50W 等。外形和内部结构如图 2-55 所示，主要由烙铁头、发热器、外壳、手柄等部分组成，各部分的作用与外热式电烙铁基本相同。只是在组合上，它的发热器(烙铁心)装置在烙铁头空腔内部，故称为内热式。它的连接杆既起支架作用，又起传热作用。内热式电烙铁具有发热快、耗电省、效率高、体积小，重量轻、便于操作等优点。一把标称为 20W 的内热式电烙铁相当于 25～45W 外热式电烙铁。

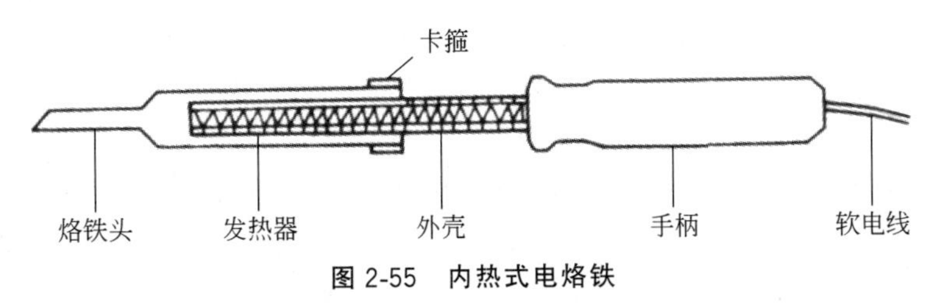

图 2-55　内热式电烙铁

(3) 恒温电烙铁。它是由电烙铁内部的磁控开关自动控制通电时间来达到恒温的目的。其外形和内部结构如图 2-56 所示。这种磁控开关是利用软磁性材料被加热到一定温度会失去磁性的特点将其用于切断电源的控制信号。

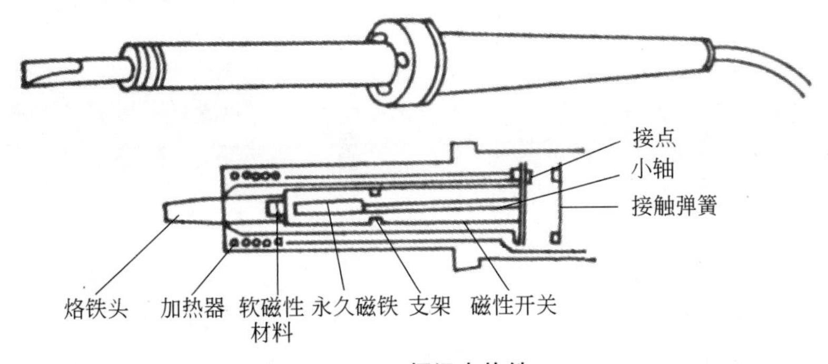

图 2-56　恒温电烙铁

在电烙铁头附近装有软磁性材料，加热器在烙铁头外围，软磁性材料平时总是与磁控开关接触，非金属薄壁圆筒的底部有一小块永久磁铁，用小轴将永久磁铁，接触簧片连住一起构成磁控开关。

电烙铁通电时，软金属块具有磁性，吸引永久磁铁，小轴带动活动接触簧片与触点闭合，使发热器通电升温，当烙铁头温度上升到一定值，软磁性材料消磁，永久磁铁在支架吸引下脱离软磁性材料，小轴带动簧片离开触点，发热器断电，电烙铁温度下降。当温度降到一定值时，软磁性材料恢复磁性，永久磁铁又被吸回，簧片接触触点，发热器电路又被接通。如此断续通电，可以把烙铁温度始终控制在一定范围。

恒温电烙铁的优点是，比普通电烙铁省电二分之一，焊料不易氧化，烙铁头不易过热氧化,更重要的是能防止元器件因温度过高而损坏。

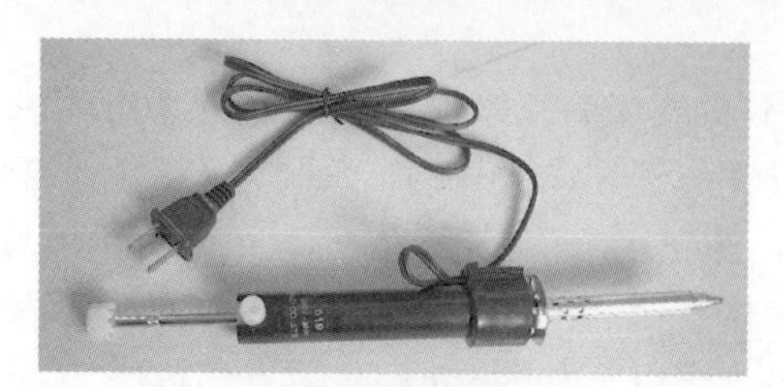

图 2-57　吸锡电烙铁

(4) 吸锡电烙铁。吸锡电烙铁外形如图 2-57 所示。它主要用于拆换元器件。操作时先用吸锡电烙铁头部加热焊点,待焊锡熔化后,按动吸锡装置,即可把锡液从焊点上吸走,便于拆焊。利用这种电烙铁,使拆焊效率高,不会损伤元器件,特别是拆除集成块和波段开关等焊点多的元器件尤为方便。

(5) 焊台。焊台也是电烙铁的一种,只是在电子焊接发展过程中因为焊接技术的发展要求而出现的新型焊接工具,所以现在有些人还是把焊台称为电烙铁,如图 2-58 所示。其实现在的焊台已经有了很大的发展,有很多品牌,在功能上也有了很大的发展。

(6) 热风焊烙铁。热风焊烙铁也叫热风枪,如图 2-59 所示。准确地讲,它不属于电烙铁,只是使用热风作为热源。烙铁工作时,发出定向热风,此时热风附近空间就升温,达到焊接目的。使用热风焊烙铁时,调节温度、风量到需要值,再让风口在需拆的贴片元件附近移动,当元件的锡点熔化时即可取下并补焊上新元件。

图 2-58　焊台

图 2-59　热风焊烙铁

2. 电烙铁的选用

从总体上考虑,电烙铁的选用应遵从以下 4 个原则。

(1) 烙铁头的形状要适应被焊物面的要求和焊点及元器件密度。烙铁头有直轴式和弯轴式两种。功率大的电烙铁,烙铁头的体积也大。常用外热式电烙铁的头部大多制成錾子式样,根据被焊物面要求,錾式烙铁头头部角度有 450°、100°～250°等,錾口的宽度也各不相同,如图 2-60(a)、(b)所示。对焊接密度较大的产品,可用图 2-60(c)、(d)所示烙铁头。内热式电烙铁常用圆斜面烙铁头,适合于焊接印制电路板和一般焊点,如图 2-60(e)所示。在印制电线路板的焊接中,采用图 2-60(f)所示的凹口烙铁头和 2-60(g)所示的空心烙铁头有时更为方便,但这两种烙铁头的修理较麻烦。

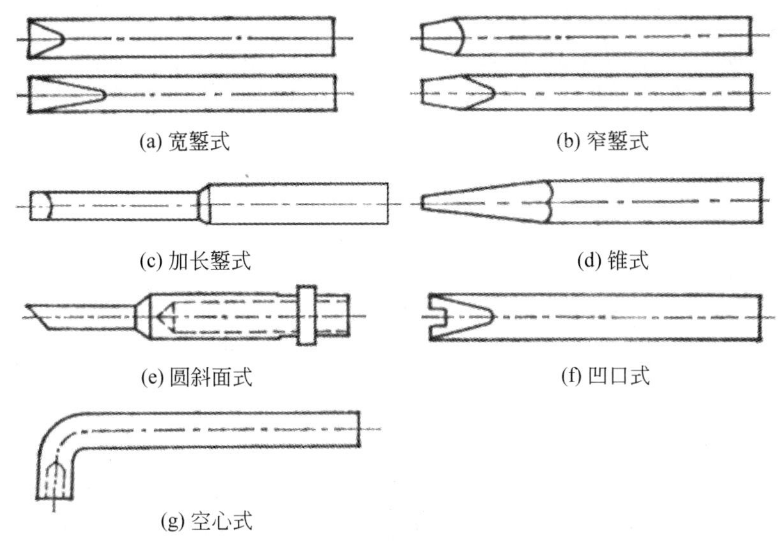

图 2-60　各种烙铁头外形

(2) 烙铁头顶端温度应能适应焊锡的熔点。通常这个温度应比焊锡熔点高 30～80℃,而且不应包括烙铁头接触焊点时下降的温度。

(3) 电烙铁的热容量应能满足被焊件的要求。热容量太小,温度下降快,使焊锡熔化不充分、焊点强度低、表面发暗、焊锡颗粒粗糙甚至成虚焊。热容量过大,会导致元器件和焊锡温度过高,不仅会损坏元器件和导线绝缘层,还可能使印制电路板铜箔起泡、焊锡流动性太大而难于控制。

(4) 烙铁头的温度恢复时间能满足被焊件的热要求。所谓温度恢复时间,是指烙铁头接触焊点温度降低后,重新恢复到原有最高温度所需要的时间。要使这个恢复时间恰当,必须选择功率、热容量、烙铁头形状、长短等适合的电烙铁。

由于被焊件的热要求不同,对电烙铁功率的选择应注意以下几个方面。

(1) 焊接较精密的元器件和小型元器件,宜选用 20W 的内热式电烙铁或 25～45W 的外热式电烙铁。

(2) 对连续焊接,热敏元件焊接,应选用功率偏大的电烙铁。

(3) 对大型焊点及金属底板的接地焊片,宜选用 100W 及以上的外热式电烙铁。

3. 使用电烙铁的注意事项

(1) 使用前必须检查两股电源线和保护接地线的接头是否接对,否则会导致元器件损伤,严重时还会引起操作人员触电。

(2) 新电烙铁初次使用,应先对烙铁头搪锡。其方法是,将烙铁头加热到适当温度后,用砂布(纸)擦去或用锉刀锉去氧化层,蘸上松香,然后浸在焊锡中来回摩擦,即可搪上锡。电烙铁使用一段时间后,应取去掉烙铁头与传热筒接触部分的氧化层,以避免以后取不下烙铁头。电烙铁中的电阻丝由于多次发热而易碎、易断,所以应轻拿轻放,不可敲击。

(3) 焊接时,宜使用松香或中性焊剂,否则酸性焊剂会腐蚀元器件、印制电路板、烙铁头及发热器。

(4) 烙铁头应经常保持清洁。使用中若发现烙铁头工作面有氧化层或污物,应在石棉毡等织物上擦去,否则影响焊接质量。

烙铁头工作一段时间后会因氧化而不能上锡,此时应用锉刀或刮刀去掉烙铁头工作面黑灰色的氧化层,重新搪锡。烙铁头使用过久,还会出现腐蚀凹坑,影响正常焊接,应用锤子、锉刀对其整形后重新搪锡。

(5) 电烙铁工作时要放在特制的烙铁架上,烙铁架一般应置于工作台右上方,烙铁头部不能超出工作台,以免烫伤工作人员或其他物品。

4. 电烙铁的拆装与故障处理

下面,以 20W 的内热式电烙铁为例来说明具体的拆装步骤。拆卸时,首先拧松手柄上顶紧导线的止动螺钉,旋下手柄,然后从接线桩上取下电源线和电烙铁心的引线,取出烙铁心,最后拔下烙铁头。安装顺序与拆卸刚好相反,只是在旋紧手柄时,勿使电源线随手柄扭动,以免将电源线接头部位绞坏,造成短路。

电烙铁的电路故障一般有短路和开路两种。如果是短路,一接电源就会使熔断器(保险丝)熔断。短路点通常在手柄内的接头处和插头中的接线处。这时如果用万用表电阻挡检查电源插头两插脚之间的电阻,阻值将趋于 0Ω。如果接上电源几分钟后,电烙铁还不发热,一定是电路不通。如果电源供电正常,通常是电烙铁的发热器,电源线及有关接头部位有开路现象。这时旋开手柄,用万用表 $R\times100\Omega$ 挡测烙铁心两接线桩间的电阻值,如果为 2kΩ 左右,一定是电源线断或接头脱焊,应更换电源线或重新连接,如果两接线桩间电阻无穷大,当烙铁心引线与接线桩接触良好时,一定是烙铁心电阻丝断路,应更换烙铁心。

2.2.3 焊料与焊剂的选用

1. 焊料的选用

电烙铁钎焊的焊料是锡铅焊料,由于其中的锡铅及其他金属所占比例不同而分为多种牌号,常用锡铅焊料的特性及主要用途如表 2-2 所示。

表 2-2 中所列的锡铅焊料性能、用途各异,在焊接中应根据被焊件的不同要求进行选用,选用时应考虑如下因素。

(1) 焊料必须适应被焊接金属的性能,即所选焊料应能与被焊金属在一定温度和助焊剂作用下生成合金。也就是说,焊料和被焊金属材料之间应有很强的亲和性。

(2) 焊料的熔点必须与被焊金属的热性能相适应,焊料熔点过高过低都不能保证焊接质量。焊料熔点太高,使被焊元器件,印刷板焊盘或接点无法承受。焊料熔点过低,助焊剂不能充分活化起助焊作用,被焊件的温升也达不到要求。

(3) 由焊料形成的焊点应能保证良好的导电性能和机械强度。

在具体施焊过程中,遵照上述原则,对焊料可作如下选择。

(1) 焊接电子元器件、导线、镀锌钢皮等可选用 58-2 锡铅焊料。

(2) 手工焊接一般焊点、印制电路板上的焊盘及耐热性能差的元件和易熔金属制品,应选用 39 锡铅焊料。

(3) 浸焊与波峰焊接印制电路板,一般用锡铅比为 61∶39 的共晶焊锡。

表 2-2　常用锡、铅焊料的特性及主要用途

名　　称	牌　　号	主要成分(%)			杂质(%)	熔点/℃	抗拉强度kg/mm	用　　途
		锡	锑	铅				
10 锡焊料	HLSnPb10	89～91	≤0.15	余量	0.1	220	4.3	钎焊食品器皿及医药卫生方面物品
39 锡铅焊料	HLSnPb30	59～61	≤0.8			183	4.7	焊电子、电器制品
50 锡铅焊料	HLSnPb50	49～51	≤0.8			210	3.8	钎焊散热器、计算机、黄铜制品
58-2 锡铅焊料	HLSnPb58-2	39～41	≤2			235	3.8	钎焊工业及物理仪表等
68-2 锡铅焊料	HLSnPb68-2	29～31	≤2			256	3.3	钎焊电缆护套、铅管
80-2 锡铅焊料	HLSnPb80-2	17～19	≤2		0.6	277	2.8	钎焊油壶、容器、散热器
40-6 锡铅焊料	HLSnPb90-6	3～4	5～6			265	5.9	钎焊黄铜和铜
73-2 锡铅焊料	HLSnPb73-2	24～26	1.5～2			265	2.8	钎焊铅管
45 锡铅焊料	HLSnPb45	53～59				200		

2. 焊剂的选用

在空气中，特别是在加热的情况下，金属表面会生成一层薄氧化膜，阻碍焊锡的浸润，影响焊接点合金的形成。采用焊剂(又称助焊剂)能改善焊接性能。因为焊剂能破坏金属氧化层，使氧化物漂浮在焊锡表面，有利于焊锡的浸润和焊点合金的生成。另外，它还能覆盖焊料表面，防止焊料或金属继续氧化，增强焊料和被焊金属表面的活性，进一步增加浸润能力。

若焊剂选择不当，会直接影响焊接质量。选用焊剂时，除了考虑被焊金属的性能及氧化、污染情况外，还应从焊剂对焊接物面的影响(如焊剂的腐蚀性，导电性及对元器件损坏的可能性等方面)全面考虑。举例如下。

(1) 对于铂、金、银、锡及表面镀锡的金属，可焊性较强，宜用松香酒精溶液作焊剂。

(2) 由于铅、黄铜、铍青铜及镀镍层的金属焊接性能较差，应选用中性焊剂。

(3) 若选用氯化锌和氮化铵的混合物这类无机系列焊剂，由于它们对金属的腐蚀性很强，其挥发的气体对电路元器件和电烙铁有破坏作用，所以施焊后必须清洗干净。在电子线路的焊接中，除特殊情况外，不得使用这类焊剂。

(4) 焊接半密封器件时，必须选用焊后残留物无腐蚀性的焊剂，以防腐蚀性焊剂渗入焊件内部，对其产生不良影响。

几种常用焊剂配方如表 2-3 所示。

表 2-3 几种焊剂配方

名　　称	配　　方
松香酒精焊剂	松香 15～20g、无水酒精 70g、淡化水杨酸 10～15g
中性焊剂	凡士林(医用)100g、三乙醇胺 10g、无水酒精 40g、水杨酸 10g
无机焊剂	氧化锌 40g、氯化铵 5g、盐酸 5g、水 50g

2.2.4 电烙铁钎焊要领

1. 手工焊接要点

(1) 焊接时的姿势和手法。在进行焊接操作时一般采用坐姿,工作台和座椅的高度要适当。操作人员应挺胸端坐,操作者鼻尖与烙铁尖的距离应在 20cm 以上,同时要选好烙铁头的形状和适当的握法。电烙铁的握法一般有 3 种,第一种是握笔式,这种握法使用的烙铁头一般是直形的,适合于用小功率电烙铁对小型电子电器设备及印制电路板的焊接,如图 2-61(a)所示。第二种是正握式,用于弯头烙铁的操作或直烙铁头在机架上焊接,如图 2-61(b)所示。第三种是反握式,这种握法动作稳定,适用于大功率电烙铁对热容量大的工件的焊接,如图 2-61(c)所示。

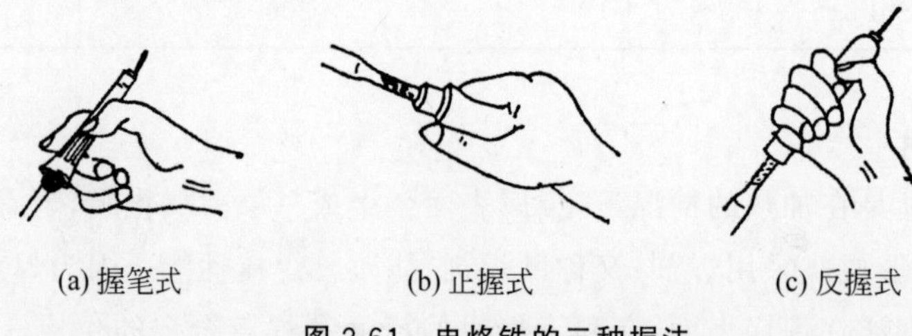

(a) 握笔式　(b) 正握式　(c) 反握式

图 2-61　电烙铁的三种握法

(2) 焊锡丝的拿法。先将焊锡丝拉直并截成 30cm 左右的长度,用不拿烙铁的手握住焊锡丝并配合焊接的速度和焊锡丝头部熔化的快慢适当向前送进。焊锡丝有如图 2-62 所示的两种拿法,操作者可以根据自己的习惯选用。

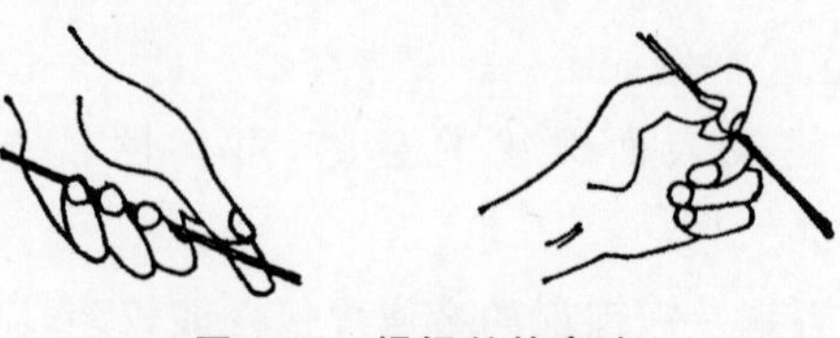

图 2-62　焊锡丝的拿法

(3) 焊接面上焊前的清洁和搪锡。可用砂纸或废锯条做成刮刀清洁焊接面。焊接前应先清除焊接面的绝缘层、氧化层及污物,直到完全露出紫铜表面上无任何脏物为止。有些镀金、镀银或镀锡的母材,由子基材难于上锡,所以不能把镀层刮掉,只能用粗橡皮擦去表面脏物。焊接面清洁处理后,应尽快搪锡,以免表面重新氧化,搪锡前应先在焊接面涂上焊剂。

对扁平的集成电路引脚，焊前一般不进行清洁处理，但焊接前应妥善保存，不要弄脏。

焊面的清洁和搪锡是确保焊接质量，避免虚焊、假焊的关键。假焊和虚焊主要是由焊接面上的氧化层和污物造成的。假焊使电路完全不通。虚焊使焊点成为有接触电阻的连接状态，从而使电路工作时噪声增加，状态不稳定，电路工作时好时坏，给检修工作带来很大困难。还有一部分虚焊点，在电路开始工作的一段时间内，能保持焊点较好的电接触，电路工作正常，但在温度、湿度发生变化或在振动等环境条件下工作一段时间后，接触表面逐步氧化，接触电阻慢慢增大，最后导致电路工作不正常。这一过程有时可长达两年。可见，虚焊是电路可靠性的一大隐患，必须尽力予以消除。由此可见，在进行焊接面的清洁与搪锡时，不可粗心大意。

(4) 掌握好焊接温度和时间。不同的焊接对象，要求烙铁头的温度也不同。焊接导线接头时，工作温度可在300～480℃为宜，焊接印制电路板上的元件时，也一般以430～450℃为宜，焊接细线条印制电路板和极细导线时，温度应在290～370℃为宜，在焊接热敏元件时，其温度至少要480℃才能保证焊接时间尽可能短。

额定电压220V，功率为20W的烙铁，头部的工作温度为290～400℃；45W的烙铁，头部温度为400～510℃。可以选择适当功率的烙铁，使在其焊接时，用3～5s焊点即可达到要求的温度，同时在焊完后，热量不会大量散失，这样才能保证焊点质量和元器件的安全。

(5) 恰当掌握焊点形成的火候。焊接时不要将烙铁头在焊点上来回磨动，应将烙铁头搪锡面紧贴焊点，等到焊锡全部熔化并因表面张力收缩而使表面光滑后，迅速将烙铁头从斜面上方约45°的方向移开。这时焊锡不会立即凝固，一定不要使被焊件移动，否则焊锡会凝成砂粒状或造成焊接不牢固而形成虚焊。

2. 电烙铁的焊接步骤

对热容量稍大的焊件，可以采用五步焊接法。

(1) 准备。将被焊件、电烙铁、焊锡丝、烙铁架、焊剂等放在工作台上便于操作的地方。加热并清洁烙铁头工作面，搪上少量焊锡，如图2-63(a)所示。

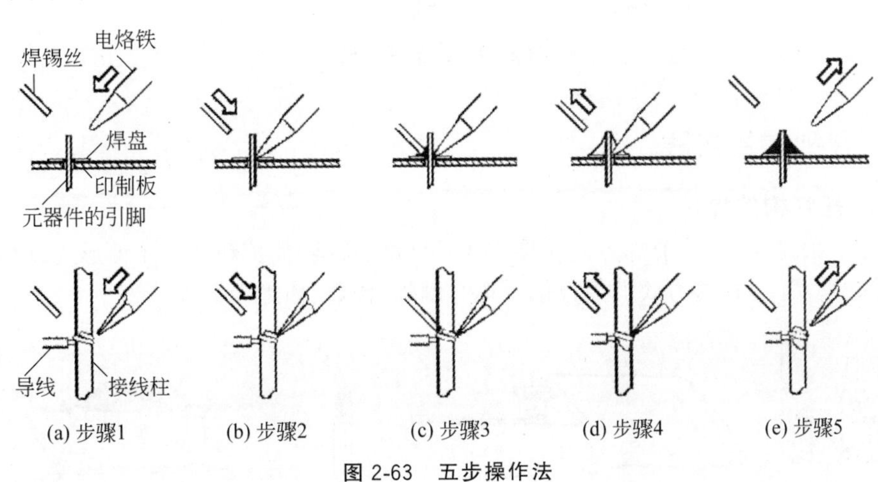

(a) 步骤1　(b) 步骤2　(c) 步骤3　(d) 步骤4　(e) 步骤5

图2-63　五步操作法

(2) 加热被焊件：将烙铁头放置在焊接点上，对焊点升温，烙铁头工作面搪有焊锡，可加快升温速度,如图 2-63(b)所示。如果一个焊点上有两个以上元件,应尽量同时加热所有被焊件的焊接部位。

(3) 熔化焊料。焊点加热到工作温度时,立即将焊锡丝触到被焊件的焊接面上,如图 2-63(c)所示。焊锡丝应对着烙铁头的方向加入,但不能直接接触到烙铁头上。

(4) 移开焊锡丝。当焊锡丝熔化适量后,应迅速移开,如图 2-63(d)所示。

(5) 移开电烙铁。在焊点已经形成,但焊剂尚未挥发完之前,迅速将电烙铁移开,如图 2-63(e)所示。

对于热容量较小的焊件,可将上述五步操作法简化成三步操作法。

(1) 准备。右手拿经过预热、清洁并搪上锡的电烙铁,左手拿焊锡丝,靠近烙铁头,做待焊姿势,如图 2-64(a)所示。

(2) 同时加热被焊件和焊锡丝。将电烙铁和焊锡丝从被焊件的两侧同时接触到焊接点,并使适量焊锡熔化,浸满焊接部位,如图 2-64(b)所示。

(3) 同时移开电烙铁和焊锡丝。待焊点形成火候达到时,同时将电烙铁和焊锡丝移开,如图 2-64(c)所示。

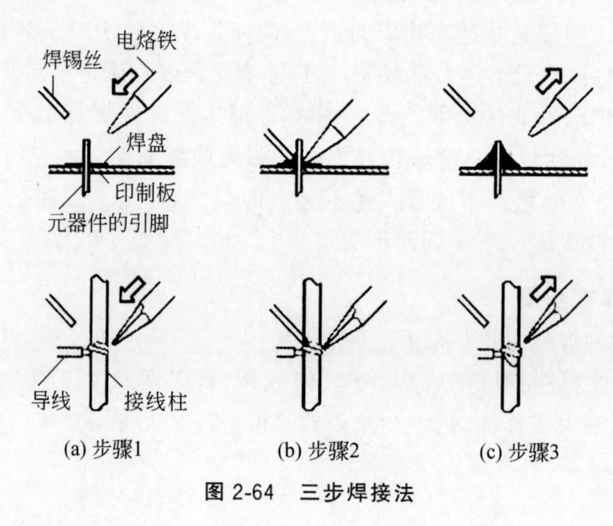

图 2-64　三步焊接法

2.2.5　几种焊接实践

1. 一般结构的焊接

对于一般结构,焊接前焊点的连接方式有网绕、钩接、插接和搭接 4 种形式,如图 2-65 所示。采用这 4 种连接方式的焊接依次称为网焊、钩焊、插焊和搭焊。

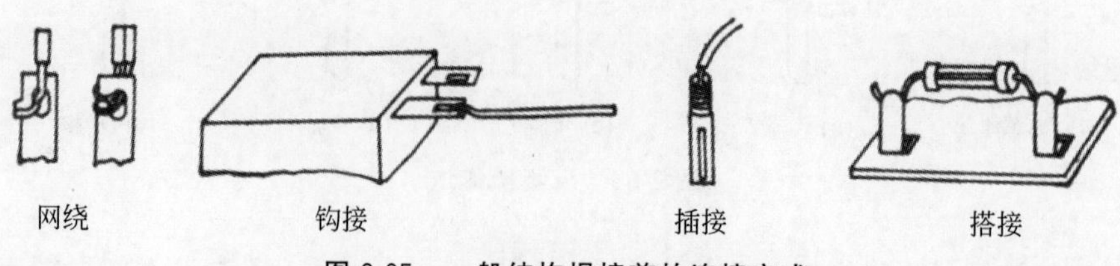

图 2-65　一般结构焊接前的连接方式

2. 印制电路板的焊接

1）印制电路板上元器件的装置方法

（1）一般焊件的装置方法。一般焊件主要指阻容元件、晶体二极管等，通常有卧式和立式两种装置法。卧式装置法如图 2-66 所示，它有加套管和不加套管、加衬垫与不加衬垫之分。立式装置法如图 2-67 所示。

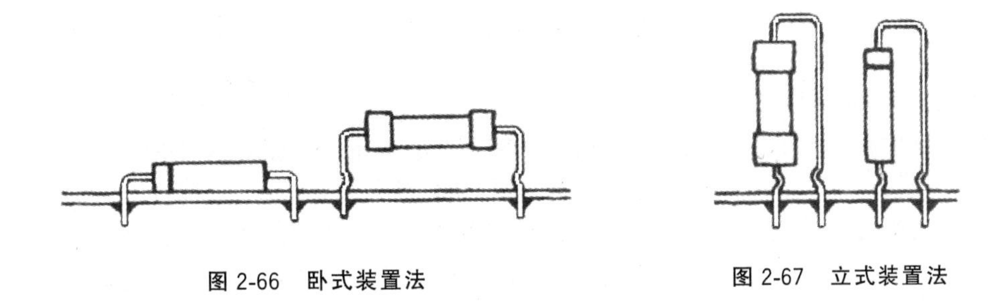

图 2-66　卧式装置法　　图 2-67　立式装置法

（2）小功率晶体管的装置方法。小功率晶体二极管装置方法如图 2-68(a)所示，小功率晶体三极管在印制电路板上的装置有正装、倒装、卧装、横装及加衬垫装等方式，如图 2-68(b)所示。

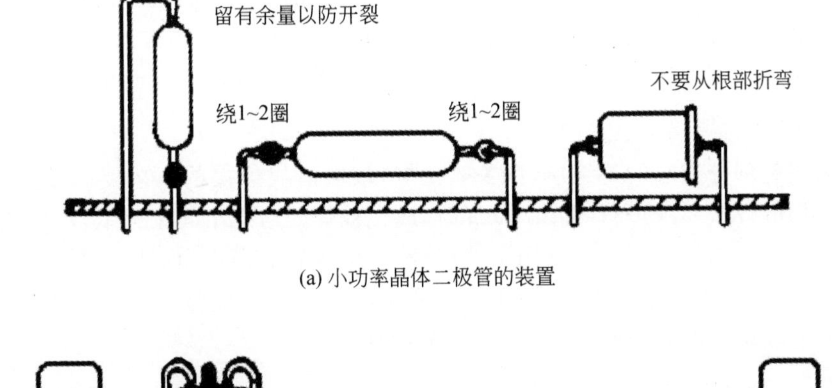

(a) 小功率晶体二极管的装置

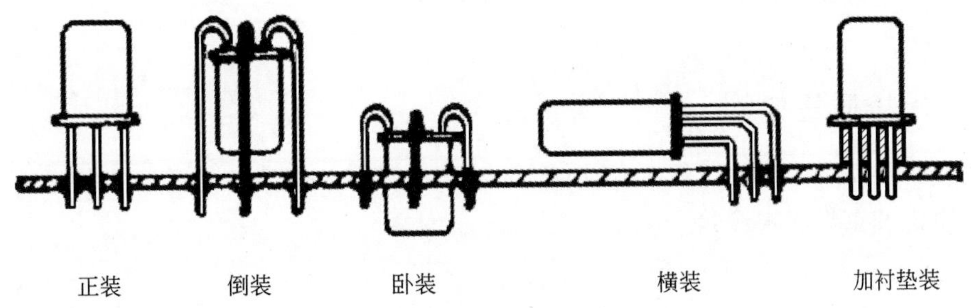

(b) 小功率晶体三极管的装置

图 2-68　小功率晶体管的装置

（3）导线的安装。印制电路板上的元器件之间以及元器件与电路之间常用导线连接，导线在印制电路板上的常用安装方式如图 2-69 所示。

(a) 插入后焊接

(b) 网绕焊接

(c) 钻孔穿导线

图 2-69　印制电路板上导线的安装

2）印制电路板上的焊接步骤

在印制电路板上焊接一般元器件时，晶体二极管、三极管、集成电路的步骤与前面所述电烙铁焊接步骤的五步操作法或三步操作法基本相同。只是在焊接集成电路时，由于是密集焊点焊接，烙铁头应选用尖形，焊接温度以 220～240℃为宜。焊接时间要短，应严格控制焊料与焊剂的用量，烙铁头上只需粘少量焊锡，在元器件引线与接点之间轻轻点牢即可。焊接集成电路时，应将烙铁外壳妥善接地或将外壳与印制电路板公用接地线用导线连接，也可拔下烙铁的电源插头趁热焊接，这样可以避免因烙铁的绝缘不好使外壳带电或内部发热器对外壳感应出电压而损坏元件。

在实际工作中，人们常常把电烙铁手工焊接过程归纳成“一刮、二镀、三测、四焊”这 8 个字。“刮”是指被焊件表面的清洁工作，有氧化层的要刮去，有油污的可擦去。“镀”是对被焊部位的搪锡。“测”是指对搪锡受热后的元件重新检测，看它在焊接时高温下是否变质。“焊”是指最后把测试合格的，已完成上述 3 个步骤的元器件焊接到电路中去。

3. 绕组端头的焊接

先除去接头部分线端的绝缘层，刮去氧化层，按电磁线连接的工艺要求接好线头，然后按一般结构的焊接要求进行焊接。施焊时，应在被焊处与绕组间垫上纸板，以免锡液滴入绕组间隙造成隐患。焊剂力求选用中性焊剂，以免焊后清洁不净而腐蚀绕组及绝缘层。焊接时，应将导线接头置于水平状态，防止锡液流向一端而造成整个接头含锡不均，而且注意使锡液充满接头的导线间隙，接头上含锡要饱满光滑。

2.2.6　焊接质量检验

检验焊接质量的方法比较多，例如仪器检验法、观察法和重焊法等。一般情况下，多采用观察法和重焊法来检验。

1. 观察法

观察法是指通过眼睛观察焊点的外表情况来判断是否有虚焊。最好使用一只 3～5 倍的放大镜，以便清楚地观察到焊点表面与被焊物相接处的细节。

一个良好的焊点，其表面应光洁、明亮，无拉尖、起皱、鼓气泡、夹渣、出现麻点等现象，而且焊锡到被焊金属的过渡处应呈现圆滑流畅的浸润状曲面。图 2-70(a)所示为质量比较好的焊点，其余则是不良的焊点。

图 2-70(b)所示的焊点，虽然外表看似比较光滑、饱满，但焊锡与焊盘及元器件引脚相

接处呈现的接触角大于90°，说明焊锡没有浸润它们，这样的焊点是虚焊；图2-70(c)所示的焊点都是因为焊锡太少所致，焊点的机械强度不够；图2-70(d)的焊点外表不光滑，有拉尖拖尾现象，这是因为焊接过程中焊剂用得太少；图2-70(e)所示的焊点在焊锡冷却凝固时元器件发生晃动，焊锡凝固成松散的豆渣状。图2-70(f)所示的印制电路板因表面未处理干净，造成焊点与电路板脱离形成虚焊。

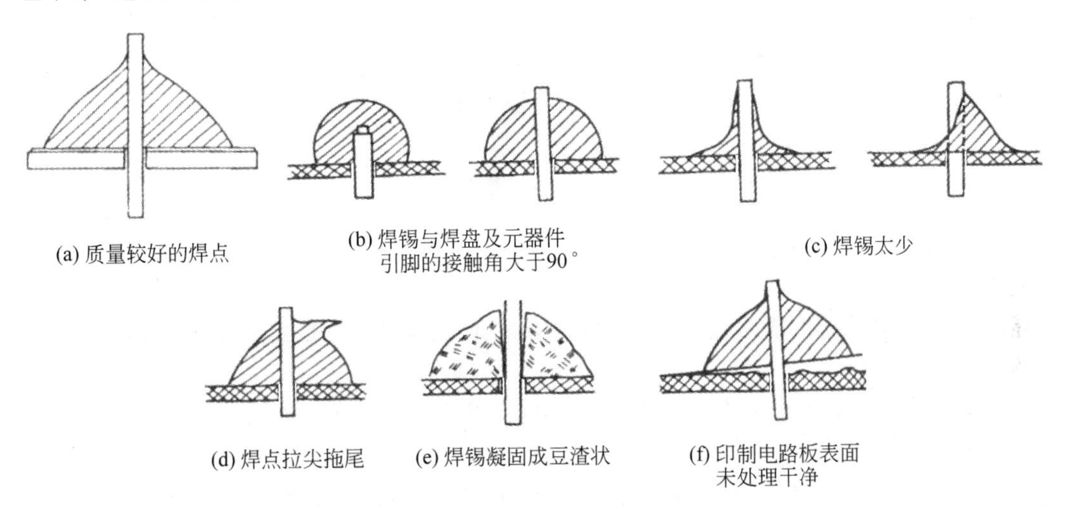

图2-70　优良焊点和各种焊接缺陷

2. 重焊法

重焊法是检验一个焊点虚实真假最可靠的方法之一。这种方法是用带满松香焊剂、缺少焊锡的烙铁重新熔化焊点，然后从旁边或下方撤走电烙铁，若有虚焊，将暴露无遗。

2.2.7　拆焊

在装配与修理时，常需要将已经焊接的连线或元器件进行拆除，这个过程就是拆焊。在实际操作上，拆焊比焊接难度更大，需要用恰当的方法和必要的工具才不会损坏元器件或破坏原焊点。

1. 拆焊工具

(1) 吸锡器。吸锡器是用来吸出焊点上存锡的一种工具。它的形式有多种，常用的是如图2-71所示的球形吸锡器。球形吸锡器是将橡皮囊内部空气压出，形成低压区，再通过特制的吸锡嘴，将熔化的锡液吸入球体空腔。当空腔内的残锡较多时，可取下吸锡管，倒出存锡。此外常用的还有管形吸锡器，如图2-72所示，其吸锡原理类似医用注射器，它是利用吸气筒内压缩弹簧的张力，推动活塞向后运动，在吸口部位形成负压，将熔化的锡液吸入管内。

(2) 排锡管。排锡管是使印制电路板上元件引脚与焊盘分离的工具。它实际上是一根空心不锈钢管，如图2-73所示。使用中可根据元件引线的线径选用型号适合的注射用针头改制。将针尖锉平，针头尾部装上适当长的手柄。操作时，将针孔对准焊点上元器件引脚，待烙铁将焊锡熔化后迅速将针头插入印制电路板的元件插孔内，同时左右转动再移开电烙铁,使元件引线与焊盘分离。为使用方便,平时应准备几种不同型号的排锡管,以便适应对不同直径的元件引脚排锡。

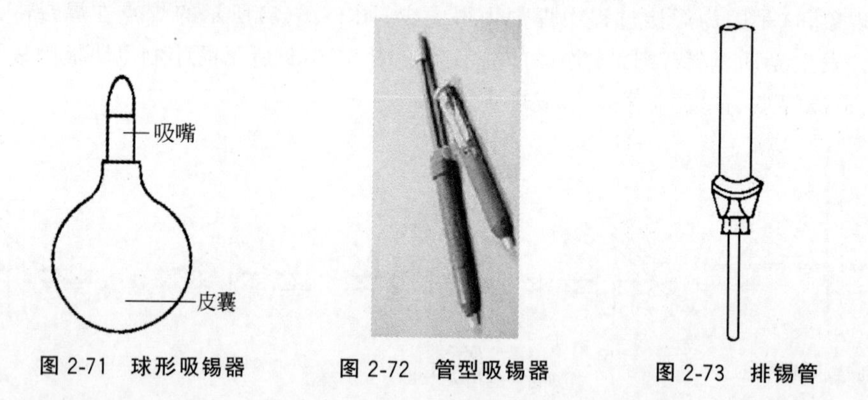

图 2-71 球形吸锡器　图 2-72 管型吸锡器　图 2-73 排锡管

(3) 吸锡电烙铁。是手工拆焊中最为方便的工具之一,用法如前所述,如图 2-54 所示。

(4) 镊子。以端头尖细的最为适用。拆焊时可用它夹持元器件引脚或用镊夹挑起元器件弯脚或线头。

(5) 捅针。一般用 6～9 号注射用针头改制。样式与排锡管相同。在拆焊后的印制电路板焊盘上,往往有焊锡将元器件引脚插孔封住,这就需要用电烙铁加热,并用捅针捅开和清理插孔,以便重新插入元器件。

2. 一般焊接点的拆焊

对于钩焊、搭焊和插焊等一般焊点,拆焊比较简单,只需用电烙铁对焊点加热使焊锡熔化,然后用镊子或尖嘴钳拔出元器件的引脚。网焊的焊点上连线缠绕牢固,拆卸比较困难,很容易烫坏元器件或导线绝缘层,在拆除网焊焊点时,一般可在离焊点约 10mm 处将欲拆元件引线剪断,然后再拆除网焊线头,与新元件重新焊接。这样至少可保证不会将元器件或引线绝缘层烫坏。

3. 印制电路板上焊接件的拆焊

与焊接一样,对印制电路板上焊接元件的拆焊动作要快,对焊盘加热时间要短,否则易将元器件烫坏或导致印刷线路铜箔起泡剥离。根据被拆对象的不同,常用的拆焊方法有分点拆焊法、集中拆焊法和间断加热拆焊法 3 种。

(1) 分点拆焊法。印制电路板上的电阻、电容器、普通电感器、连接导线等只有两个焊点,可用分点拆焊法,即先拆除一端焊接点的引线,再拆除另一端焊接点的引线并将元件(或导线)取出。

(2) 集中拆焊法。在插有集成电路、中频变压器、多引线接插件的线路板上,焊点多而密,转换开关、晶体管及立式装置的元件的焊点距离很近。拆除上述元器件的可采用集中拆焊法,即先用电烙铁和吸锡工具逐个将焊接点上的焊锡吸去,再用排锡管将元器件引线逐个与焊盘分离,最后将元器件拔出。

(3) 间断加热拆焊法。对于中频变压器、线圈、行输出变压器等有塑料骨架的元器件，由于它们的骨架不耐高温且引脚又多又密，所以宜采用间接加热拆焊法。在拆焊时，先用烙铁加热，吸去焊接点焊锡，露出元器件引脚轮廓，再用镊子或捅针挑开焊盘与引脚间的残留焊料，最后用烙铁头对引脚未挑开的个别焊接点加热，待焊锡熔化后，趁热将其拔出。

2.3 思考题

1. 在印制电路板上焊接元器件时，为什么要控制焊接时间？
2. 焊接点的质量要求有哪些？
3. 在印制电路板上元器件应怎样布局？布局不合理对电路有何影响？
4. 电烙铁在使用中应注意哪些问题？
5. 在一般结构的焊接中有哪几种接线方法？怎样焊接和怎样拆焊？

第3章

用 Altium Designer 10 进行电路设计

3.1 印制电路板与 Protel 概述

随着电子技术的飞速发展和印制电路板加工工艺的不断提高，大规模和超大规模集成电路的不断涌现，现代电子线路系统已经变得非常复杂。同时，电子产品正在向小型化发展，力求在更小的空间内实现更复杂的电路，因如此对印制电路板的设计和制作要求也越来越高。快速、准确地完成电路板设计，对电子线路工作者是一个挑战，对设计工具提出了更高的要求，因此 Cadence、PowerPCB、Protel 等电子线路辅助设计软件应运而生。由于 Protel 在国内使用最为广泛，所以本书所有的讲解均使用 Altium Designer 10。

用 Altium Designer 10 绘制印制电路板的流程如图 3-1 所示。简单地讲，印制电路板的总体设计流程就是先设计出原理图，然后利用画图软件进行修改调整。电路原理图的作用是表达电路设计方案，以便于更好地进行印制电路板设计，是整个设计流程的开始。原理图仿真的目的是对已设计的电路原理图可行性进行信号级分析，从而对印制电路板设计的前期错误和不太满意的地方进行修改。接着生成网络报表，进行布线来完成印制电路板的设计，同时在印制电路板的设计过程中也可以输出各种报表，用以记录设计过程中的各种信息。进行信号完整性分析是为设计人员提供一个完整的信号仿真环境，利用这个工具，设计人员能够分析印制电路板和检查各种设计参数，测试过冲、下冲、阻抗和信号斜率等参数，以便及时对设计参数进行修改。最后，进行文件的存储与打印。

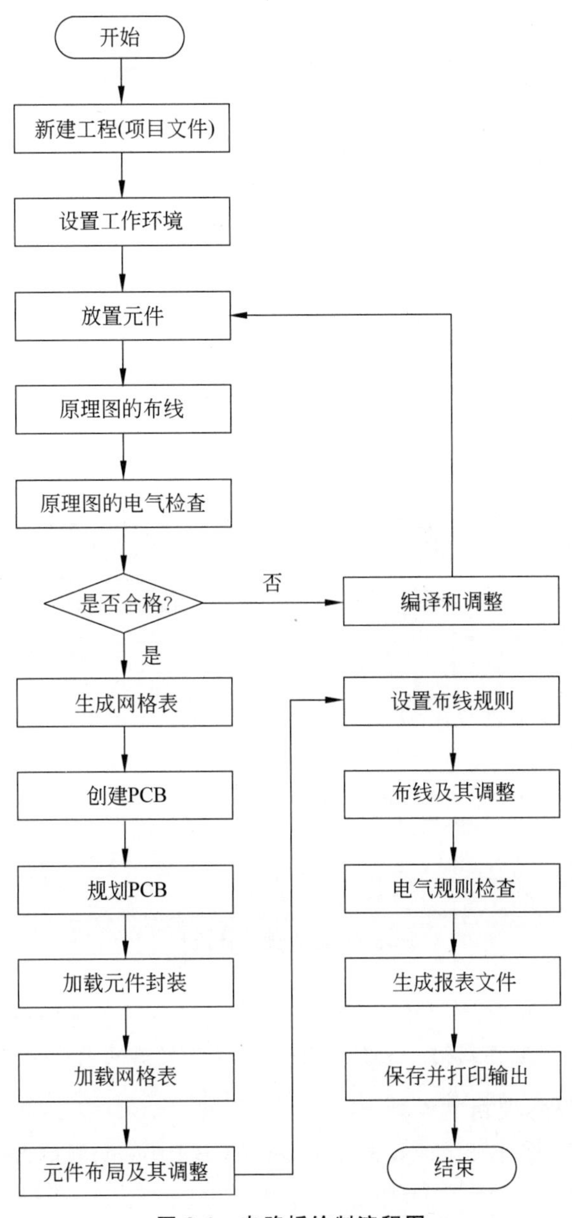

图 3-1　电路板绘制流程图

3.2　原理图设计

原理图设计包含以下步骤：设计图纸大小；设置原理图的设计环境，设置好栅格点大小、光标类型等参数；放置元件；原理图布线，即连接器件；调整线路；报表输出——生成各种报表；保存并打印文件。

原理图设计过程如图 3-2 所示。

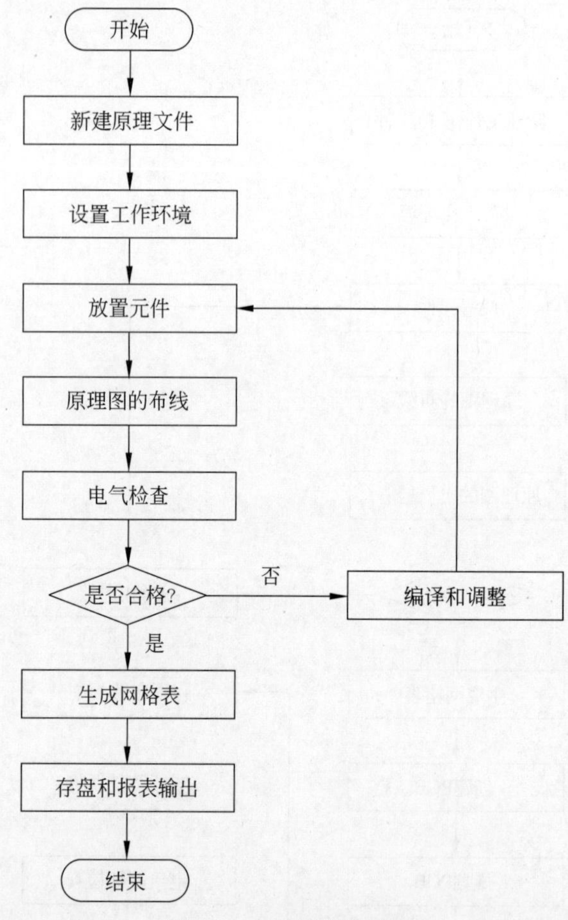

图 3-2　原理图设计流程

注意：建议先建立好 PCB 工程(项目)文件后再进行原理图的绘制工作,原理图文件需加载到项目文件中且保存到同一文件夹下。两级放大器的电路原理如图 3-3 所示。

1. 创建 PCB 工程(项目文件)

启动 Protel DXP,选中 File|New|Project|PCB Project 菜单选项,完成后如图 3-4 所示。

2. 保存 PCB 项目(工程)文件

选中 File|Save Project 菜单选项,弹出 Save[PCB_Project1.PrjPCB]AS…对话框,如图 3-5 所示;选择保存路径后在“文件名”栏输入新文件名,将文件保存到所建的文件夹中。

3. 创建原理图文件

注意:在新建的 PCB 项目(工程)下新建原理图文件,在新建的 PCB 项目(工程)下选中 File|New|Schematic 菜单选项,如图 3-6 所示。

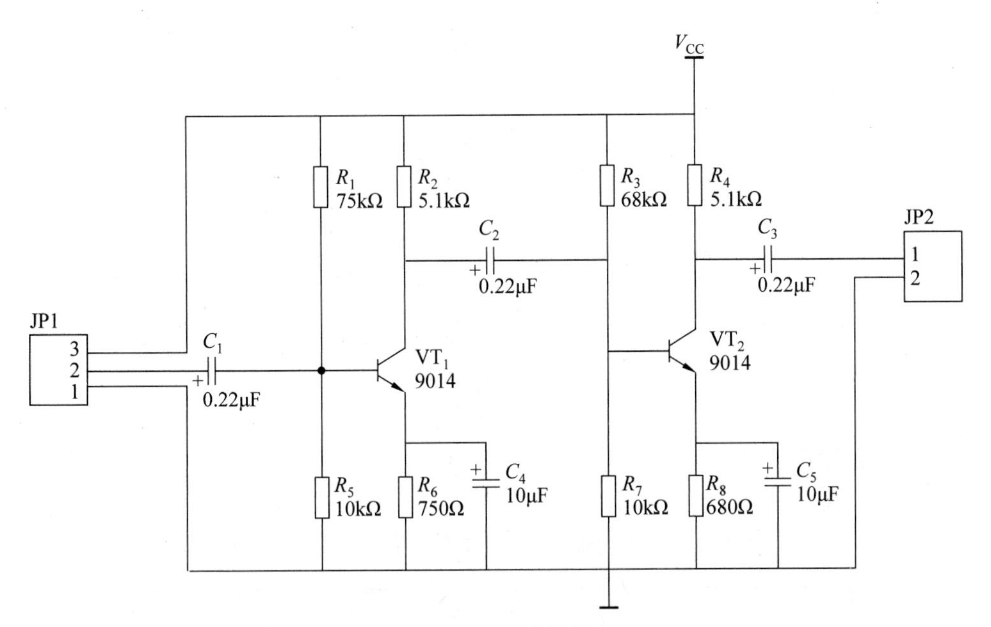

图 3-3 两级放大电路

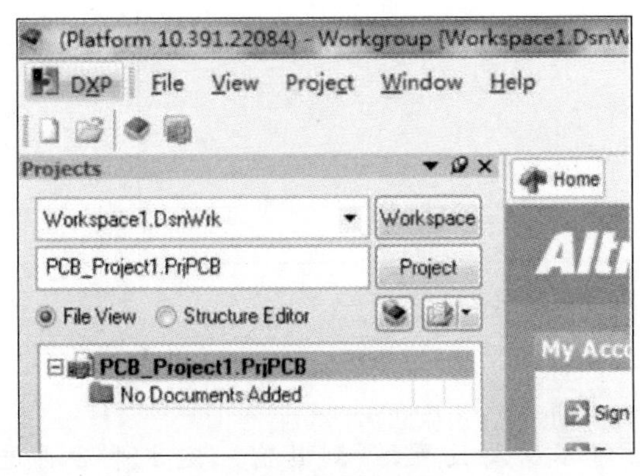

图 3-4 新建工程

图 3-5 保存工程文件

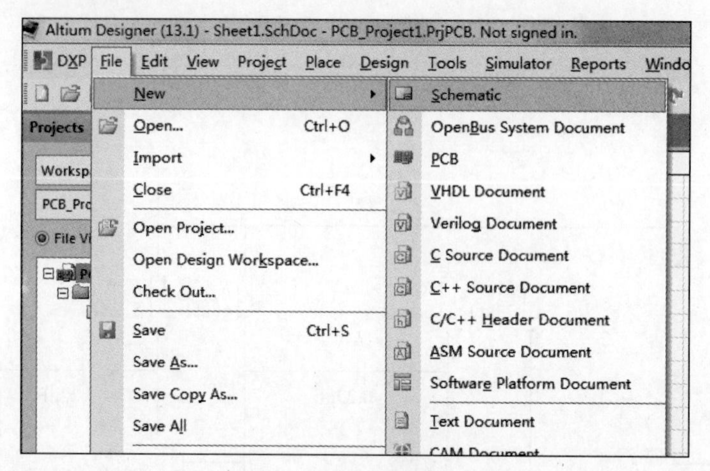

图 3-6　新建原理图

4. 保存原理图文件

选中 File|Save 菜单选项,弹出“Save [16 位摇摇棒.SchDoc]As…”对话框,如图 3-7 所示;选择保存路径后在“文件名”栏输入新文件名,将文件保存到自己建立的文件夹中。

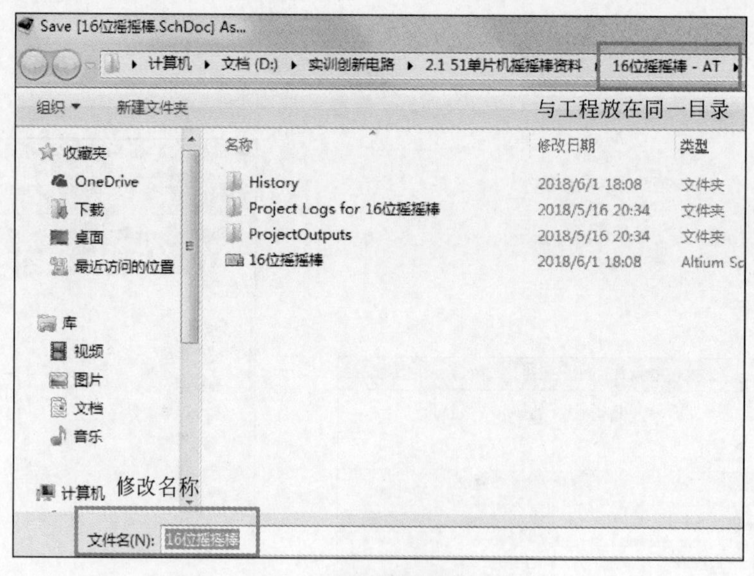

图 3-7　保存原理图文件

5. 设置工作环境

注意:建议初学者保留默认选项,暂时不需要设置,等到具有一定水平后再进行设置。

选中 Design|Document Options 菜单选项,在弹出的 Document Options 对话框中进行设置。

6. 放置元件

注意：在放置元件之前需要加载所需要的库，这些库是由系统库或者自己建立的。

方法1：安装库文件的方式放置。如果知道所需要的元件在哪一个库，则只需要直接将该库加载，具体加载方法如下：选中Design|Add/Remove libraries…菜单选项，弹出Available Libraries对话框，单击所需的文件，将其安装即可，如图3-8所示。

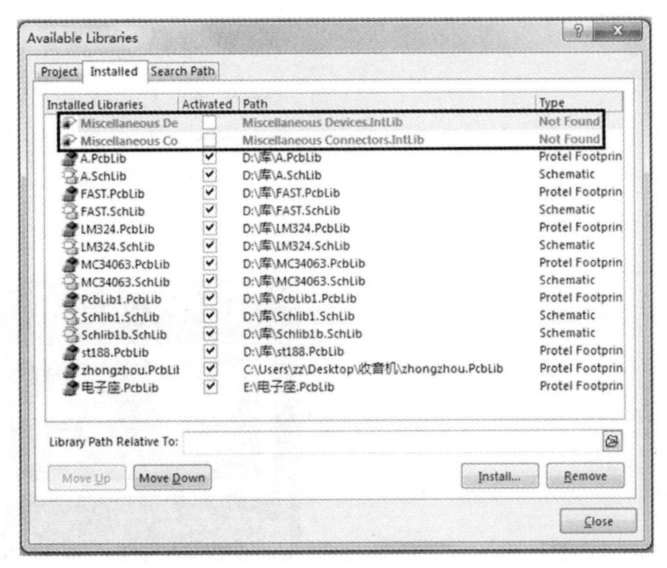

图3-8 安装库文件

方法2：搜索元件方式放置。在不知道需要用的元件在哪个库的时，可以采用搜索元件的方式进行元件放置。具体操作如下：选中Place|Part菜单选项，弹出Place Part对话框，如图3-9所示。

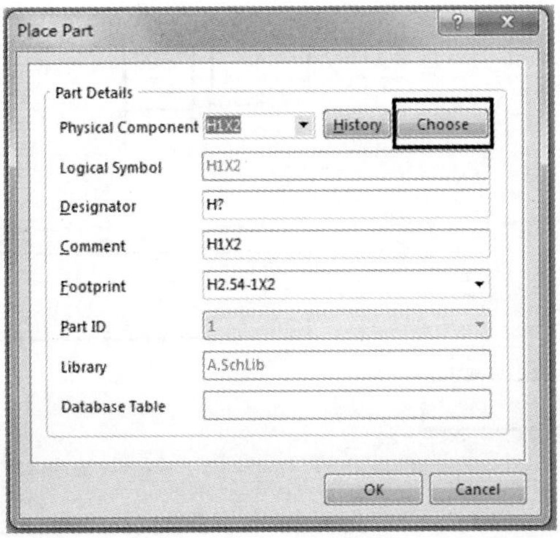

图3-9 放置元器件

单击 Choose 按钮,弹出 Browse Libraries 对话框,如图 3-10 所示。单击 Find 按钮,弹出 Libraries Search 对话框,如图 3-11 所示。

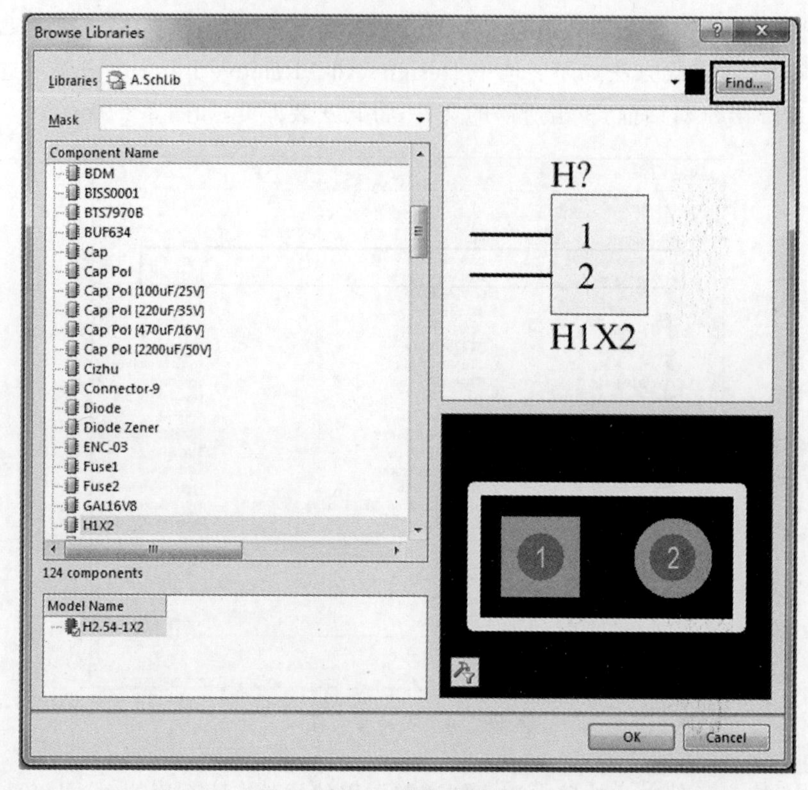

图 3-10 浏览元器件

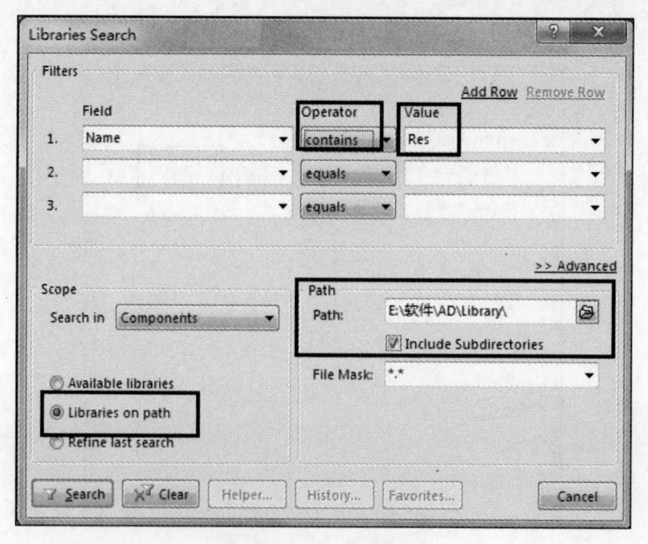

图 3-11 查找元器件

设置完成后，单击 Search 按钮，弹出如图 3-12 所示的 Browse Libraries 对话框。选中所需的元件后单击 OK 按钮，弹出 Place Part 对话框，如图 3-13 所示。

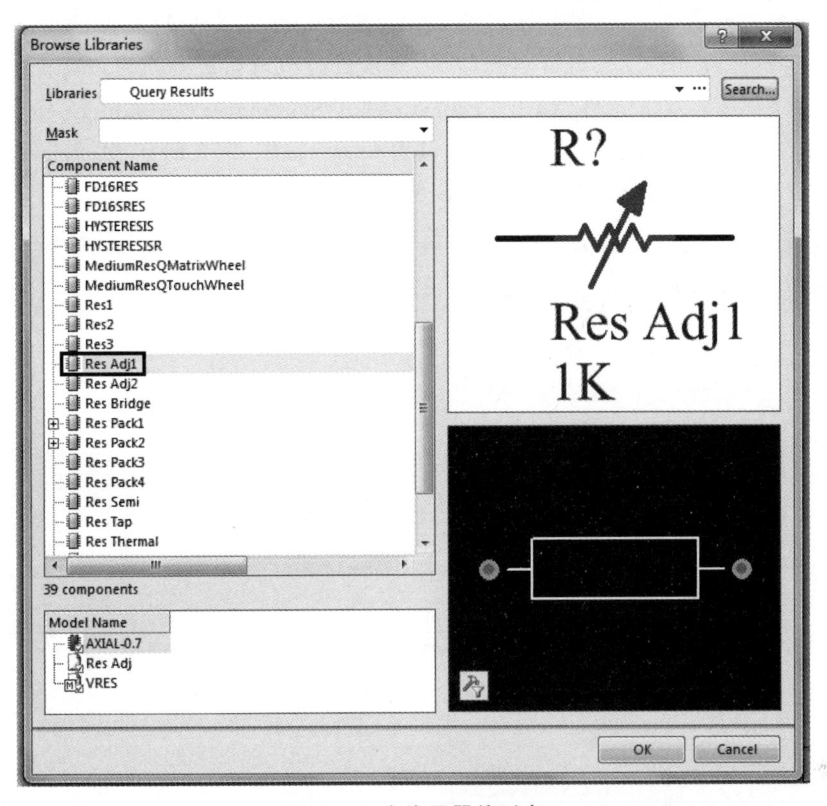

图 3-12　查找元器件列表

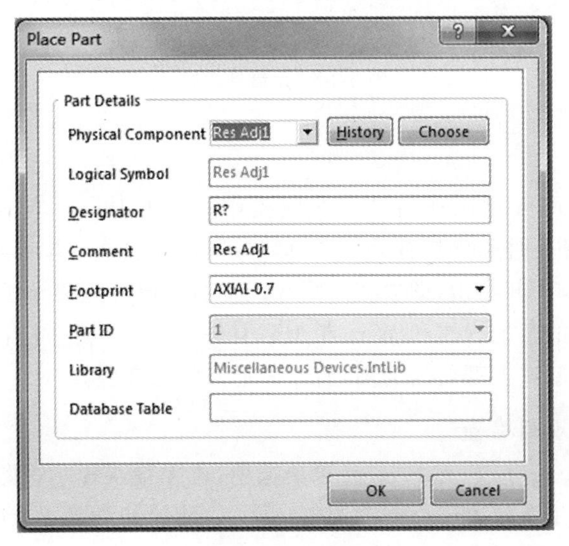

图 3-13　放置元器件

此时元件就粘到了鼠标指针上,单击即可放置元件。

方法 3：自己建立元件库。具体建库步骤参见 3.3 节。

添加元件见方法 1,不再赘述。注意,在放置好元件后需要对元件的位置、名字、封装、序号等进行修改和定义。除元件位之外,其他修改也可以放到布线以后再进行。元件属性修改方法如下：双击元件,弹出 Properties for Schematic Component in Sheet 对话框,属性修改如图 3-14 所示。封装修改的过程如下：在图 3-15 所示 Models 列表中选中 Footprint 并单击,弹出如图 3-16 所示的 Browse Libraries 对话框。

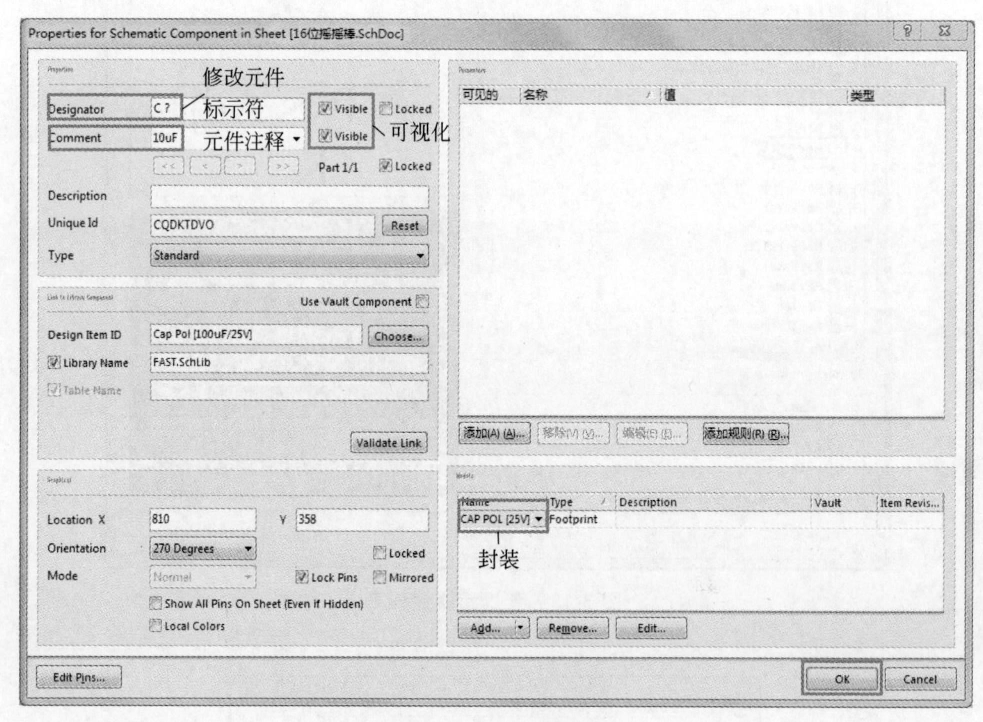

图 3-14 元器件属性

7. 原理图布线

在放好元件后,即可对原理图进行布线操作。选中 Place|Wire 菜单选项,此时将“十”字形的光标放到元件引脚位置并单击,即可进行连线(注意拉线过程不应按住不放),将导线拉到另一引脚上并单击,即放完一根导线。右击放置完的导线或者按 Esc 键,结束放置。Place 菜单中的其他操作和 Wire 类似。具体功能可以查阅相关帮助文件。注意,Place 菜单中的工具基本上都要求会用,所以一定要熟练掌握。

8. 原理图电气规则检查

选中 Project|Compile PCB Project 菜单选项;若无错误提示,即通过电器规则检查,如有错误,则需找到错误位置进行修改调整。注意,建议初学者不要更改,电气检查规则待熟练后再操作。

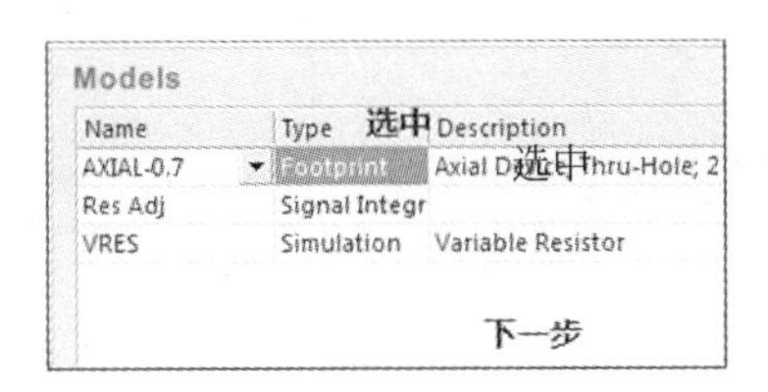

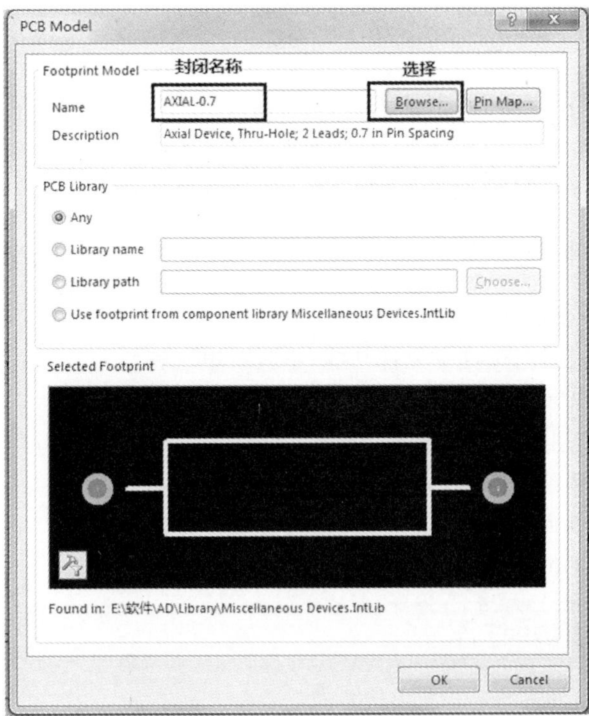

图 3-15 封装修改过程(1)

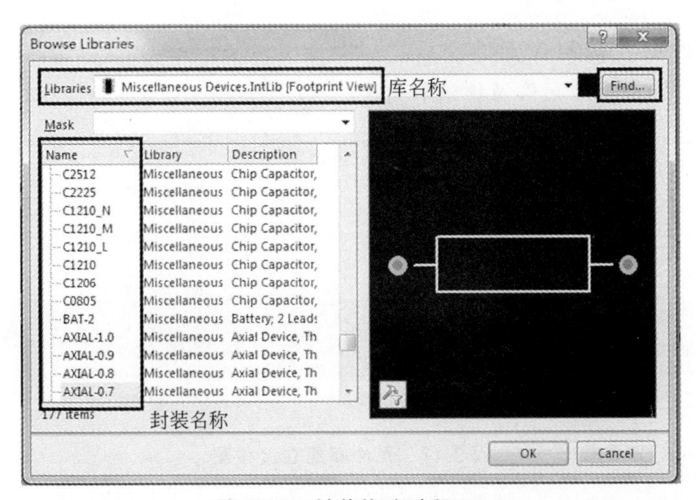

图 3-16 封装修改过程(2)

9. 生成网络表

通过编译后,即可进行网络表的生成。选中 Design|Netlist for Project|Protel 菜单选项,即可生成网络表。

10. 保存文件

通过 File 菜单中 Save 或 Save As…选项,即可保存文件。

3.3 原理图库的建立

在 Altium Designer 中,并不是所有的元件在库中都能被找到,有一些元件能找到但与实习元件引脚标号不一致,或者元件库里面的元件的符号大小或者引脚的距离与原理图不匹配,因此需要对找不到的库或者某些元件重新进行绘制,以完成电路的绘制。

3.3.1 原理图库概述

(1) 原理图元件的组成。

① 标识图:标识图用于提示元件功能,不具有电气特性。

② 引脚:引脚是元件的核心,具有电气特性。

(2) 建立新原理图元件的方法。

① 在原有的库中编辑修改。

② 自己重新建立库文件。

本次学习主要以第二种方法为主。

3.3.2 编辑和建立元件库

1. 编辑元件库

编辑元件库的方法读者可自行查阅相关资料进行操作,也可以在基本掌握该软件的应用后作为高级工具来进行学习。

2. 自建元件库及其制作元件

自建元件库及其制作元件总体流程如图 3-17 所示。

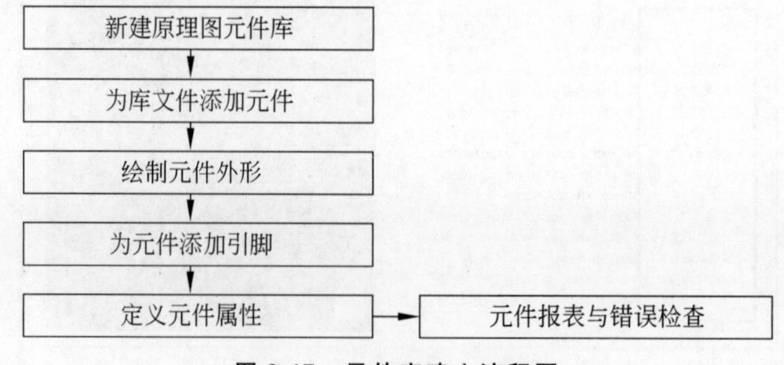

图 3-17 元件库建立流程图

具体操作步骤如下。

(1) 新建原理图元件库。

① 新建：选中 File|New|library|Schematic 菜单选项，完成后如图 3-18 所示。

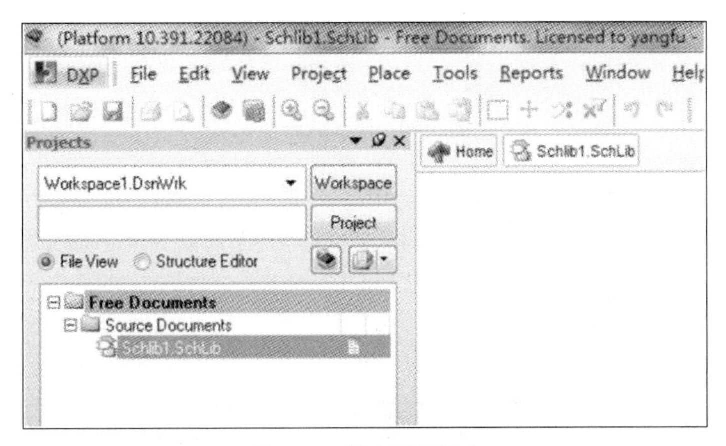

图 3-18　新建原理图库

② 保存：选中 File|Save 菜单选项；弹出 Save [Schlib1.SchLib]As…对话框。选择保存路径，如图 3-19 所示。

图 3-19　保存原理图库

(2) 为库文件添加元件。单击 SCH Library 面板，此时可以在右边的工作区中绘制元件；建立第二个以上元件时，选中 Tools|NewComponent 菜单选项，弹出 New Component Name 对话框，如图 3-20 所示。单击“确定”按钮，即可在右边的工作区内绘制元件。

(3) 绘制元件外形。库元件的外形一般由直线、圆弧、椭圆弧、椭圆、矩形和多边形等组成，系统也在其设计环境下提供了丰富的绘图工具。要想灵活、快速地绘制出自己所需要的

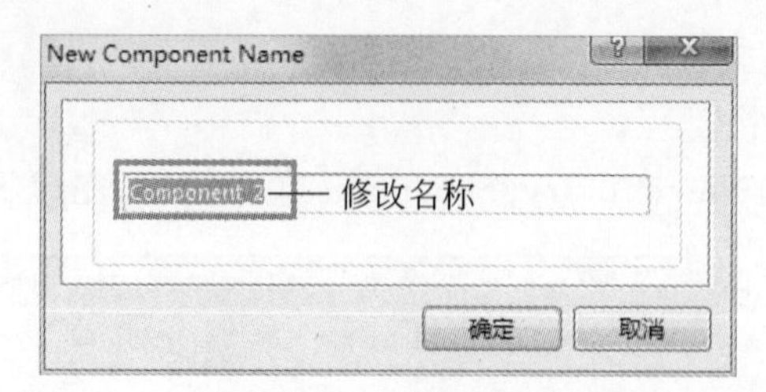

图 3-20 添加新元件

元件外形,就必须熟练掌握各种绘图工具的用法。通过 Place 菜单,可以绘制各种图形。

(4) 为元件添加引脚。选中 Place|Pin 菜单选项,光标变为十字形并带有一个引脚符号,此时按 Tab 键,弹出如图 3-21 所示的 Pin Properties 对话框,在其中可以修改引脚参数,移动光标,使引脚符号上远离光标的一端(即非电气热点端)与元件外形的边线对齐,然后单击,即可放置一个引脚。

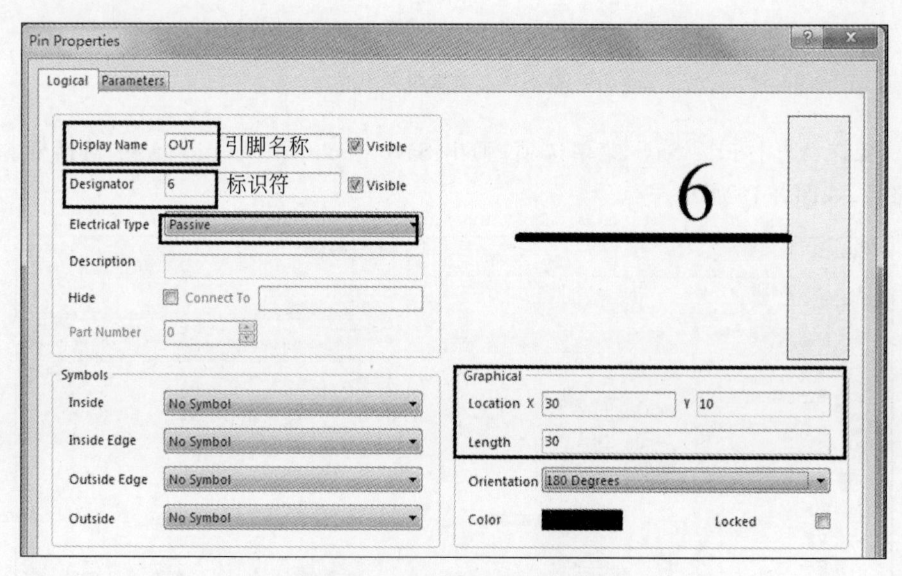

图 3-21 Pin Properties 对话框

(5) 定义元件属性。绘制好元件后,还需要描述元件的默认标识、描述、PCB 封装等整体特性。

打开 SCH Library 面板,在元件栏选中某个元件,然后单击 Edit 按钮,也可以直接双击某个元件,可以打开元件属性对话框,利用此对话框可以为元件定义各种属性,如图 3-22 所示。

(6) 元件报表与错误检查。元件报表中列出了当前元件库中选中的某个元件的详细信息,例如元件名称、子部件个数、元件组名称以及元件引脚的详细信息等。

元件报表生成方法如下:打开原理图元件库,选元件规则检查报告,在 SCH Library 面板上选中需要生成元件报表的元件,如图 3-23 所示。选中 Reports|Component 菜单选项。

元件规则检查报告的功能是检查元件库中的元件是否有错,并将有错的元件罗列出来,告知错误的原因。具体操作方法如下:

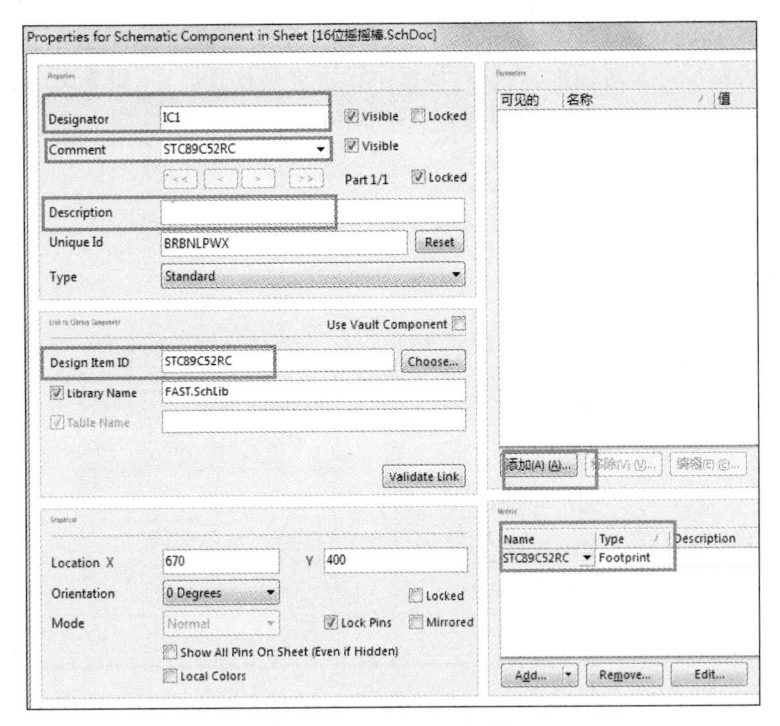

图 3-22　元件属性对话框

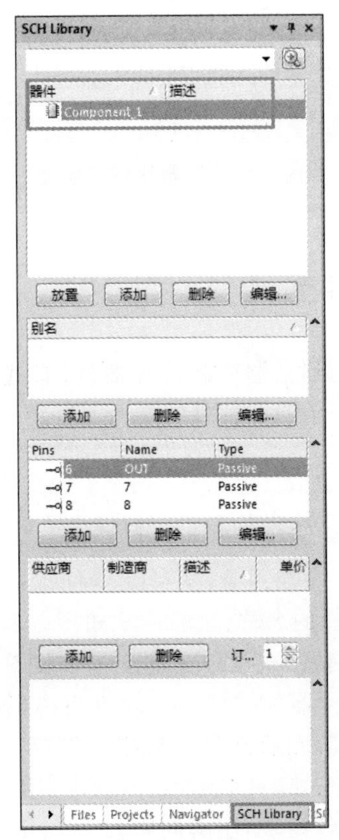

图 3-23　选择库里面的元器件

打开 SCH Library,选中 Reports|Component Rule Check 菜单选项,弹出 Library Component Rule Check 对话框,在该对话框中设置规则检查属性,如图 3-24 所示。

设置完成后单击 OK 按钮,生成元件规则检查报告,如图 3-25 所示。

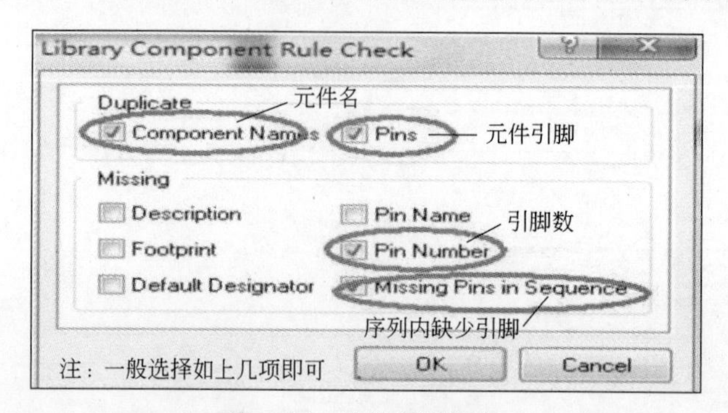

图 3-24　设计规则检查

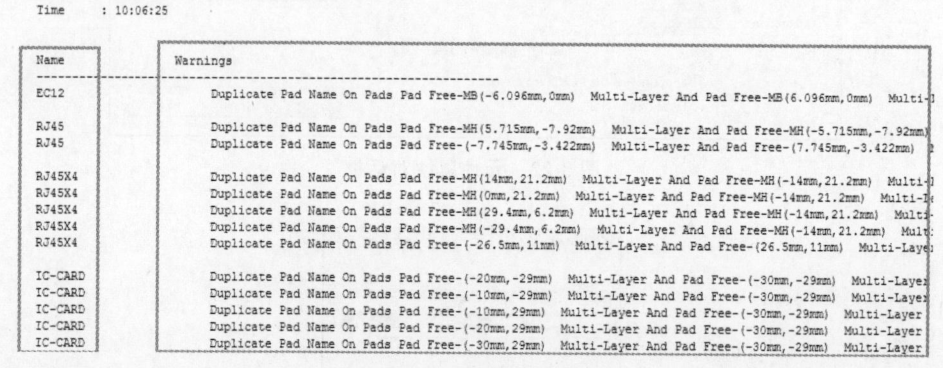

Date　: 2018/6/4
Time　: 10:06:25

Name	Warnings
EC12	Duplicate Pad Name On Pads Pad Free-MB(-6.096mm,0mm) Multi-Layer And Pad Free-MB(6.096mm,0mm) Multi-
RJ45	Duplicate Pad Name On Pads Pad Free-MH(5.715mm,-7.92mm) Multi-Layer And Pad Free-MH(-5.715mm,-7.92mm)
RJ45	Duplicate Pad Name On Pads Pad Free-(-7.745mm,-3.422mm) Multi-Layer And Pad Free-(7.745mm,-3.422mm)
RJ45X4	Duplicate Pad Name On Pads Pad Free-MH(14mm,21.2mm) Multi-Layer And Pad Free-MH(-14mm,21.2mm) Multi-
RJ45X4	Duplicate Pad Name On Pads Pad Free-MH(0mm,21.2mm) Multi-Layer And Pad Free-MH(-14mm,21.2mm) Multi-L
RJ45X4	Duplicate Pad Name On Pads Pad Free-MH(29.4mm,6.2mm) Multi-Layer And Pad Free-MH(-14mm,21.2mm) Multi-
RJ45X4	Duplicate Pad Name On Pads Pad Free-MH(-29.4mm,6.2mm) Multi-Layer And Pad Free-MH(-14mm,21.2mm) Mult
RJ45X4	Duplicate Pad Name On Pads Pad Free-(-26.5mm,11mm) Multi-Layer And Pad Free-(26.5mm,11mm) Multi-Laye
IC-CARD	Duplicate Pad Name On Pads Pad Free-(-20mm,-29mm) Multi-Layer And Pad Free-(-30mm,-29mm) Multi-Layer
IC-CARD	Duplicate Pad Name On Pads Pad Free-(-10mm,-29mm) Multi-Layer And Pad Free-(-30mm,-29mm) Multi-Layer
IC-CARD	Duplicate Pad Name On Pads Pad Free-(-10mm,29mm) Multi-Layer And Pad Free-(-30mm,-29mm) Multi-Layer
IC-CARD	Duplicate Pad Name On Pads Pad Free-(-20mm,29mm) Multi-Layer And Pad Free-(-30mm,-29mm) Multi-Layer
IC-CARD	Duplicate Pad Name On Pads Pad Free-(-30mm,29mm) Multi-Layer And Pad Free-(-30mm,-29mm) Multi-Layer

图 3-25　元器件规则检查

3.4　创建 PCB 元器件封装

由于在设计电路时,往往用到新器件和特殊器件,有些器件在 Altium Designer 的库中没有办法找到,因此需要手工创建元器件封装。

3.4.1　元器件封装概述

元器件封装只是元器件的实际引脚和焊点的位置,纯粹的元器件封装只是空间的概念,因此不同的元器件可以共用一个封装,同种元器件也可以有不同的元件封装,所以在画 PCB 时,不仅需要知道元器件的名称。图 3-26 和图 3-27 为双列直插式器件的实物及封装图,图 3-28 和 3-29 为表面粘贴式元件实物图和封装图。

元器件封装的编号一般为元器件类型加上焊点距离(焊点数)加上元器件外形尺寸,可以根据元器件外形编号来判断元器件包装规格。例如,AXAIL0.4 表示此元件的包装为轴状的,两焊点间的距离为 400mil;DIP16 表示双排引脚的元器件封装,两排共 16 个引脚;RB.2/.4 表示极性电容的器件封装,引脚间距为 200mil,元器件脚间距离为 400mil。

图 3-26　双列直插式元器件实物图

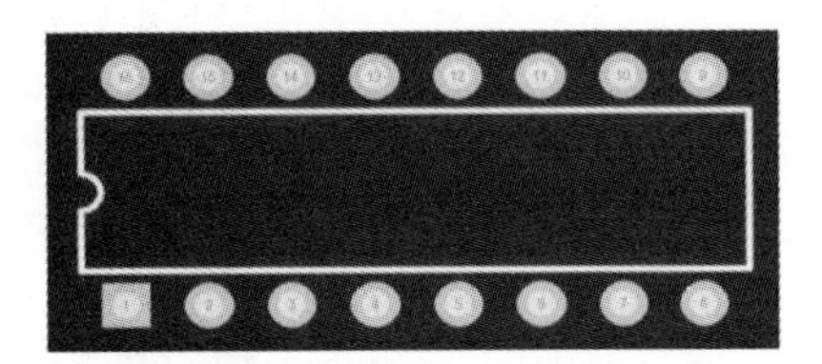

图 3-27　双列直插式元器件封装图

图 3-28　表贴式元器件实物图

图 3-29　表贴式元器件封装图

3.4.2　创建封装库的流程

创建封装库的流程如图 3-30 所示。

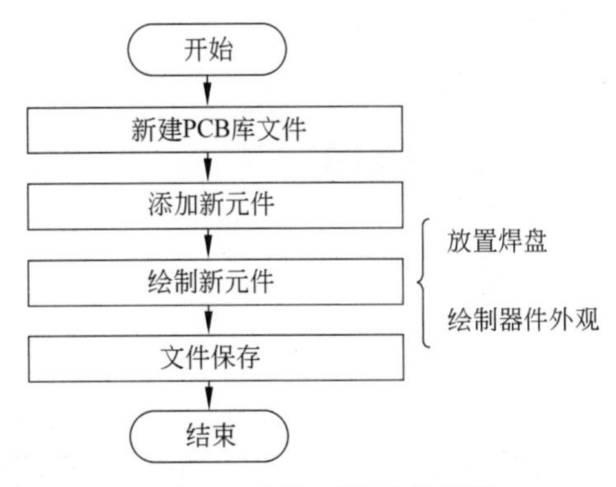

图 3-30　创建封装库的流程

3.4.3　绘制 PCB 封装库的操作步骤

1. 手工创建元件库

要求：创建一个如图 3-31 所示的双列直插式 8 脚元器件封装，脚间距为 2.54mm，引脚宽度为 7.62mm。

操作如下：选中 File|New|Library|PCB Library 菜单选项，打开 PCB 元器件封装库编辑器。选中 File|Save As 菜单选项，在弹出的对话框中将新建立的库命名为 MyLib.PcbLib，如图 3-32 所示。

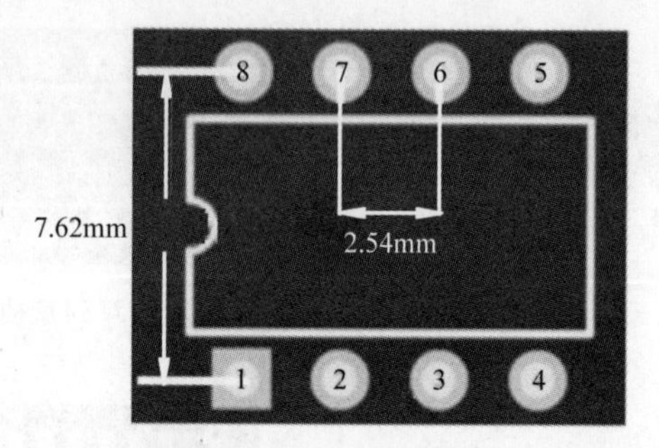

图 3-31　DIP-8 封装

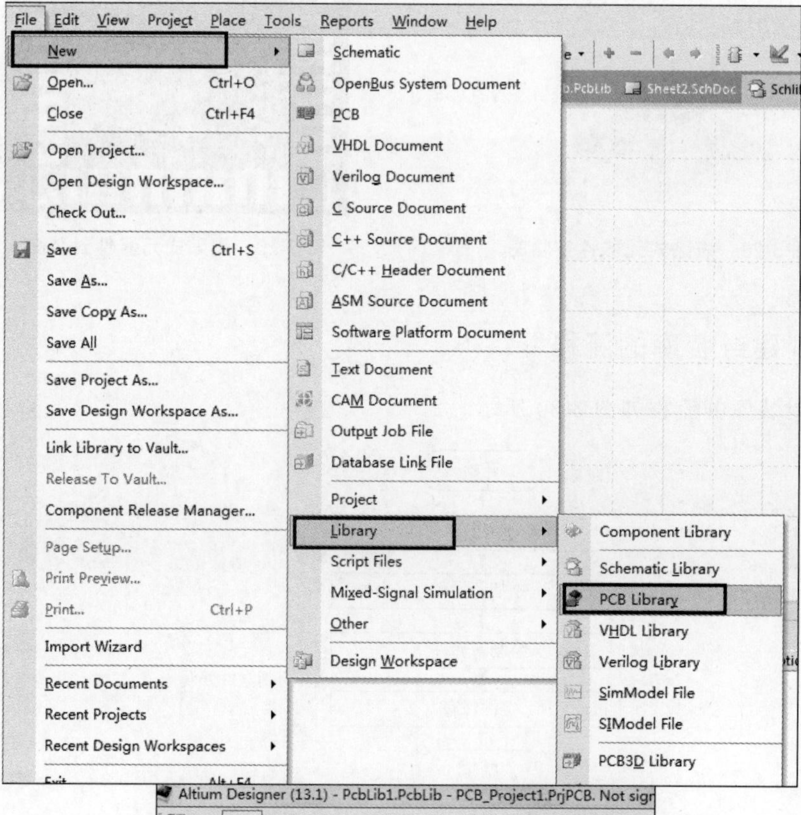

图 3-32　新建 PCB 库过程

2. 设置图纸参数

选中 Tools|Library Options 菜单选项，弹出 Board Opinions[mil]对话框，在其中进行设置，单击 OK 按钮退出，如图 3-33 所示。

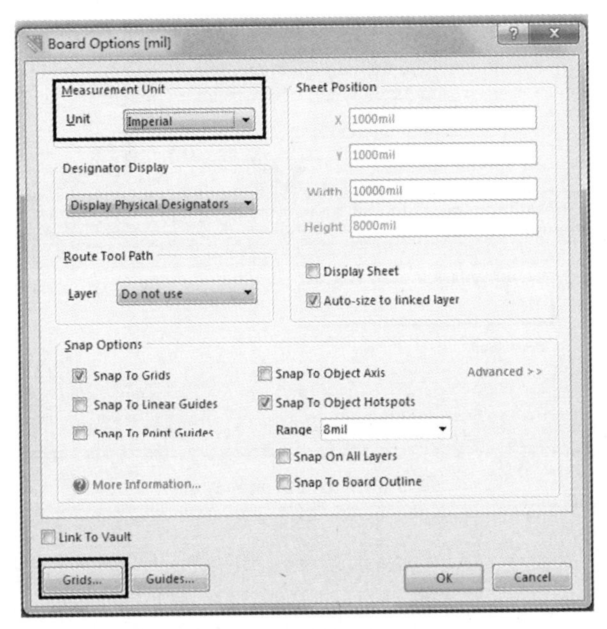

图 3-33 设置图纸参数

建议：初学者不需要设置该参数，保持默认即可。

如果不习惯使用默认单位密尔(mil)，可按 Q 键将其转换为毫米(mm)。

3. 添加新元件

在新建的库文件中，选中 PCB Library 标签，双击 Component 列表中的 PCB Component_1，弹出 PCB Library Component[mil]对话框，在 Name 框中输入要建立元件封装的名称；在 Height 框中输入元件的实际高度，单击 OK 按钮退出，如图 3-34 所示。

如果该库中已经存在有元件，则选中 Tools|New Black Component，如图 3-35 所示。接着选中 PCB Library 标签，双击 Component 列表中的 PCB Component_1，弹出 PCB Library Component[mil]对话框，在 Name 框中输入要建立元件封装的名称，在 Height 框中输入元件的实际高度。

4. 放置焊盘

选中 Place|Pad 菜单选项或者单击绘图工具栏的"焊盘"按钮，此时光标会变成"十"字形且光标的中间会粘浮着一个焊盘，将其移动到合适的位置(一般将 1 号焊盘放置在原点[0,0]上)，单击将其定位，如图 3-36 所示。

5. 绘制元件外形

通过工作层面切换到顶层丝印层(TOP-Overlay 层)，选中 Place|Line 菜单选项，此时光标会变为"十"字形，移动鼠标指针到合适的位置，单击确定元件封装外形轮廓的起

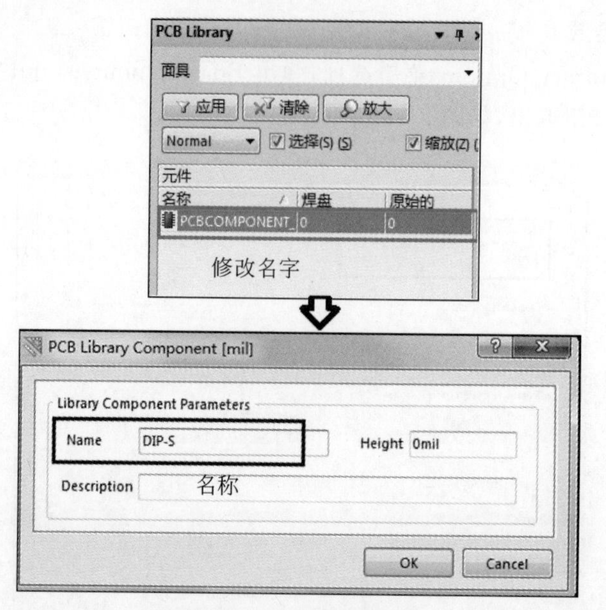

图 3-34　添加新元件过程

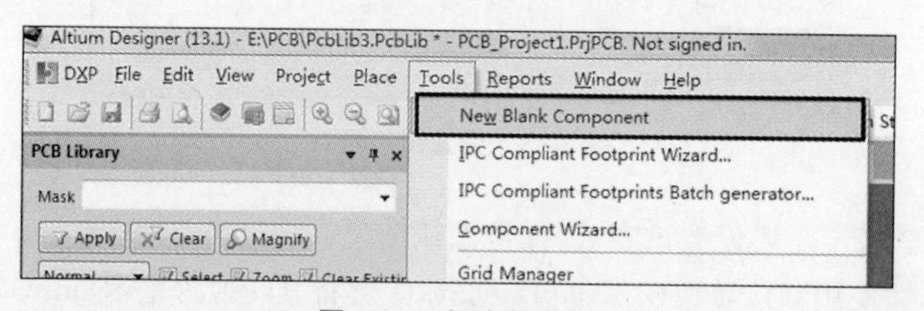

图 3-35　新建新元件

点,到一定的位置再单击即可放置一条轮廓,以同样的方法绘制其他的轮廓线。选中 Place|Arc 菜单选项,可放置圆弧。绘制完成的效果如图 3-37 所示。

6. 设定器件的参考原点

选中 Edit|Set Reference|Pin 1 菜单选项,元器件的参考点一般选择引脚 1。

操作提示:在绘制焊盘或者元件外形时,可以不断地重新设定原点的位置以方便画图。操作如下:选中 Edit|Set Reference|Location 菜单选项,此时移动鼠标到所需要的新原点处并单击即可。

3.4.4　利用向导创建元件库

在本软件中,提供的元器件封装向导允许用户预先定义设计规则,根据这些规则,元器件封装库编辑器可以自动生成新的元器件封装。

1. 利用向导创建直插式元件封装

(1) 在 PCB 元件库编辑器编辑状态下,选中 Tools|ComponentWizard 菜单选项,弹出如图 3-38 所示的 Component Wizard 界面,进入元件库封装向导,如图 3-39 所示。

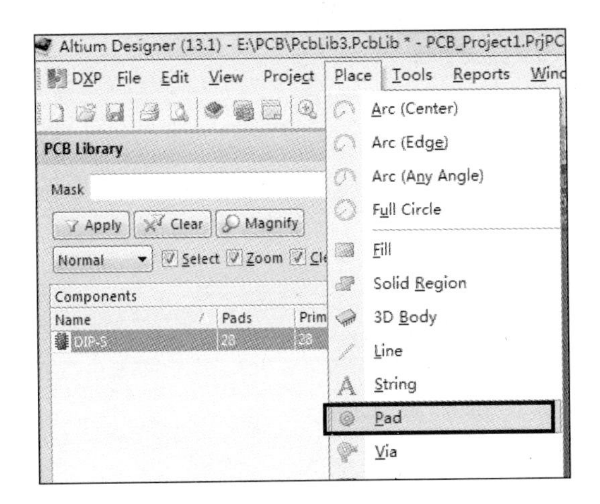

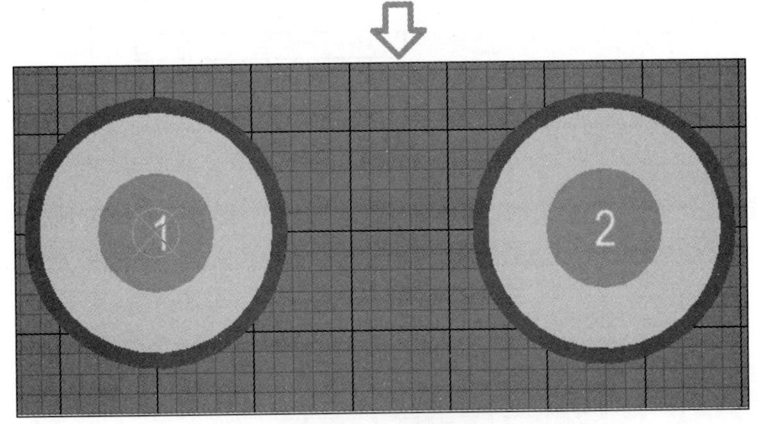

图 3-36　放置焊盘

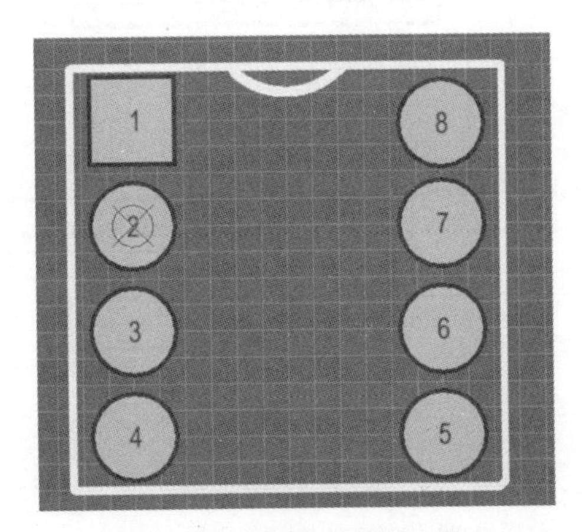

图 3-37　绘制完成后的元件

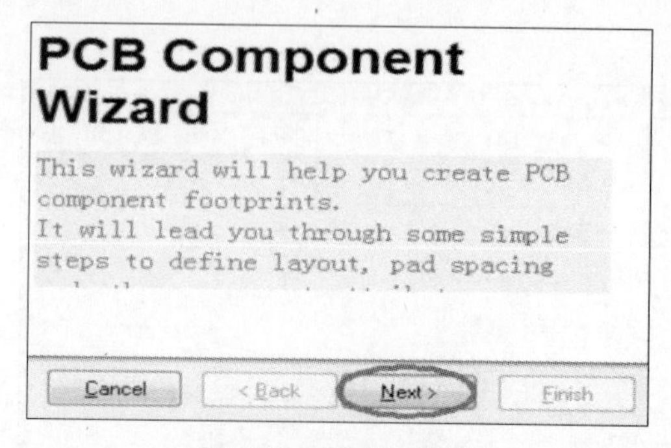

图 3-38　新建元器件

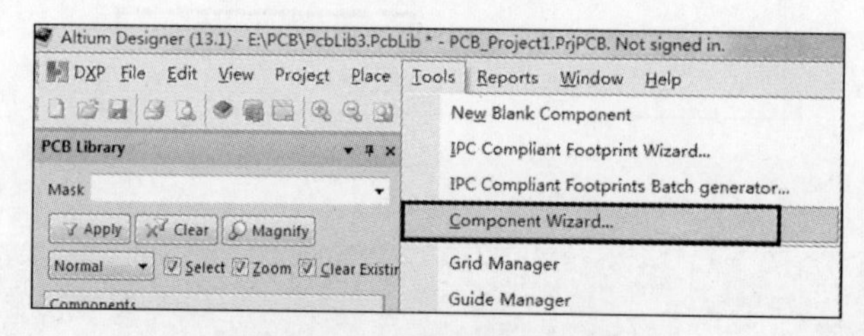

图 3-39　新建元器件导向

(2) 单击 Next 按钮,在弹出的对话框中元器件封装外形和计量单位,如图 3-40 所示。

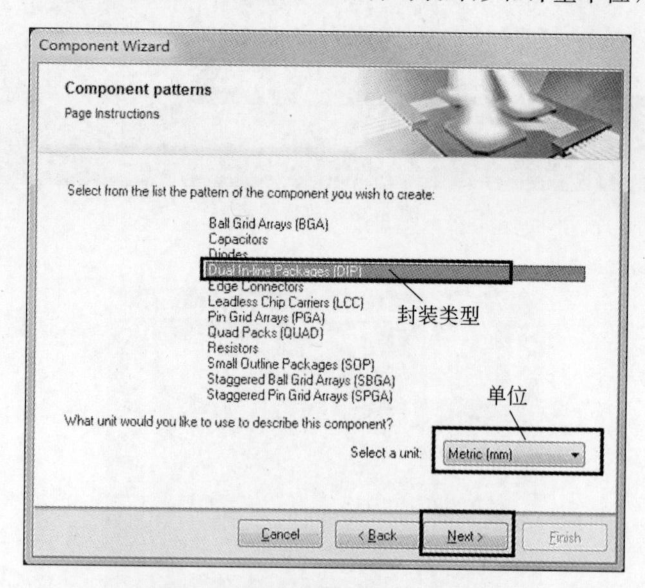

图 3-40　选择元器件外形和单位

(3) 单击 Next 按钮,设置焊盘尺寸,如图 3-41 所示。
(4) 单击 Next 按钮,设置焊盘位置,如图 3-42 所示。
(5) 单击 Next 按钮,设置元器件轮廓线宽,如图 3-43 所示。
(6) 单击 Next 按钮,设置元器件引脚数量,如图 3-44 所示。

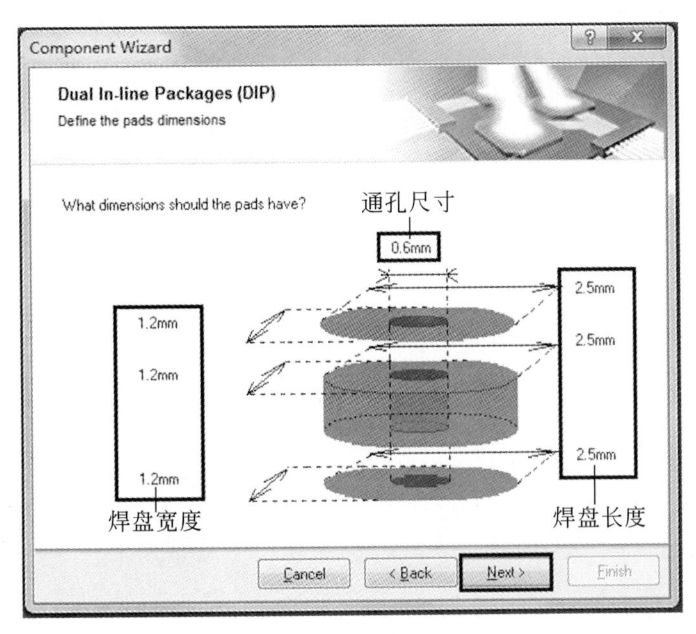

图 3-41 设置焊盘大小

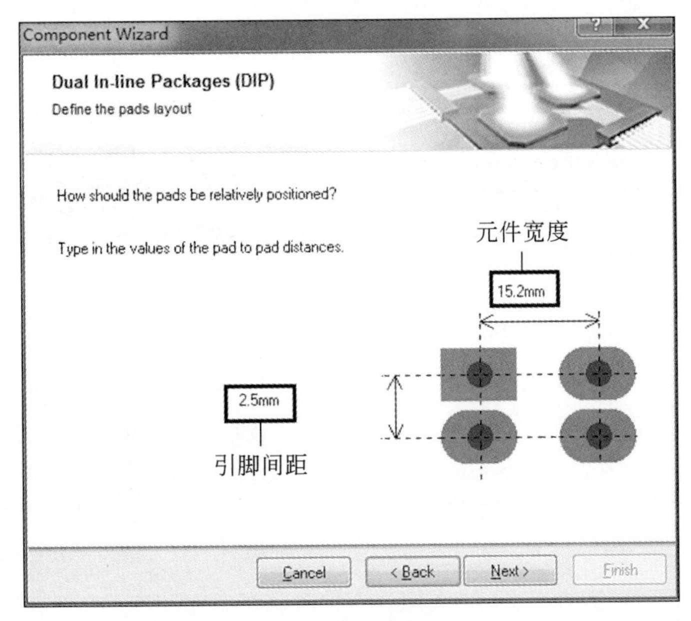

图 3-42 设置焊盘间距

(7) 单击 Next 按钮,设置元器件名称,如图 3-45 所示。

(8) 单击 Next 按钮,单击 Finish 按钮完成向导,如图 3-46 所示。

(9) 选中 Reports|Component Rule Check 菜单选项,检查是否存在错误。

绘制完成后的封装如图 3-47 所示。

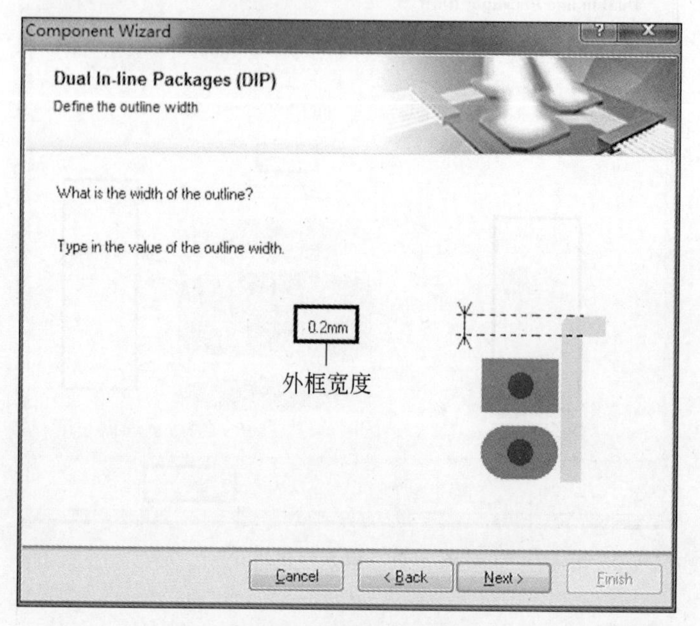

图 3-43　设置外形线宽

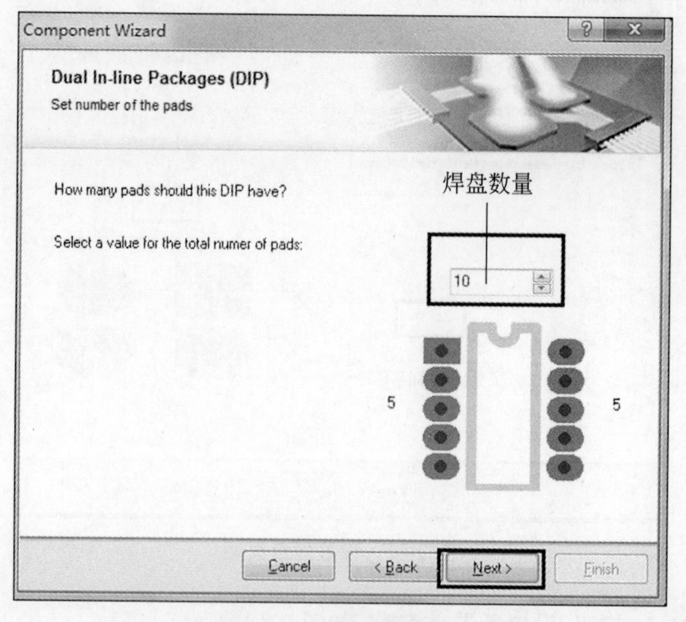

图 3-44　设置焊盘数量

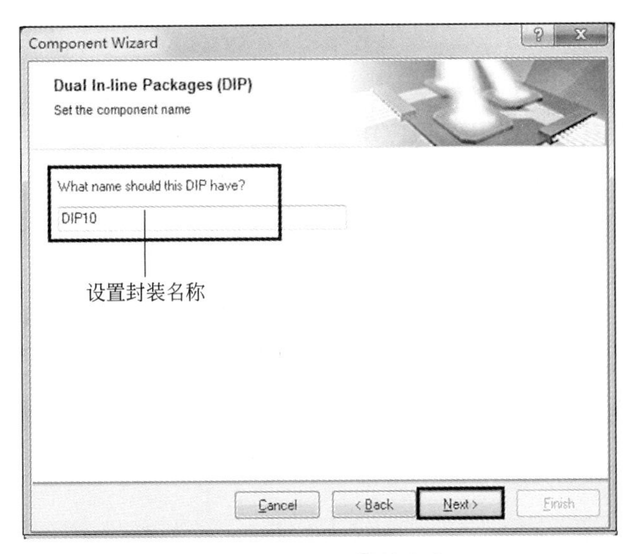

图 3-45　设置元器件名字

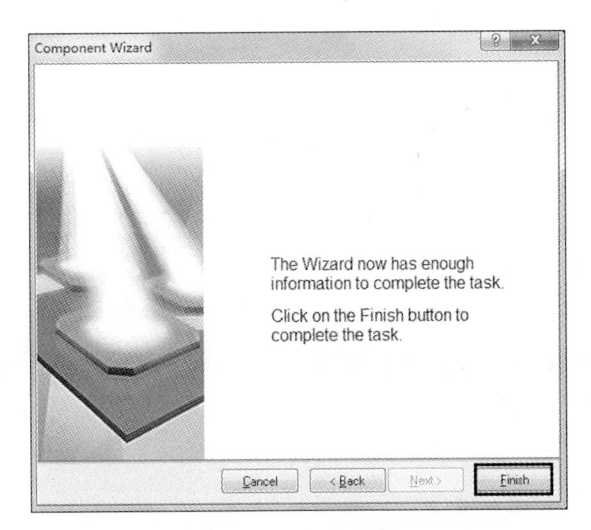

图 3-46　结束导向

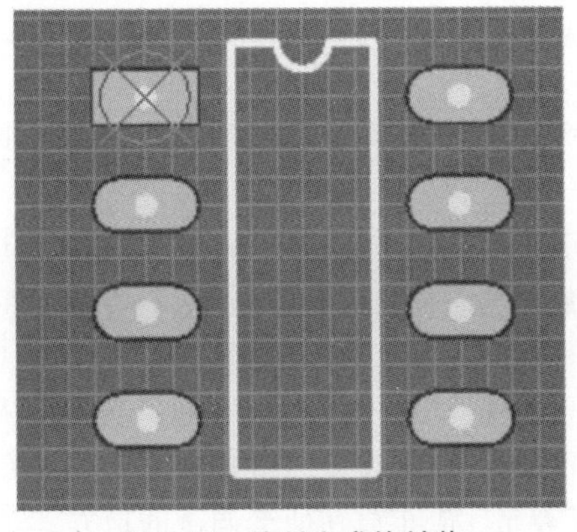

图 3-47　绘制完成的封装

继续运行元件设计规则检查,选中 Reports|Component Rule Check 菜单选项,检查是否存在错误。

2. 利用向导创建表面贴片式(IPC)元件封装

在 PCB 元件库编辑器编辑状态下,选中 Tools|IPC Compliant Footprint Wizard 菜单选项,如图 3-48 所示,弹出 IPC Compliant Footprint Wizard 界面,进入元件库封装向导,如图 3-49 所示。

图 3-48　利用向导创建 IPC 元件封装

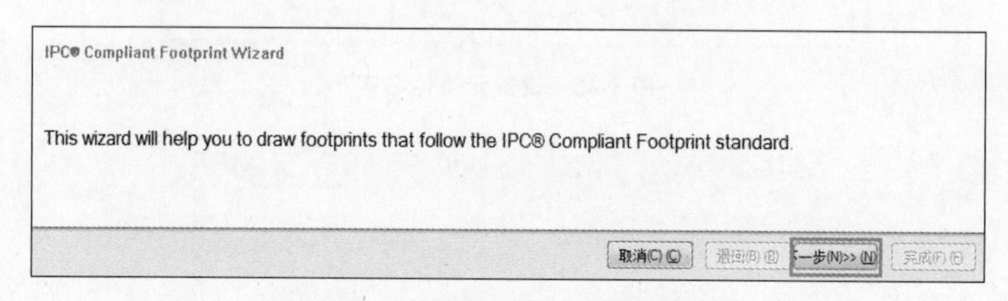

图 3-49　IPC Compliant Footprint Wizard

3.5　PCB 设计

PCB 是通过在绝缘程度非常高的基材上覆盖一层导电性良好的铜膜,采用刻蚀工艺,根据 PCB 设计在敷铜板上经腐蚀后保留铜膜形成电气导线,一般在导线上再附上一层薄的绝缘层,再钻出安装定位孔、焊盘和过孔,经过适当剪裁,供装配使用。

3.5.1　PCB 设计的概念和规则

1. 元件布局

元件布局不仅影响 PCB 的美观,而且影响电路的性能。在元件布局时,应注意以下几点。

(1) 先布放单片机、DSP、存储器等关键元器件,然后按照地址线和数据线的走向布放其他元器件。

(2) 高频元器件引脚引出的导线应尽量短,以减少对其他元件及其电路的影响。

(3) 模拟电路模块与数字电路模块应分开布置,不要混合在一起。

(4) 带强电的元件与其他元件距离要尽量远,应布放在调试时不易触碰的地方。

(5) 对于重量较大的元器件,要在 PCB 上安装一个支架进行固定,防止脱落。

(6) 对于一些发热严重的元件,必须安装散热片。

(7) 电位器、可变电容等元件应布放在便于调试的地方。

2. PCB 布线

布线时应遵循以下基本原则。

(1) 输入端导线与输出端导线应尽量避免平行,以免发生耦合。

(2) 在布线允许的情况下,导线的宽度尽量取大些,一般不低于 10mil。

(3) 导线的最小间距是由线间绝缘电阻和击穿电压决定的,在允许布线的范围内应尽量大些,一般不小于 12mil。

(4) 微处理器芯片的数据线和地址线应尽量平行布线。

(5) 布线时尽量少转弯,若需要转弯,一般取 45°走向或圆弧形。在高频电路中,拐弯时不能取直角或锐角,以防止高频信号在导线拐弯时发生信号反射现象。

(6) 电源线和地线的宽度要大于信号线的宽度。

3.5.2 PCB 设计的步骤和操作方法

PCB 设计流程图如图 3-50 所示。

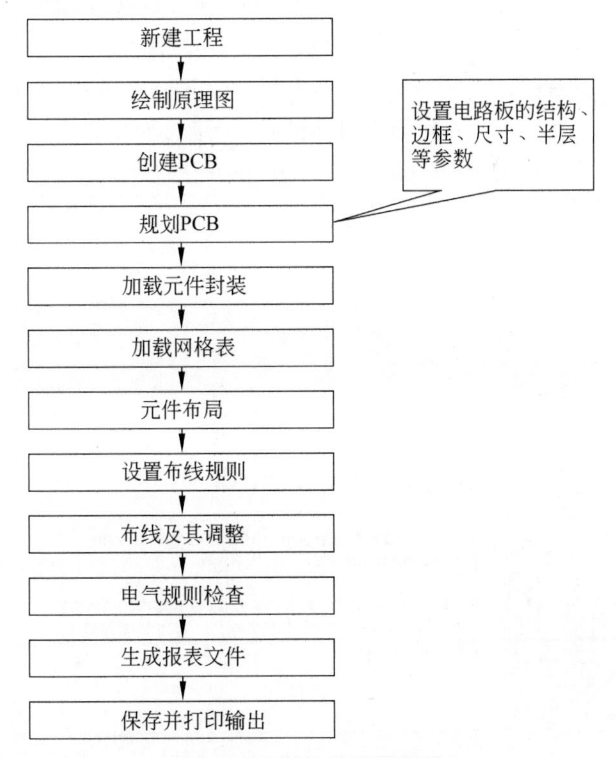

图 3-50　PCB 设计流程图

1. 创建 PCB 工程(项目)文件

如果在原理图绘制阶段已经新建,则在此无须新建。在启动 Protel DXP 后,直接选中 File|New|Project|PCB Project 菜单选项。

2. 保存 PCB 工程(项目)文件

选中 File|Save Project 菜单选项,弹出 Save[PCB_Project1.PrjPCB]AS 对话框,选择保存路径后在 Name 框输入新文件名然后保存到自己建立的文件夹中。

3. 绘制原理图

整个原理图绘制过程参见 3.2 节。

4. 创建 PCB 文件文档

方法 1:利用 PCB 向导创建 PCB(利用 PCB 向导设计一个带有 PC-104 16 位总线的 PCB)。

图 3-51　File 面板标签

(1) 在 PCB 编辑器窗口左侧的工作面板上,选中 Files 标签,打开 Files 菜单。单击 Files 面板中的 New From Template 标题栏下的 PCB Board Wizard 选项,如图 3-51 所示。启动 PCB 文件生成向导,弹出 PCB 向导界面,如图 3-52 所示。

(2) 单击 Next 按钮,在弹出的对话框中设置 PCB 采用的单位,如图 3-53 所示。

(3) 单击 Next 按钮,在弹出的对话框中根据需要选择的 PCB 轮廓类型进行外形选择,如图 3-54 所示。

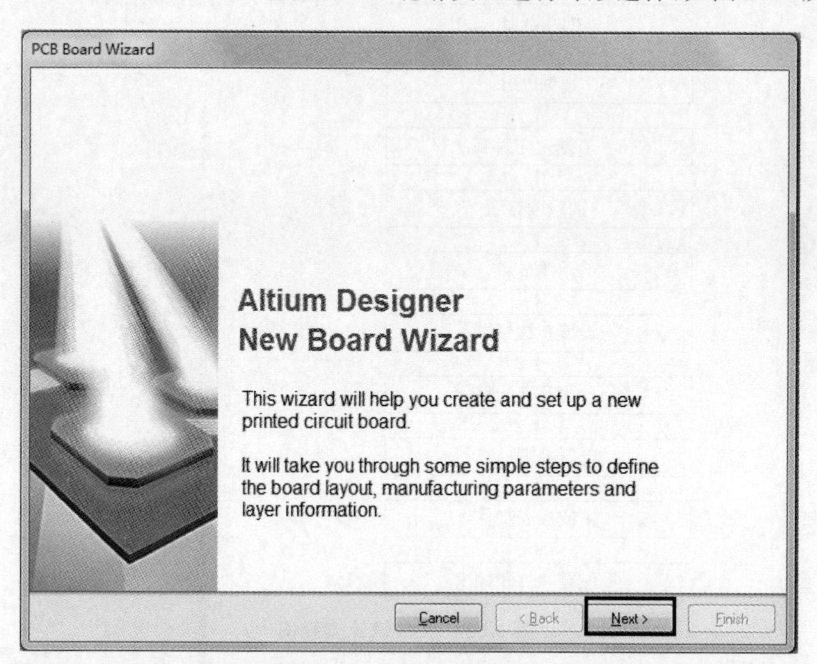

图 3-52　新建 PCB 向导

(4) 单击 Next 按钮,在弹出的对话框中设置 PCB 层数,如图 3-55 所示。

(5) 单击 Next 按钮,在弹出的对话框中设置 PCB 过孔风格,如图 3-56 所示。

(6) 单击 Next 按钮,在弹出的对话框中选择 PCB 上安装的大多数元件的封装类型

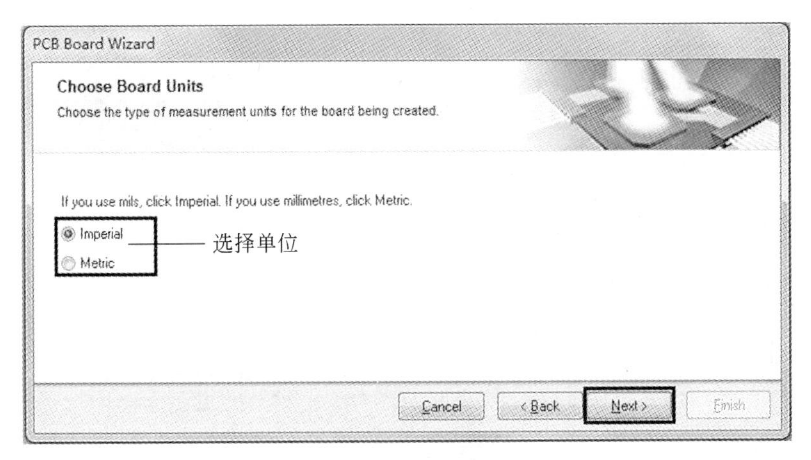

图 3-53　选择板单位

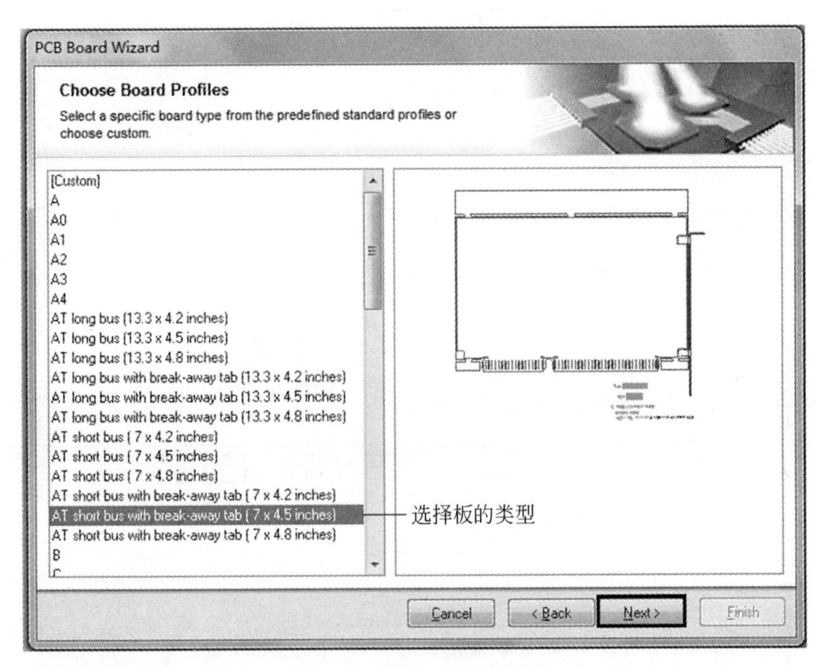

图 3-54　选择元器件外形

和布线逻辑，如图 3-57 所示。

(7) 单击 Next 按钮，在弹出的对话框中导线和过孔尺寸，如图 3-58 所示。

(8) 单击 Next 按钮，完成 PCB 向导设置，如图 3-59 所示。

(9) 单击 Finish 按钮，结束设计向导。

(10) 选中 File|Save 菜单选项，保存到工程目录下。

方法 2：使用菜单进行创建。

(1) 通过原理图部分的介绍方法先创建好工程文件。

(2) 在创建好的工程文件中创建 PCB。选中 File|New|PCB 菜单选项。

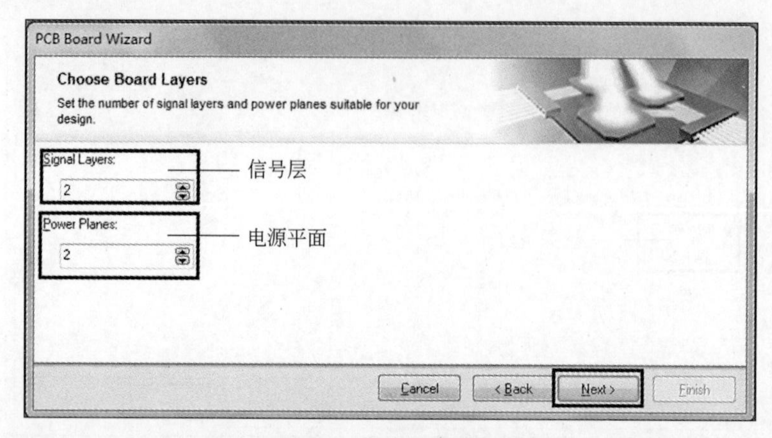

图 3-55 设置 PCB 板层

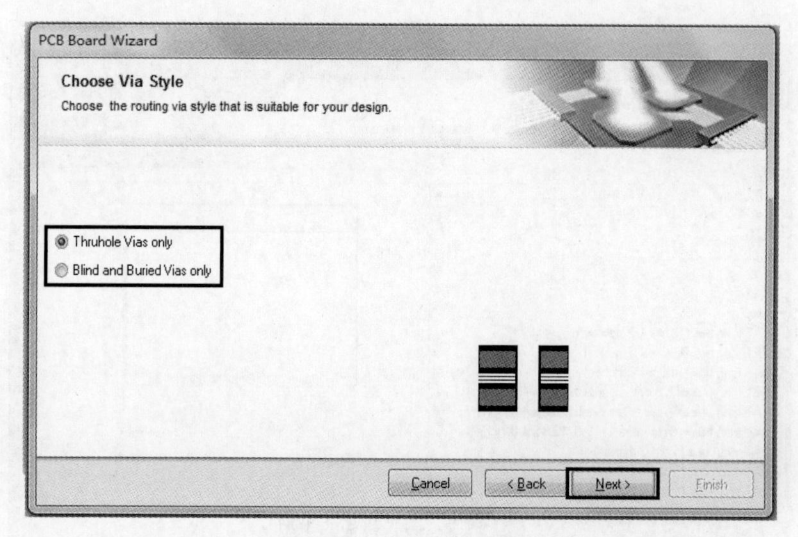

图 3-56 选择过孔方式

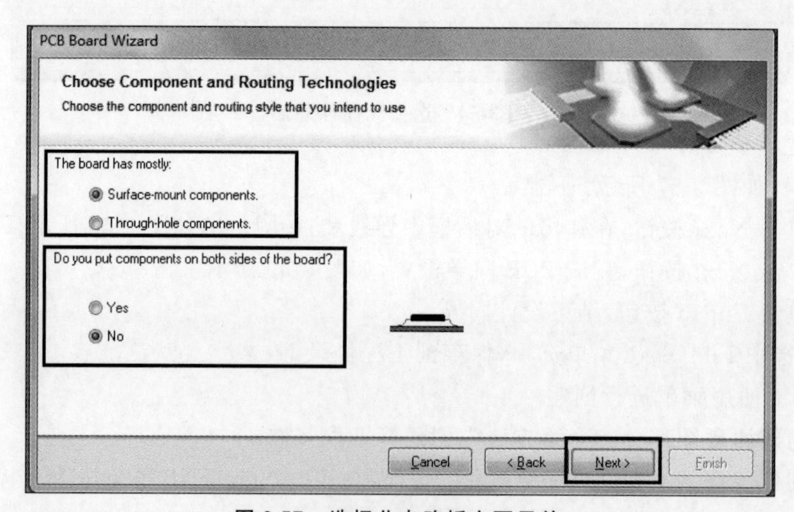

图 3-57 选择此电路板主要元件

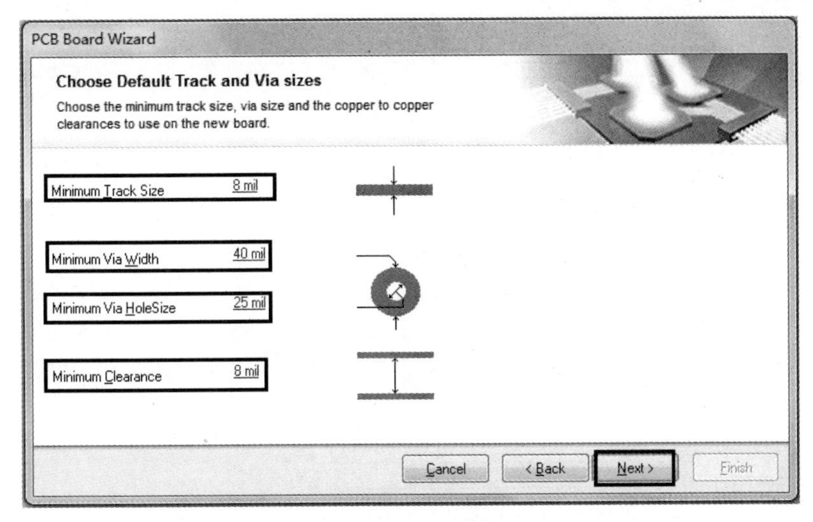

图 3-58　设置过孔大小

图 3-59　结束向导

（3）保存 PCB 文件。选中 File|Save As 菜单选项。

5. PCB 规划

（1）板层设置。选中 Design|Layer Stack Manager 菜单选项，在弹出的 Layer Stack Manager 对话框中进行设置，如图 3-60 所示。

（2）工作面板的颜色和属性。选中 Design|Board Layer & Colors 菜单选项，在弹出的 View Coufigurations 对话框中进行设置，如图 3-61 所示。

（3）PCB 物理边框设置。单击工作窗口下面的 Mechanical 1 标签，切换到 Mechanical 1 工作层上，如图 3-62 所示。

选中 Place|Line 菜单选项，根据自己的需要，绘制一个物理边框。

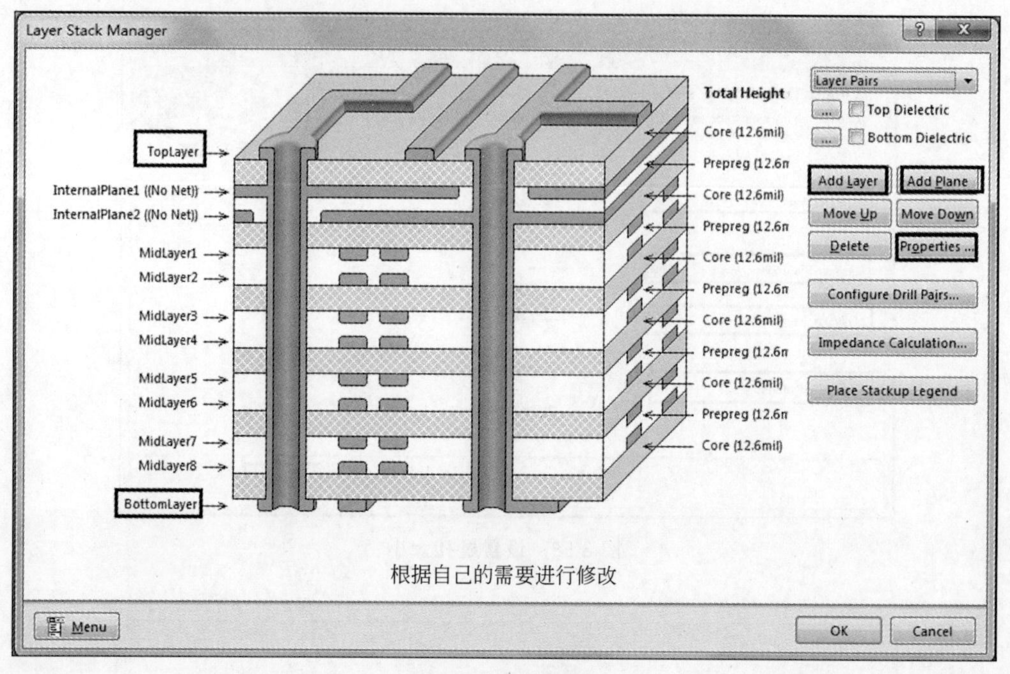

图 3-60　板层设置

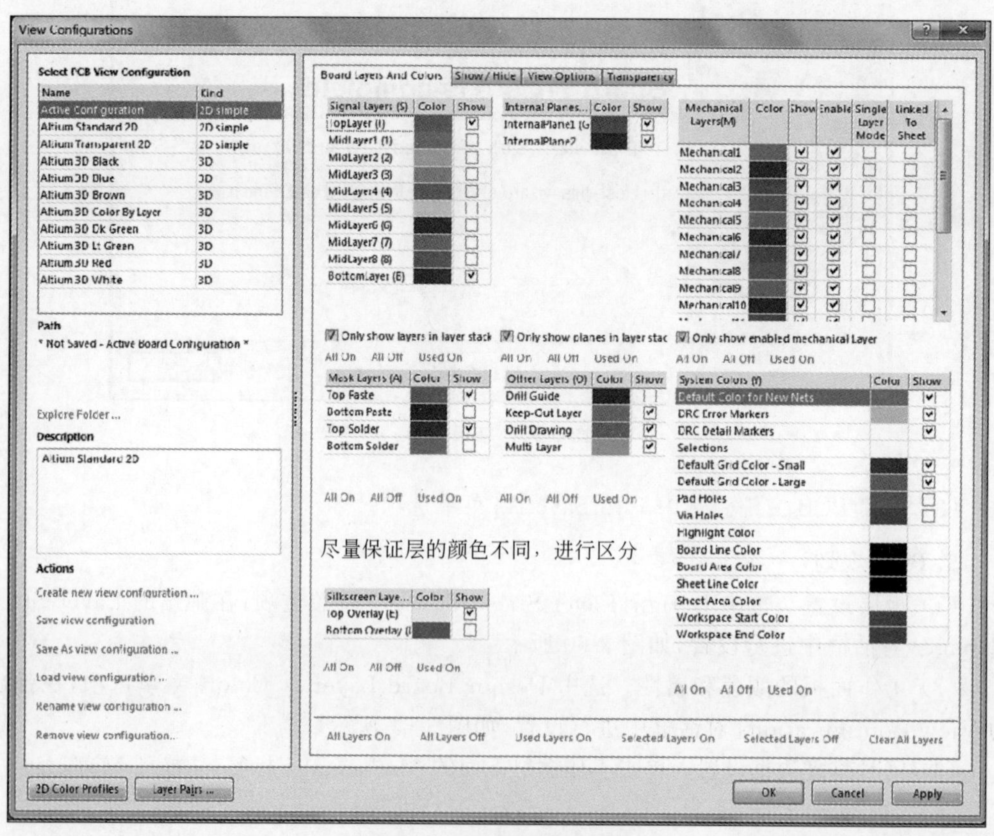

图 3-61　板层颜色设置

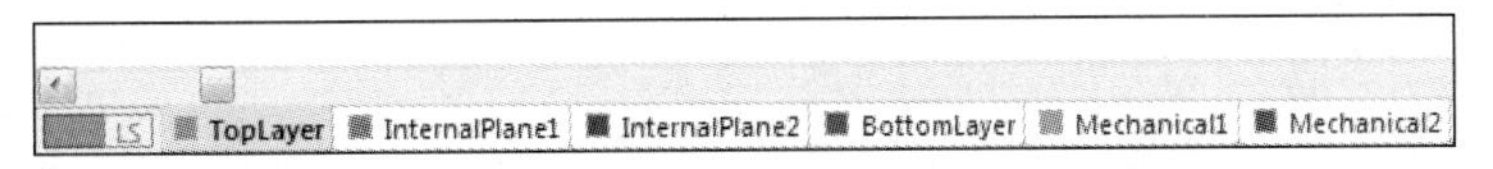

图 3-62　切换工作层

(4) PCB 布线框设置。单击工作窗口下面的标签，切换到 Mechanical 工作层上，选中 Place|Line 菜单选项。根据物理边框的大小设置一个紧靠物理边框的电气边界。

(5) 导入网络表。激活 PCB 工作面板，选中 Design|Import Changes From[文件名]菜单选项，如图 3-63 所示。

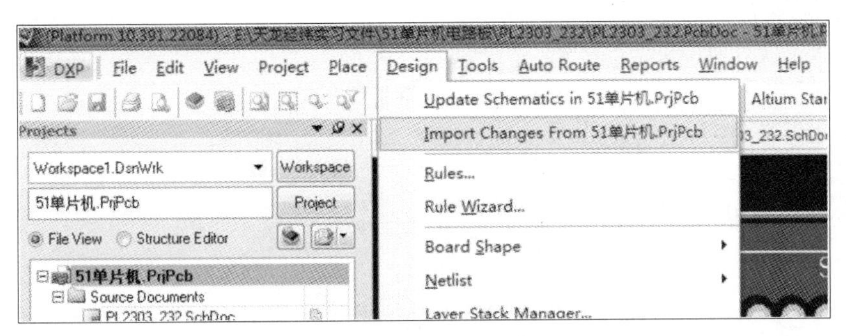

图 3-63　导入网络表

在弹出的对话框中单击 Validate Changes 按钮，使变化生效，再单击 Execute Changes 按钮执行变化，如图 3-64 所示。

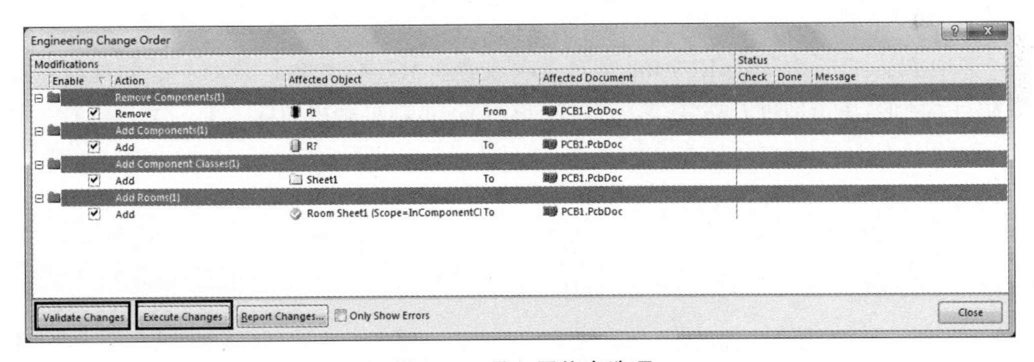

图 3-64　导入网络表选项

6. 设计 PCB 规则

可以通过规则编辑器设置各种规则以方便后面的设计，如图 3-65 所示。

7. PCB 图元件布局

通过移动、旋转元器件，将元器件移动到电路板中合适的位置，使电路的布局最合理。

8. PCB 布线

调整好元件位置后即可进行 PCB 布线。

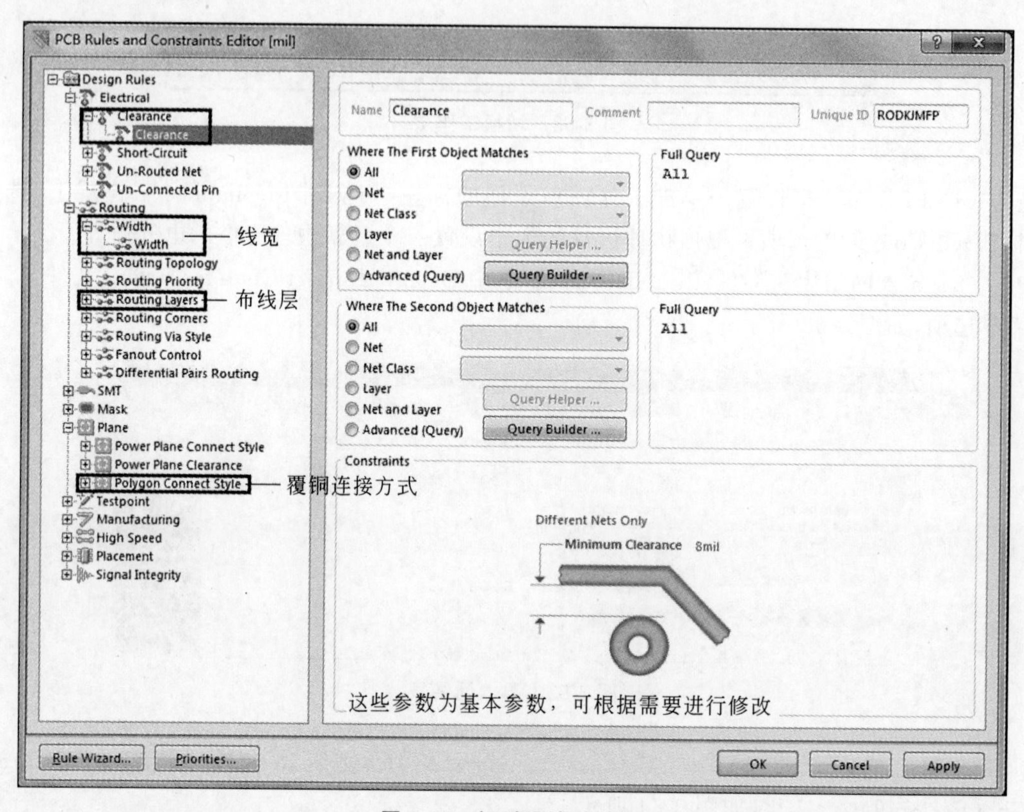

图 3-65　规则设计对话框

选中 Place|Interactive Routing 菜单选项或者在工具栏中单击“布线”按钮，此时鼠标变为“十”字形，单击即可开始连线。连线完成后右击，即可结束布线。

第4章

Keil μVision4

Keil C51 是美国 Keil Software 公司出品的一款 51 系列单片机 C 语言软件开发系统。与汇编语言相比,C 语言不但在功能上、结构性、可读性、可维护性上有明显的优势,而且易学易用。Keil 提供了包括 C 编译器、宏汇编、链接器、库管理和一个功能强大的仿真调试器等在内的完整开发方案,通过一个集成开发环境将这些部分组合在一起。运行 Keil 软件需要 Windows 98/NT/2000/XP 等操作系统。如果使用 C 语言编程,Keil 几乎就是不二之选。即使不使用 C 语言而仅用汇编语言编程,其方便易用的集成环境、强大的软件仿真调试工具也会令开发者事半功倍。

Keil C51 提供了丰富的库函数和功能强大的集成开发调试工具,具备 Windows 界面,只要看一下编译后生成的汇编代码,就能体会到 Keil 的优势。C51 工具包中的 μVision 与 Ishell 分别对应 Windows 和 DOS 的集成开发环境(IDE),可以完成编辑、编译、连接、调试、仿真等整个开发流程。开发人员可用 IDE 本身或其他编辑器编辑 C 或汇编源文件。然后由 C51 编译器编译生成目标文件(.obj)。目标文件可由 LIB51 创建生成库文件,也可以与库文件一起经 L51 连接定位生成绝对目标文件(.abs)。ABS 文件可由 OH51 转换成标准的 HEX 文件,以供在调试器 dScope51 或 tScope51 中进行源代码级调试;也可由仿真器直接对目标板进行调试;还可以直接写入程序存储器(如 EPROM)中。

4.1 Keil μVision4 的安装

Keil μVision4 软件安装文件的下载可以从 Keil 公司的官网下载。官网下载地址为 https://www.keil.com/download/product/ ,下载之后直接双击安装文件,如图 4-1 所示。

单击 Next 按钮,弹出 License Agreement 对话框,如图 4-2 所示。

选中 I agree to all the terms of the preceding License Agreement 复选框,然后单击 Next 按钮,弹出 Folder selection 对话框如图 4-3 所示。

单击 Browse 按钮,在弹出的对话框中,将文件路径修改至想要安装的路径下,然后单击 Next 按钮,弹出 Customer Information 对话框,如图 4-4 所示。

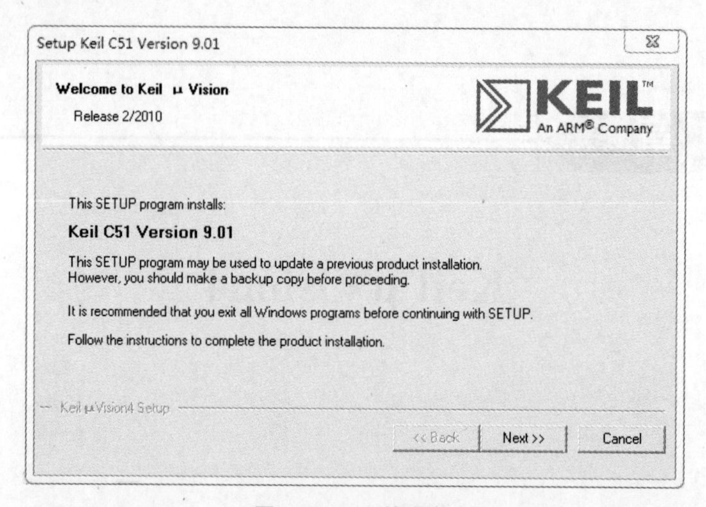

图 4-1　Keil 的安装

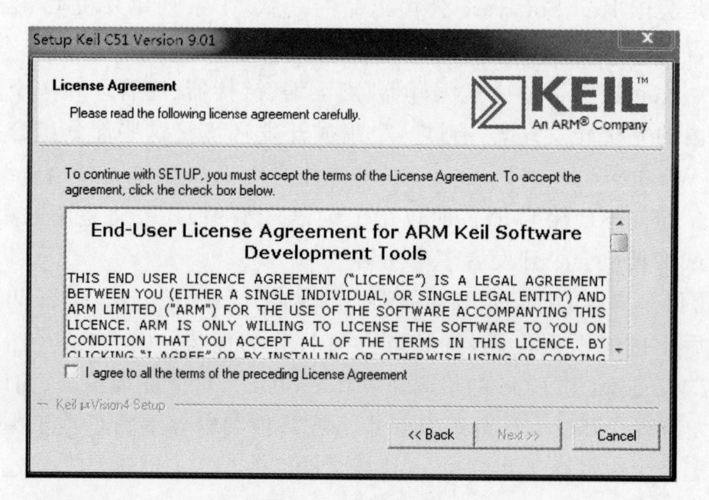

图 4-2　查看协议

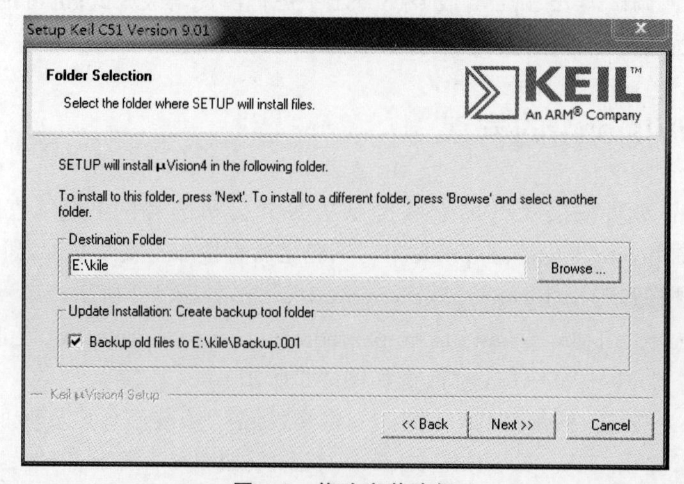

图 4-3　修改安装路径

在图 4-4Customer Information 对话框中填写注册信息，要保证每个框里都填写内容，填好后单击 Next 按钮，弹出 Setup Status 对话框，如图 4-5 所示。

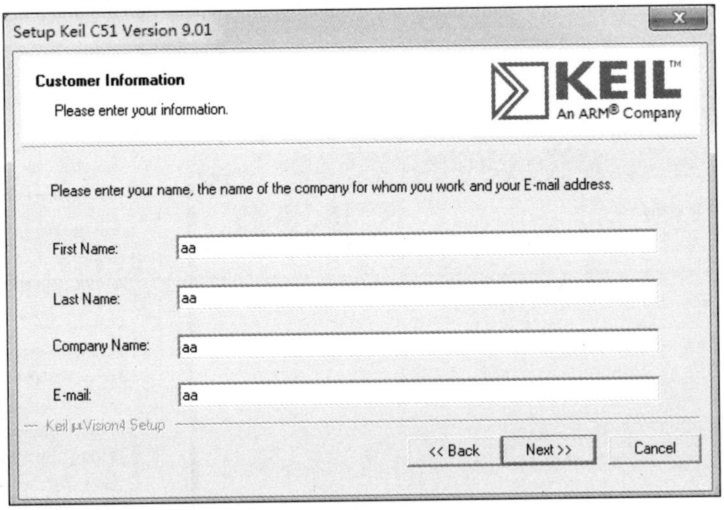

图 4-4　填写注册信息

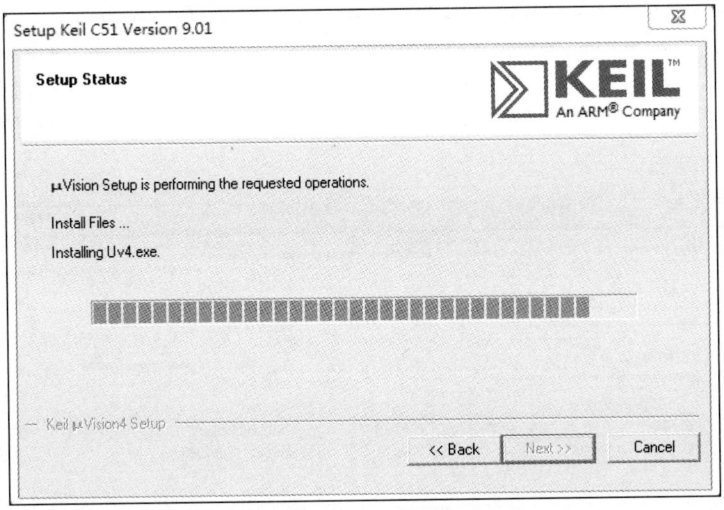

图 4-5　正在安装中界面

完成安装后单击 Finish 按钮，如图 4-6 所示。在桌面或者“开始”菜单里找到 Keil 图标并双击即可开始使用。此时，Keil 的部分功能会受到限制，需要获得许可(License)才能使用全部功能，如图 4-7 所示。

选中 File|License Management 菜单选项，弹出 License Management 对话框，如图 4-8 所示。

在 New License ID Code(LIC)文本框中填入许可证号，单击 Add LIC 按钮，再单击 Close 按钮，即可完成操作。

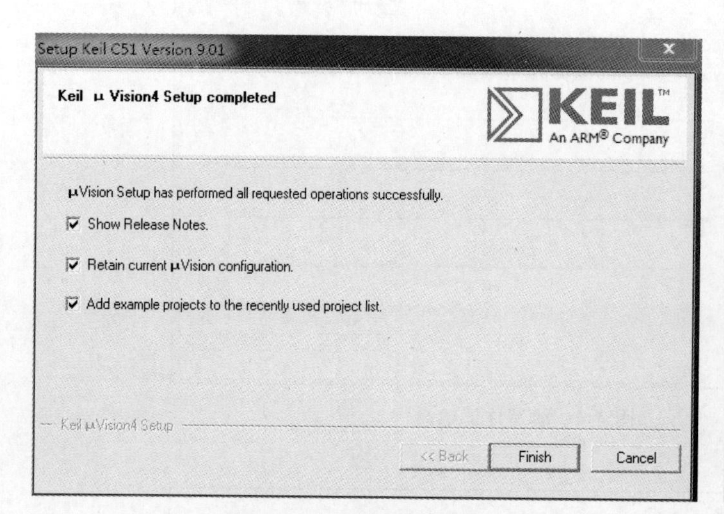

图 4-6　安装完成的界面

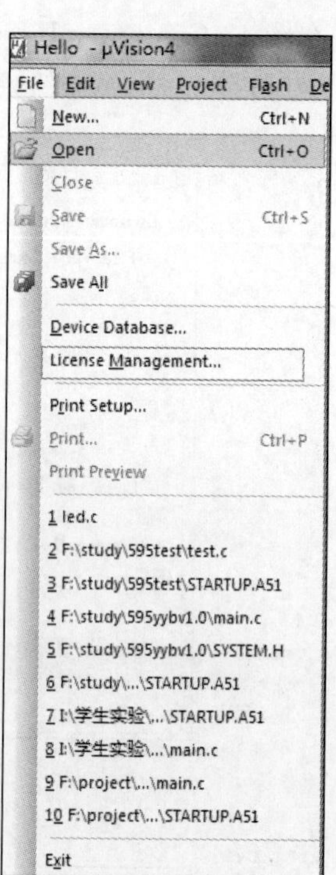

图 4-7　选中 File License Management 菜单选项

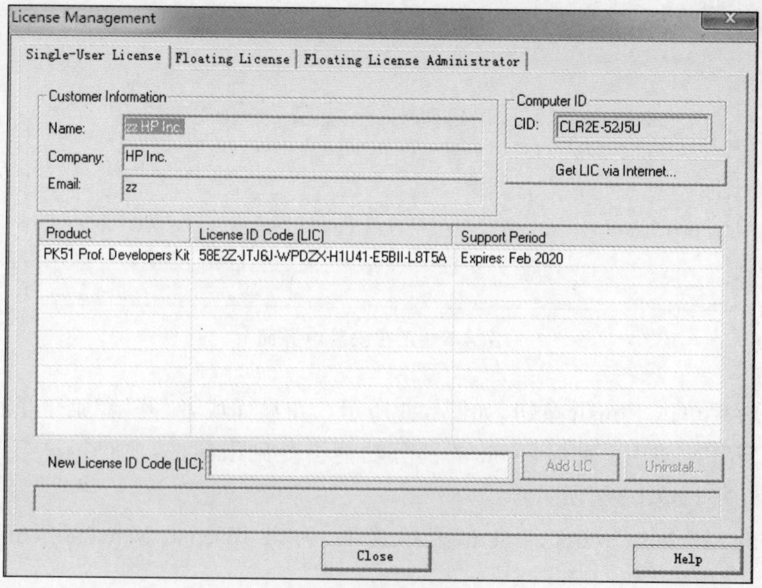

图 4-8　获得许可

4.2 创建一个单片机工程

打开 Keil 软件，如图 4-9 所示。

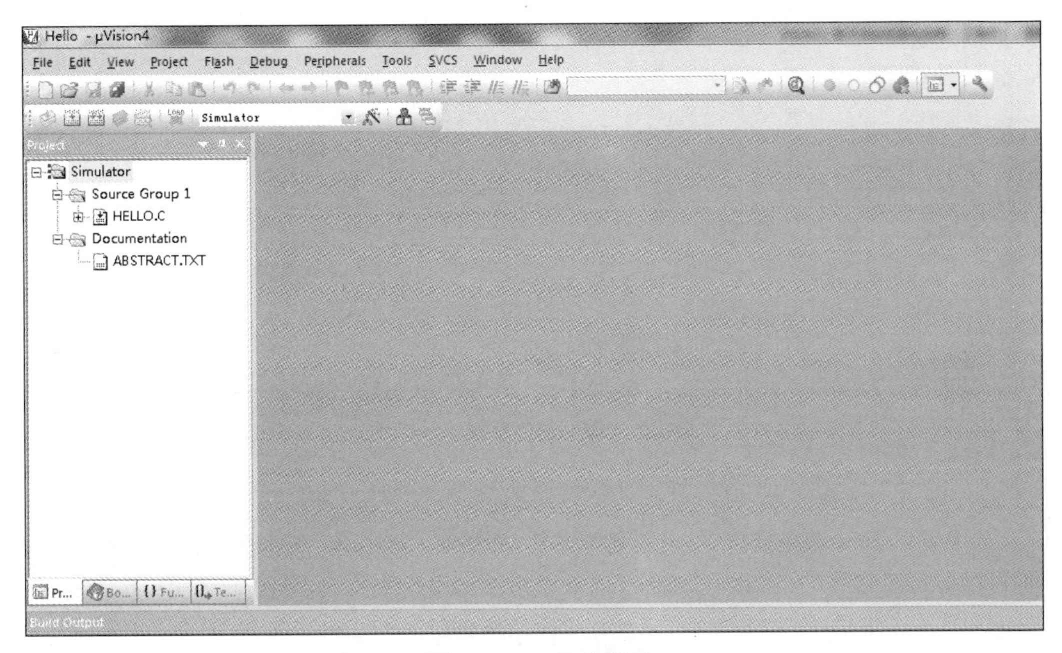

图 4-9 Keil 软件界面

选中 Project|New µVision Project 菜单选项，创建一个新的工程，如图 4-10 所示。

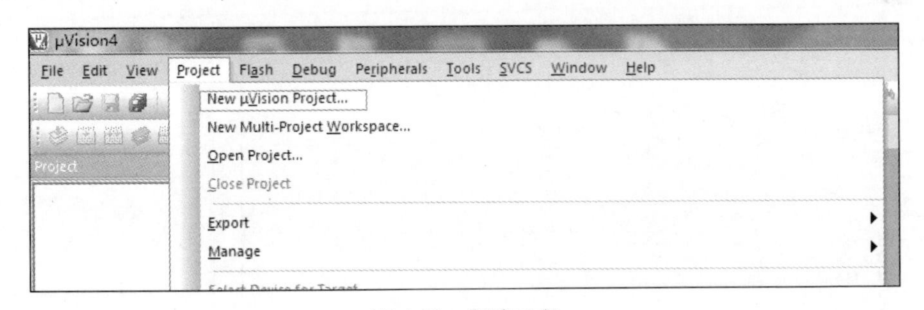

图 4-10 新建工程

在弹出的 Create New Project 对话框中选择工程保存的路径，对文件进行命名，单击“保存”按钮，对文件进行保存，如图 4-11 所示。

Keil 在创建工程时会根据芯片类型自动添加一个头文件，所以在创建工程时要选择芯片类型，如图 4-12 所示。每种芯片类型都有相应的头文件，但是一个头文件可以对应不同的芯片，同种内核构架的芯片很多头文件都是通用的，比如常用的 AT89C51、STC89C51、STC89C 等 51 系列芯片都可以使用同样的头文件。因为 Keil 的默认库里没有 STC 的库，所以如果使用 STC51 系列的单片机，选择芯片类型时只要选择同型号的

图 4-11　存储

AT 芯片即可。选择完型号后,单击 OK 按钮即可。

选中 File|New 菜单选项,可以新建源文件,如图 4-13 所示。文件建好后若要保存源文件,可以单击工具栏中的“保存”按钮,也可以按 Ctrl+S 组合键,弹出 Save As 对话框,如图 4-14 所示。注意,源文件的文件名一定以.c 结尾。如果创建头文件,一定要以.h 结尾。

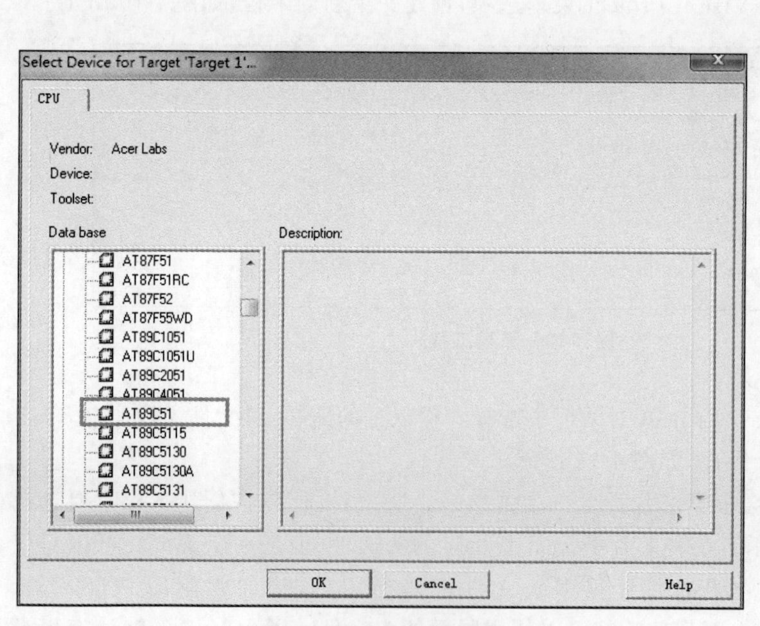

图 4-12　选择芯片类型

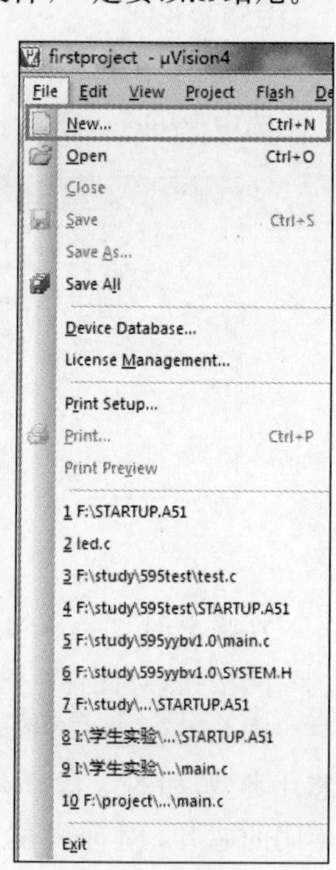

图 4-13　新建源文件

右击 Source Group 1 结点，在弹出的快捷菜单中选中 Add File to Group ‘source Group 1’，如图 4-15 所示。在弹出的 Add Files to Group ‘Source Group 1’对话框中选中源文件添加到工程内，然后单击 Add 按钮，如图 4-16 所示。在 Keil 编译环境下，只有在一个工程下的文件，才能产生链接关系，在编程让文件之间产生包含关系，从而相互调用，也只有在同一个工程里，编译器才能识别并编译。

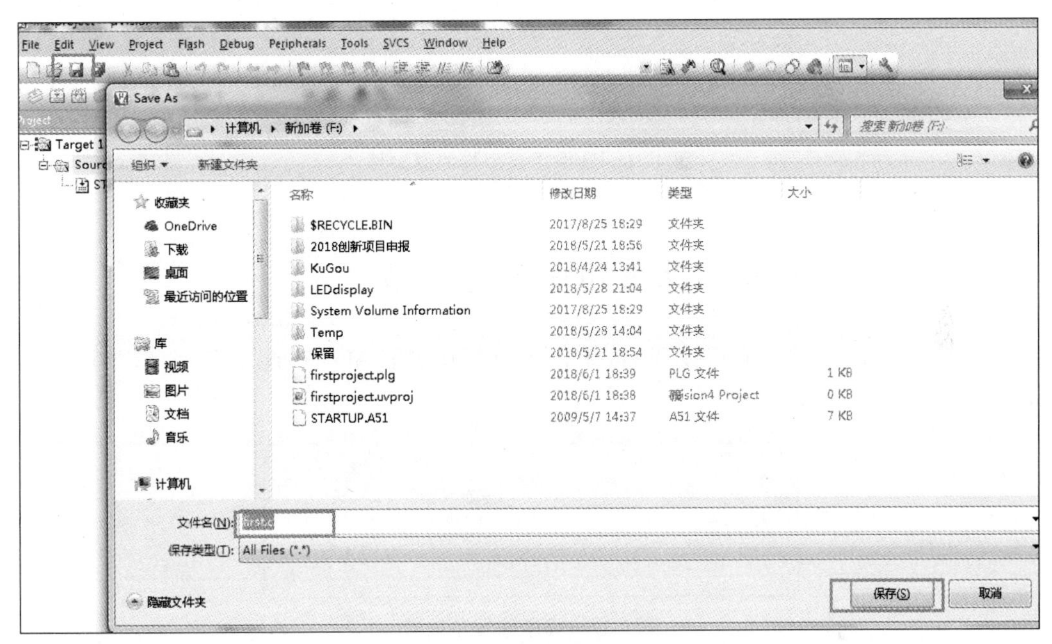

图 4-14　保存源文件

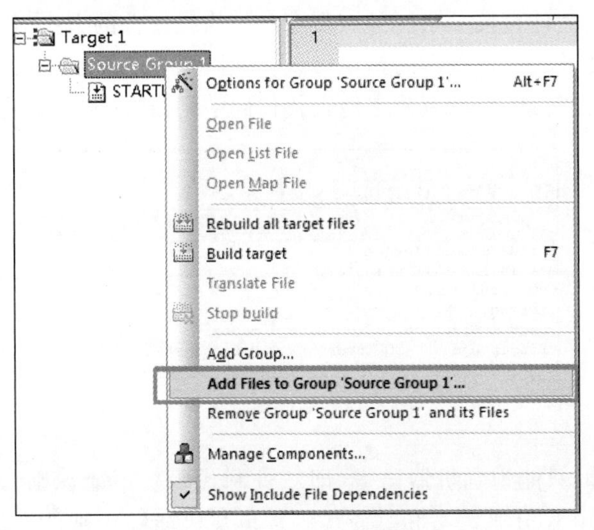

图 4-15　添加源文件到群组里

图 4-16　选择想要添加的源文件

4.3　Keil μVision4 的配置和使用

将程序写入源文件,编写完成后,单击工具栏中的按钮进行调试和编译,如图 4-17 所示。

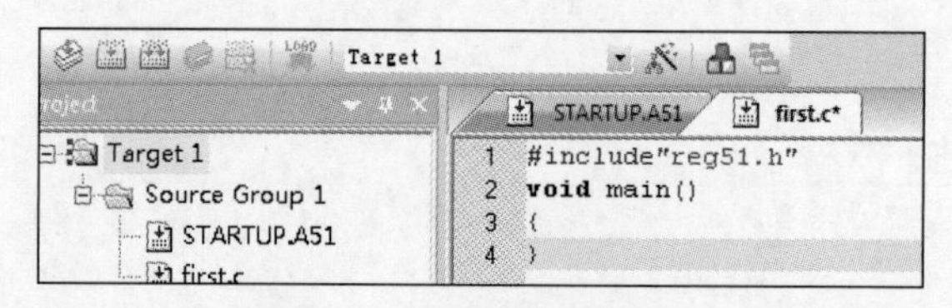

图 4-17　程序编写和编译

在 Build Output 窗口中可以查看编译调试时对外输出的信息,如图 4-18 所示,例如程序编译是否出错、文件直接关联、复制、程序和可执行文件的大小、代码长度等。如果程序编写有错误,在此处会显示相应的错误信息,并且错误信息中会有错误的位置和错误的原因。善于利用错误信息,可以有效率地查找代码中的错误,利于自身水平的提高。

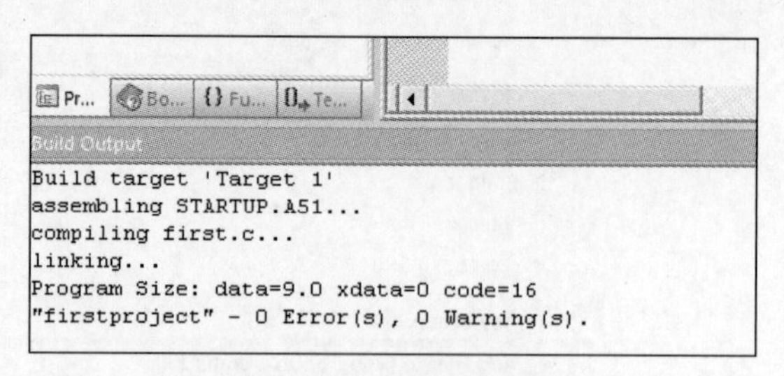

图 4-18　编译调试信息

单片机在工作时只能识别机器语言(即二进制代码),不能识别 C 语言等高级代码,这也是为什么要是用 Keil 来编写和编译代码。单片机能够识别的文件为.HEX 文件,但是编译完成后在对应的文件里并没有相应的 HEX 文件,这时就需要在 Keil 里进行配置。单击如图 4-19 中所示的工具按钮,或者选中 Project|Options for Target 菜单选项,弹出 Options for Target 'Target 1'对话框。在 Output 选项卡中选中 Create HEX File 复

选框,单击 OK 按钮,完成设置。

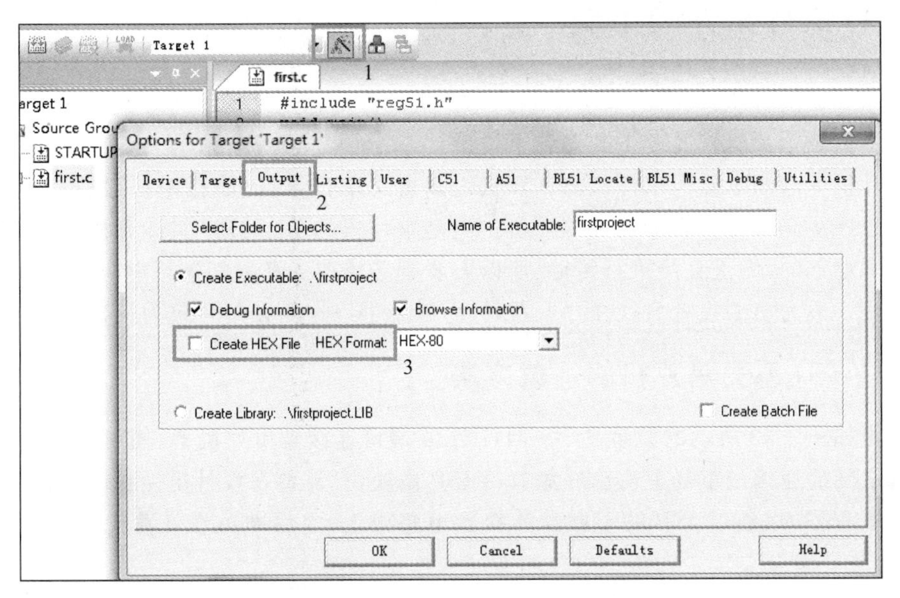

图 4-19 配置 Keil 生成 HEX 文件

如图 4-20 所示,在 Build Output 栏下有生成 HEX 文件的调试信息,打开工程所在目录,可以看到在工程所在的目录下有一个对应的.HEX 后缀的文件,如图 4-21 所示。此文件便是最终所需要的单片机能够识别的可执行文件。其他不能识别的文件为编译的中间文件和一些其他作用的文件,在此不做讨论。

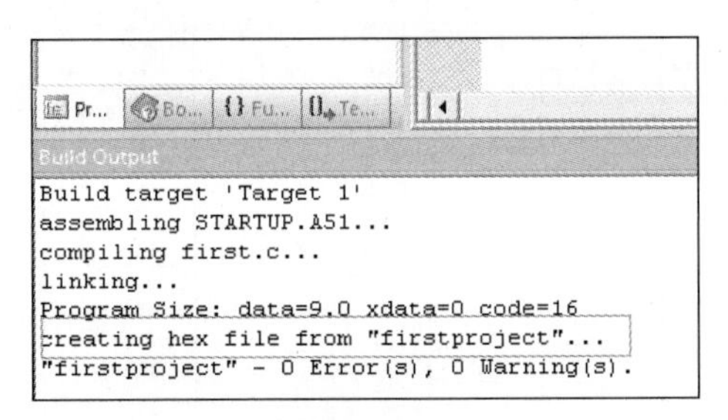

图 4-20 调试编译生成 HEX 文件

first.c	2018/6/3 21:38	C Source File	1 KB
first.lst	2018/6/3 21:41	MASM Listing	1 KB
first.obj	2018/6/3 21:41	Object File	1 KB
firstproject	2018/6/3 21:41	文件	2 KB
firstproject.hex	2018/6/3 21:41	HEX 文件	1 KB
firstproject.lnp	2018/6/3 21:41	LNP 文件	1 KB
firstproject.M51	2018/6/3 21:41	M51 文件	4 KB
firstproject.plg	2018/6/3 21:41	PLG 文件	1 KB
firstproject.uvproj	2018/6/3 21:37	礦ision4 Project	0 KB
STARTUP.A51	2009/5/7 14:37	A51 文件	7 KB
STARTUP.LST	2018/6/3 21:41	MASM Listing	14 KB
STARTUP.OBJ	2018/6/3 21:41	Object File	1 KB

图 4-21 工程所在目录下文件

4.4 可执行文件的下载

编译生成的可执行文件,只有下载到单片机的存储器后才能被单片机执行,而将可执行文件下载到单片机就需要下载器和上位机。

单片机下载的本质为单片机与计算机之间通过串行接口(简称串口)进行通信,通过串口将程序源码从计算机传输到单片机。但是单片机的I/O接口与计算机的USB接口的电压类型不同,无法直接进行传输,所以需要有芯片在二者之间进行电压的转换。常用的单片机一般为AT或者STC的51系列,所以本书以这两种单片机为例进行介绍。

4.4.1 AT51系列单片机的下载方法

按照如图4-22所示的原理图,将74HC244端口连接到单片机上,便可实现单片机与上位机之间的通信。市场上有已经做好的ISP模块,只需要在设计电路板时预留出接口,需要下载程序时,通过ISP的下载器连接到电路板上,之后即可在计算机上打开上位机软件。

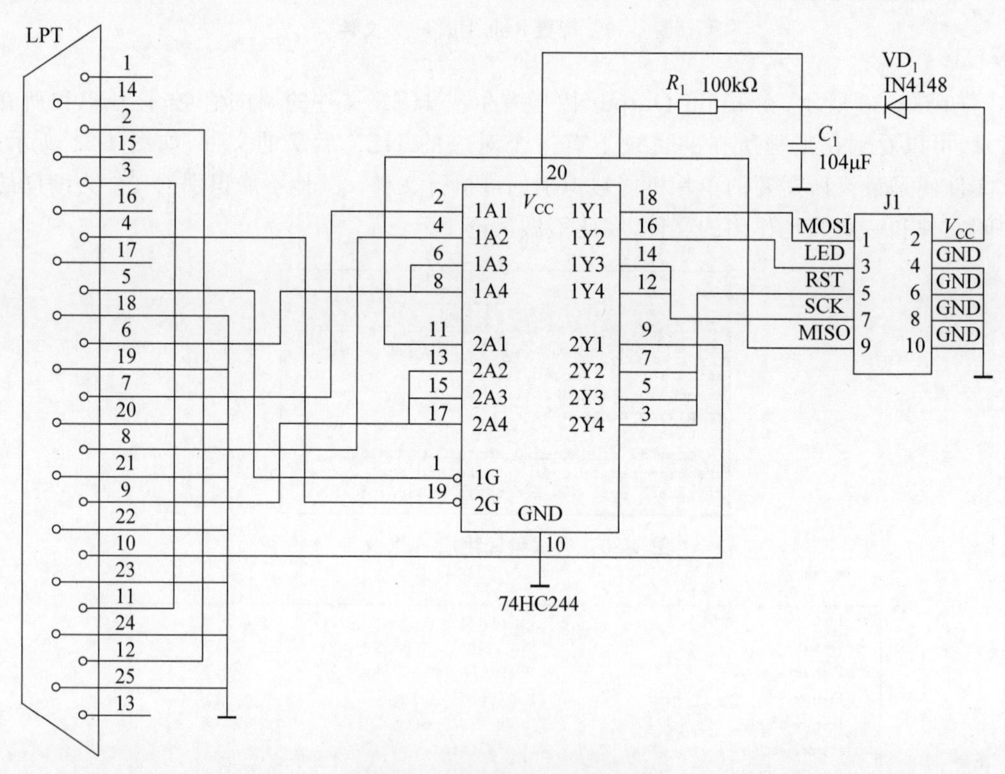

图4-22 AT89S52 ISP下载电路

打开上位机软件,选中"文件"|"调入Flash"菜单选项,如图4-23所示。在弹出的"打开"对话框中找到想要下载的文件,如图4-24所示。

单击"打开"按钮,此时窗口如图4-25所示。修改芯片类型使芯片类型与源程序总选

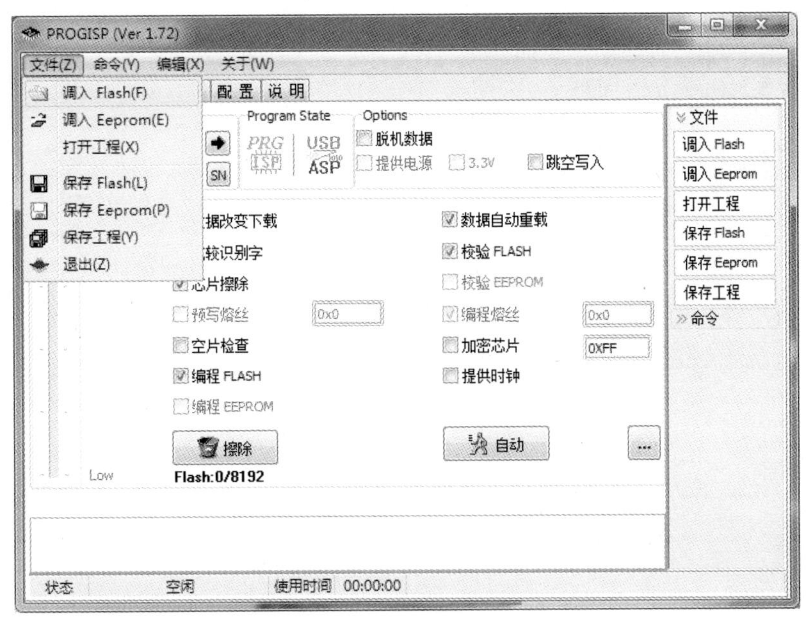

图 4-23　AT 单片机上位机软件

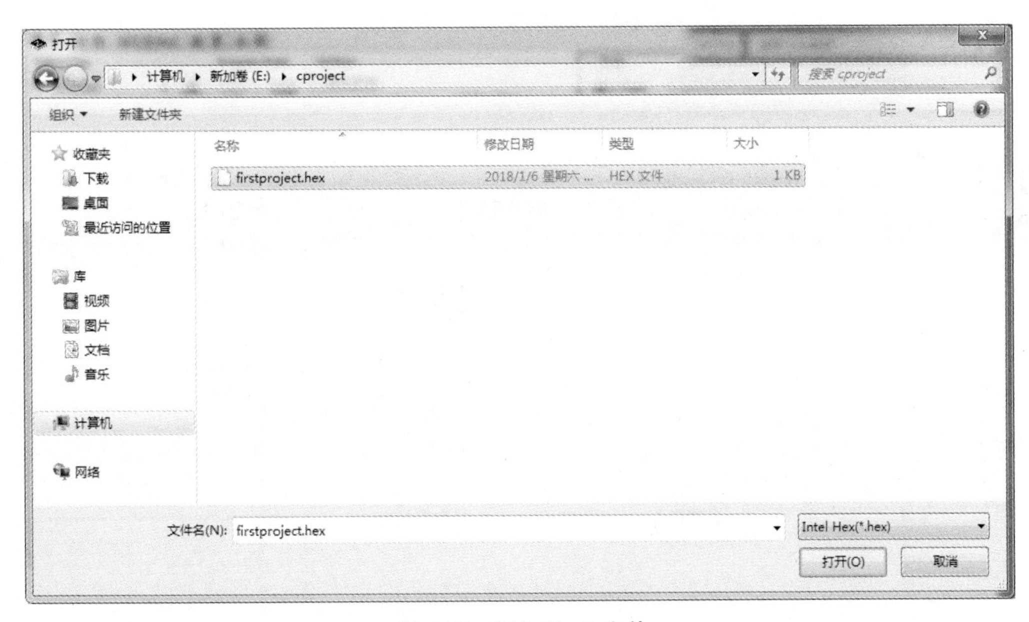

图 4-24　调入 Flash 文件

用的芯片类型保持一致，单击“自动”按钮，软件即可按照一定流程给单片机下载程序。在编程过程中，选项可以自行配置，对于新手，建议使用默认的配置。另外，下载程序时如果不想使用自动下载功能或者自动下载功能使用有问题，也可以使用手动下载单步进行操作。在“命令”菜单中选中“擦除”“写入”“读出”等菜单项，进行单步操作即可，如图 4-26 所示。

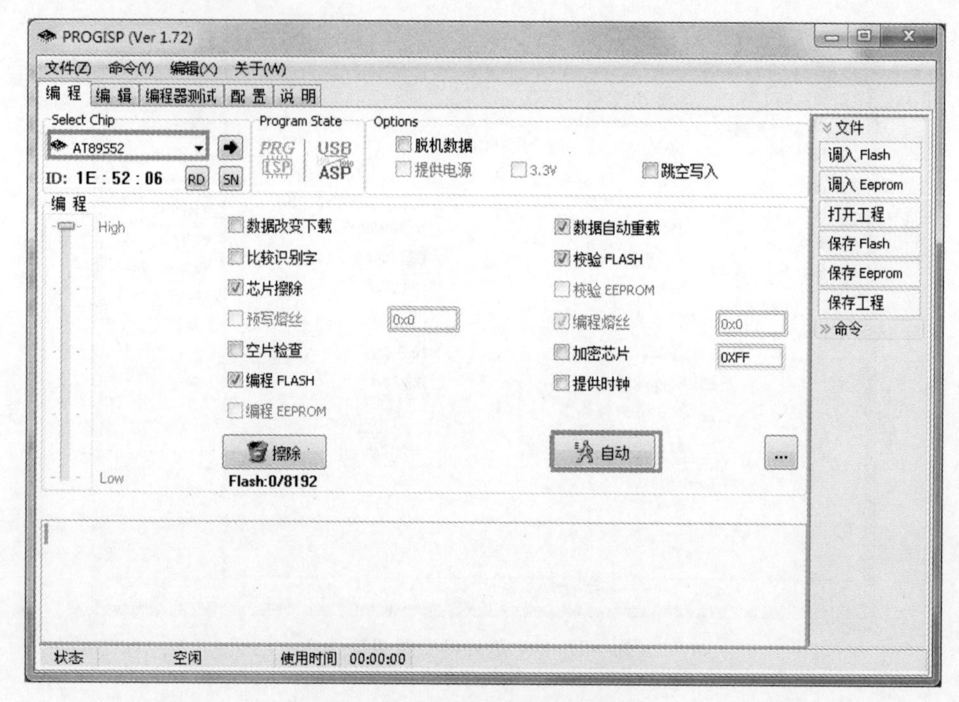

图 4-25 选择芯片和下载程序

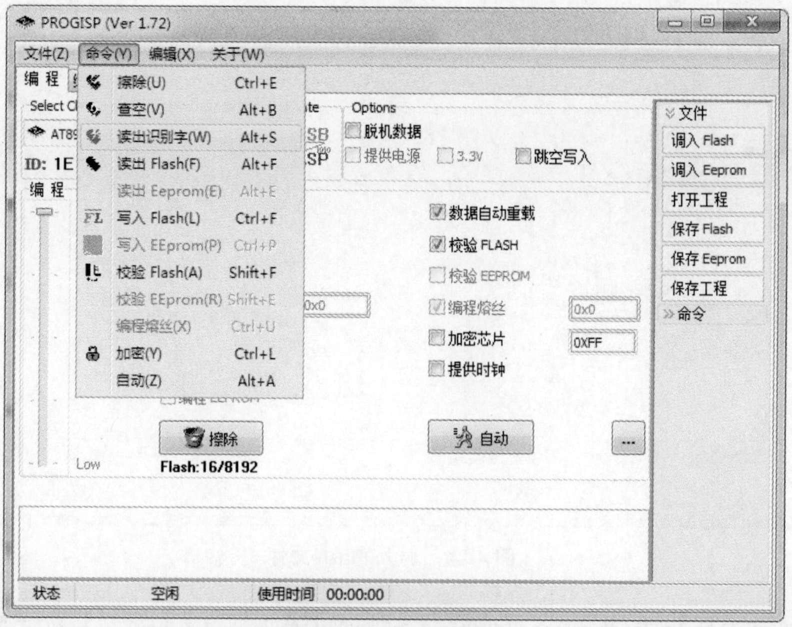

图 4-26 单步操作

在电路设计的时候,AT 系列单片机允许根据自己的需要把数据接口设置成不同的 I/O 接口,如图 4-27 所示,下载接口可以进行自定义配置,当电路图实际对通信的 I/O 接口进行改变时,此处也应该进行相应的配置。

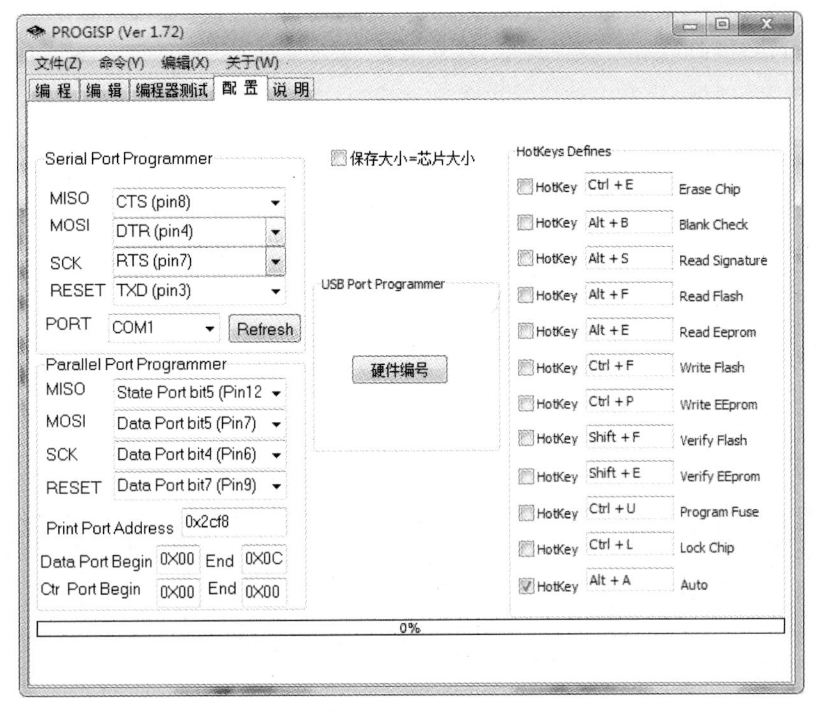

图 4-27 配置 I/O 接口

4.4.2 STC51 系列单片机的下载方法

图 4-28 为红晶科技的单片机 ISP 下载电路，将 USB 接口和单片机接口按照电路图与下载电路进行连接，即可完成 USB 接口与单片机引脚的电压转换，完成串行通信，实现将上位机的程序下载到单片机的目的。

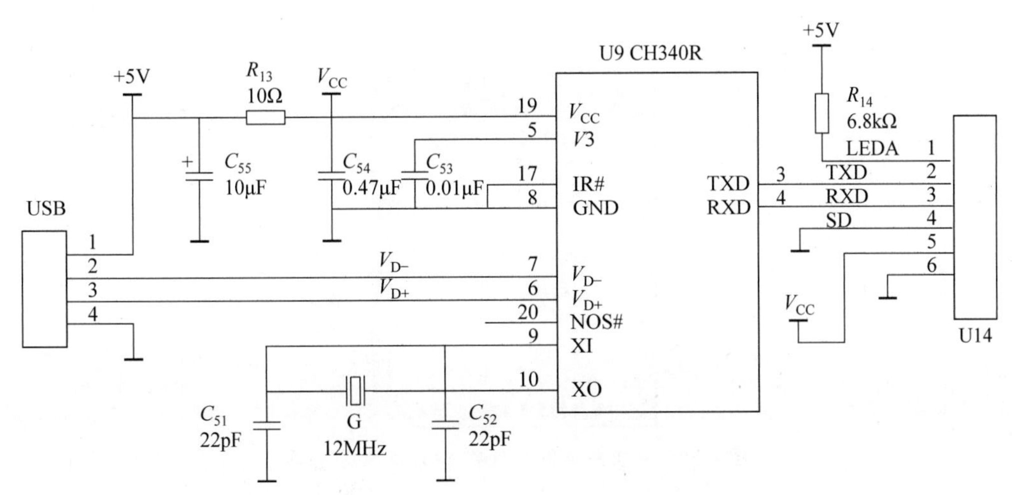

图 4-28 STC 单片机 ISP 下载电路

图 4-29 为宏晶科技的单片机下载界面,打开后设置单片机型号,选择串口号,若不知道具体的串口号可以单击“扫描”按钮,自动搜索,若搜索不到,则必须在 Windows 桌面上右击“我的电脑”图标,从弹出的快捷菜单中选中“设备管理器”,如图 4-30 所示,在打开的“设备管理器”窗口中选中“端口”结点,可以查看使用的端口号,如图 4-31 所示。然后选中源程序,在对应目录下找到想要下载的 HEX 文件,单击“下载/编程”按钮即可。

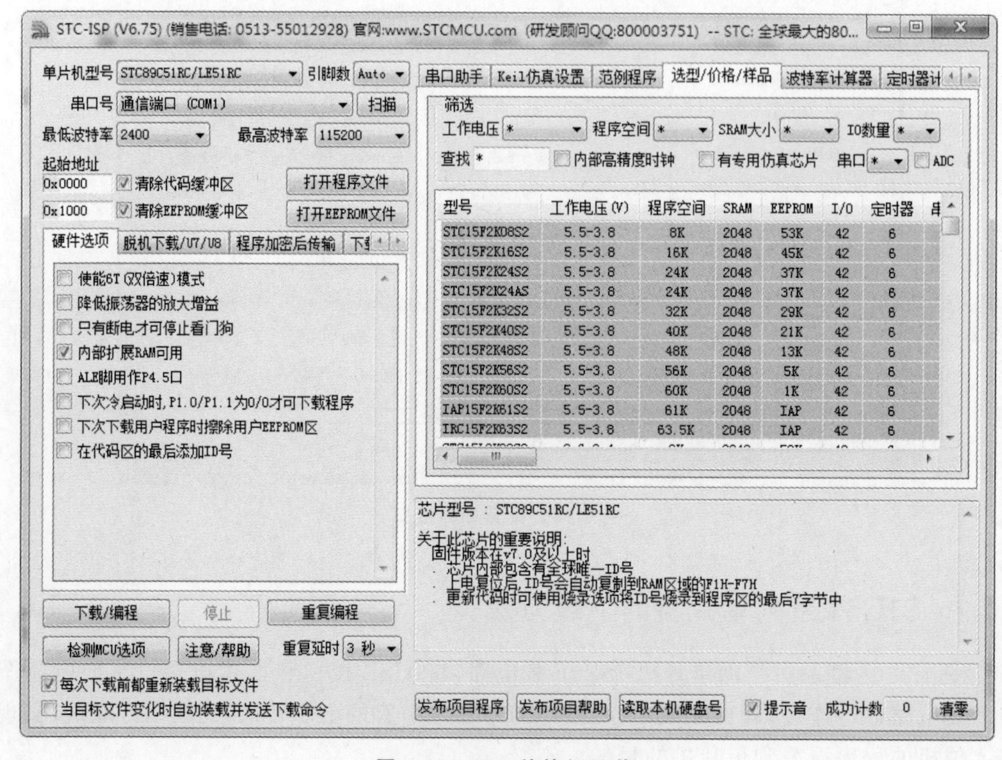

图 4-29 STC 单片机下载

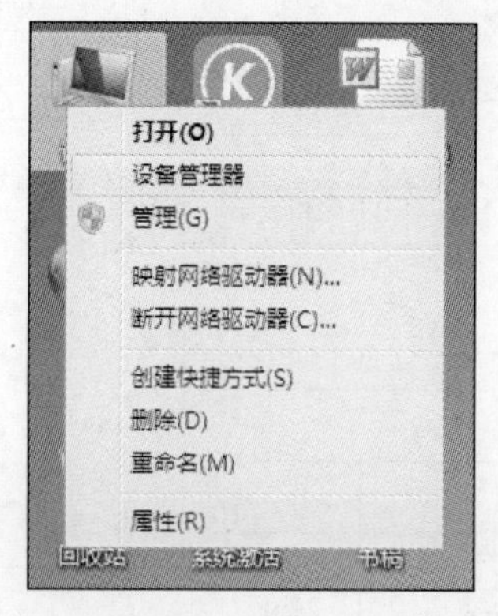

图 4-30 从快捷菜单中选中“设备管理器”选项

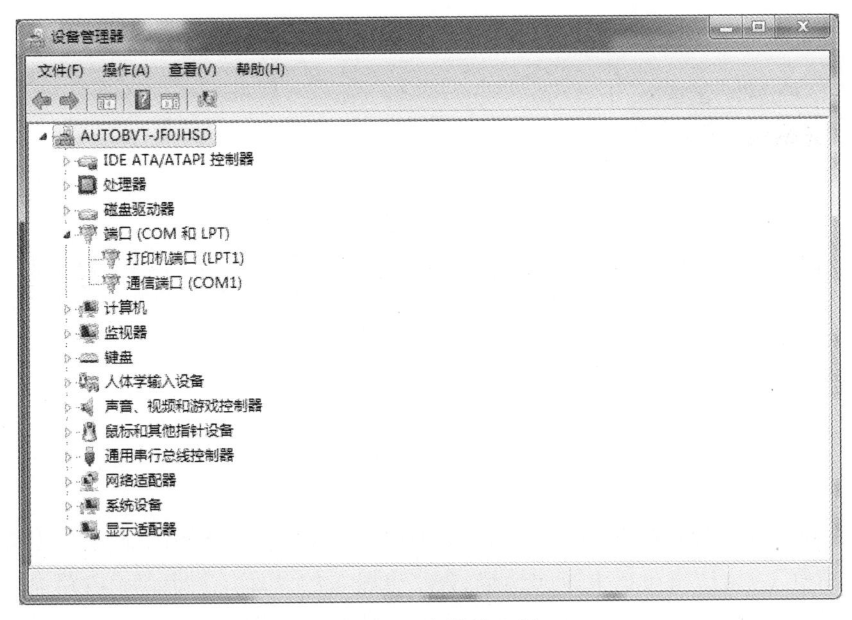
设备管理器
文件(F) 操作(A) 查看(V) 帮助(H)
AUTOBVT-JF0JHSD
IDE ATA/ATAPI 控制器
处理器
磁盘驱动器
端口 (COM 和 LPT)
打印机端口 (LPT1)
通信端口 (COM1)
计算机
监视器
键盘
人体学输入设备
声音、视频和游戏控制器
鼠标和其他指针设备
通用串行总线控制器
网络适配器
系统设备
显示适配器

图 4-31 查看端口号

第5章

用 Multisim 和 Proteus 进行电路仿真

Multisim 是美国国家仪器(National Instruments,NI)有限公司推出的以 Windows 为基础的仿真工具,适用于板卡级的模拟、数字电路板的设计。它包含了电路原理图的图形输入、电路硬件描述语言输入方式,具有丰富的仿真分析能力。

Proteus 软件是英国 Lab Center Electronics 公司的 EDA 工具软件。它不仅具有其他 EDA 工具软件的仿真功能,还能仿真单片机及外围器件。它是目前比较好的单片机及外围器件仿真工具。虽然,目前国内推广刚起步,但已受到单片机爱好者、从事单片机教学的教师,以及单片机开发工作者的青睐。

本章主要讲解使用 Multisim 进行模拟电路仿真的方法和使用 Proteus 进行单片机电路仿真的方法。

5.1 用 Multisim 进行模拟电路仿真

5.1.1 Multisim 的用户界面

Multisim 的界面友好、功能强大、易学易用,受到电类设计、开发人员的青睐。Multisim 用软件方法虚拟电子元器件及仪器仪表,将元器件和仪器集合为一体,是原理图设计、电路测试的虚拟仿真软件。

Multisim 来源于加拿大图像交互技术(Interactive Image Technologies,IIT)公司推出的以 Windows 为基础的仿真工具,原名为 EWB。IIT 公司于 1988 年推出了一款用于电子电路仿真和设计的 EDA 工具软件 Electronics Work Bench(电子工作台,EWB),因界面形象直观、操作方便、分析功能强大、易学易用而得到迅速地推广和使用。

1996 年,IIT 公司推出了 EWB 5.0 版,从 EWB 6.0 版开始,IIT 公司对 EWB 进行了较大的变动,名称改为 Multisim(多功能仿真软件)。IIT 公司后被美国国家仪器公司收购,软件更名为 NI Multisim。Multisim 经历了多个版本的升级,已经有 Multisim 2001、Multisim 7、Multisim 8、Multisim 9、Multisim 10 等版本,从 Multisim 9 开始,增加了单片机和 LabVIEW 虚拟仪器的仿真和应用。

下面以 Multisim 10 为例介绍其基本操作。图 5-1 是 Multisim 10 的用户界面，包括菜单栏、标准工具栏、主工具栏、虚拟仪器工具栏、元器件工具栏、仿真按钮、状态栏、电路图编辑区等部分。

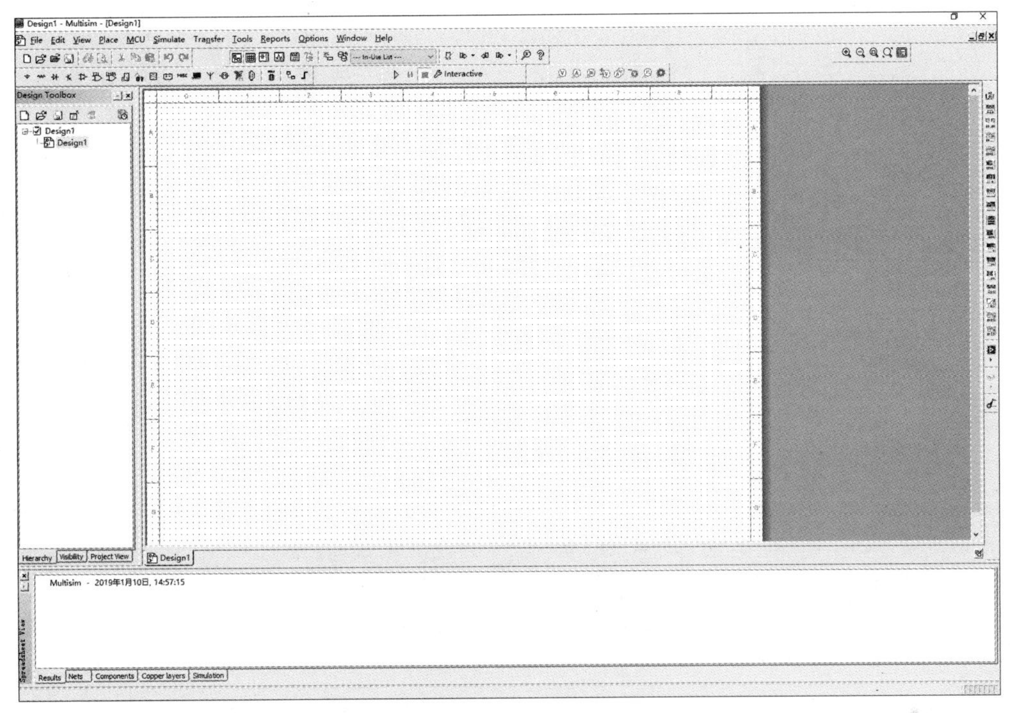

图 5-1 Multisim 10 的用户界面

菜单栏与其他 Windows 应用程序相似，如图 5-2 所示。

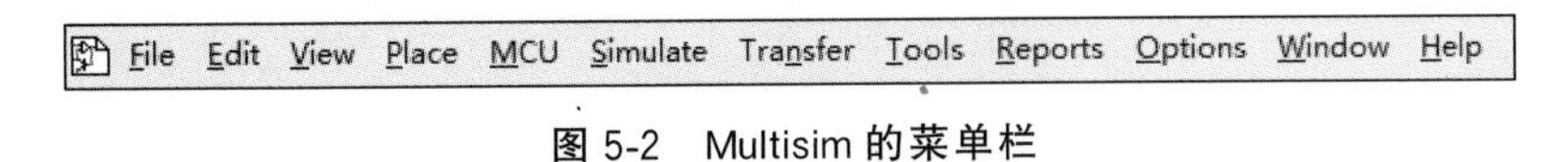

图 5-2 Multisim 的菜单栏

通过“选项”菜单下的“全局设定”和“图纸属性”子菜单项可进行个性化界面设置，Multisim 10 提供了两套电气元器件符号标准。

ANSI(美国国家标准学会)：美国标准，默认为该标准，本章采用默认设置。

DIN(德国国家标准学会)：欧洲标准，与中国标准一致。

工具栏是标准的 Windows 应用程序风格。

标准工具栏：。

视图工具栏：。

主工具栏及按钮名称如图 5-3 所示，元器件工具栏及按钮名称如图 5-4 所示，虚拟仪器工具栏及仪器名称如图 5-5 所示。

项目管理器位于 Multisim 10 工作界面的左半部分，其中的电路以树状展示，主要用于层次电路的显示，其中的 3 个标签如下。

层级：对不同电路的分层显示，在工具栏中单击“新建”按钮，将生成 Circuit2 电路。

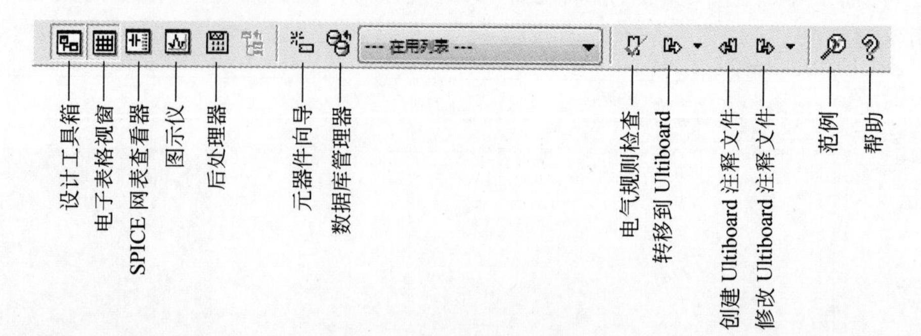

图 5-3　Multisim 的主工具栏

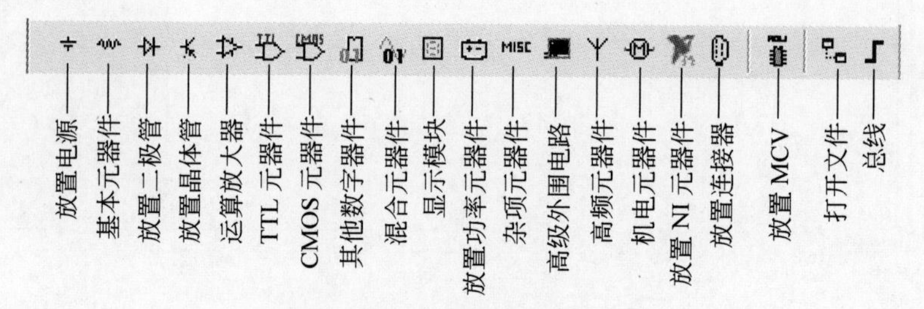

图 5-4　Multisim 的元器件工具栏

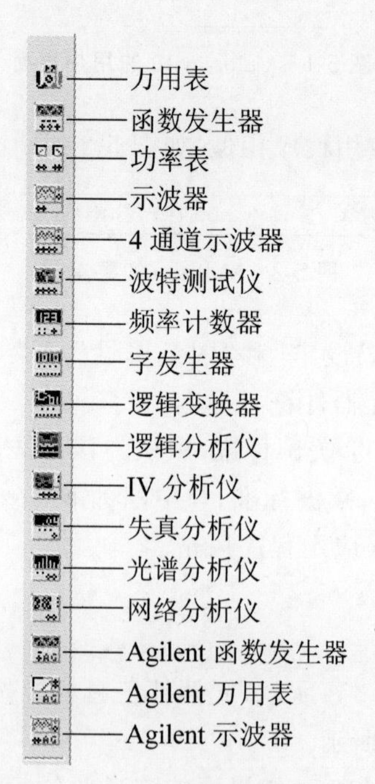

图 5-5　Multisim 的虚拟仪器工具栏

可见度：设置是否显示电路的各种参数标识，例如集成电路的引脚名。

项目视图：显示同一电路的不同页。

5.1.2 Multisim 仿真的基本操作

1. 基本操作步骤

(1) 建立电路文件。

(2) 放置元器件和仪表。

(3) 元器件编辑。

(4) 连线和进一步调整。

(5) 电路仿真。

(6) 输出分析结果。

2. 具体操作方法

(1) 新建电路文件。具体新建电路文件的方法有如下几种。

① 打开 Multisim 10 时自动打开空白电路文件 Circuit1，保存时可以重新命名。

② 通过 File|New 菜单选项进行新建。

③ 在工具栏中单击 New 按钮进行新建。

④ 通过快捷键 Ctrl+N 进行新建。

(2) 放置元器件和仪表。

Multisim 10 的元件数据库有 Master Database(主元件库)、User Database(用户元件库)和 Corporate Database(合作元件库)，后两个库由用户或合作人创建，新安装的 Multisim 10 中，这两个数据库是空的。

放置元器件的方法有如下几种。

(1) 菜单 Place Component。

(2) 元件工具栏：选中 Place|Component。

(3) 在绘图区右击，利用快捷菜单进行放置。

(4) 按 Ctrl+W 组合键。

放置仪表可以单击虚拟仪器工具栏相应按钮，或者使用菜单方式。

下面以晶体管单管共射放大电路中放置 12V 电源为例进行介绍。单击元器件工具栏中的“放置电源”按钮，得到如图 5-6 所示的界面。

将修改电压值为 12V，如图 5-7 所示。

用同样方式放置接地端和电阻，如图 5-8 所示。

图 5-9 为放置了元器件和仪器仪表的效果图，其中左下角是函数发生器，右上角是双通道示波器。

3. 元器件编辑

(1) 元器件参数设置。双击元器件，会弹出相应的对话框，其中包括的选项卡如下。

Label：标签。其中的 Ref.des 编号由系统自动分配，可以修改，但必须保证编号的唯一性。

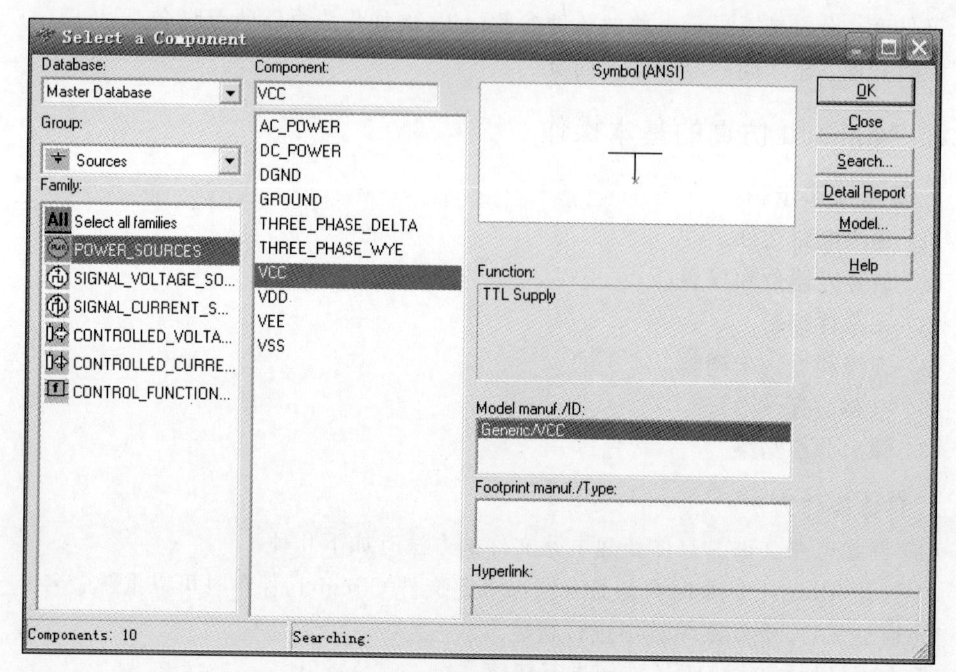

图 5-6　电源放置

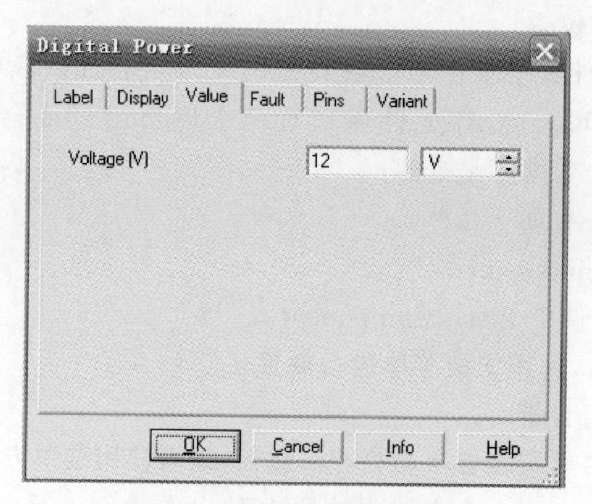

图 5-7　修改电压源的电压值

Display：显示。

Value：数值。

Fault：故障设置。其中包括 Leakage(漏电)、Short(短路)、Open(开路)、None(无故障)的设置。

Pins：引脚。其中包括各引脚编号、类型、电气状态。

(2) 元器件向导(Component Wizard)。对特殊要求，可以用元器件向导编辑自己的元器件，一般是在已有元器件基础上进行编辑和修改。方法是选中 Tools|Component Wizard 菜单选项，按照规定步骤编辑，用元器件向导编辑生成的元器件放置在 User

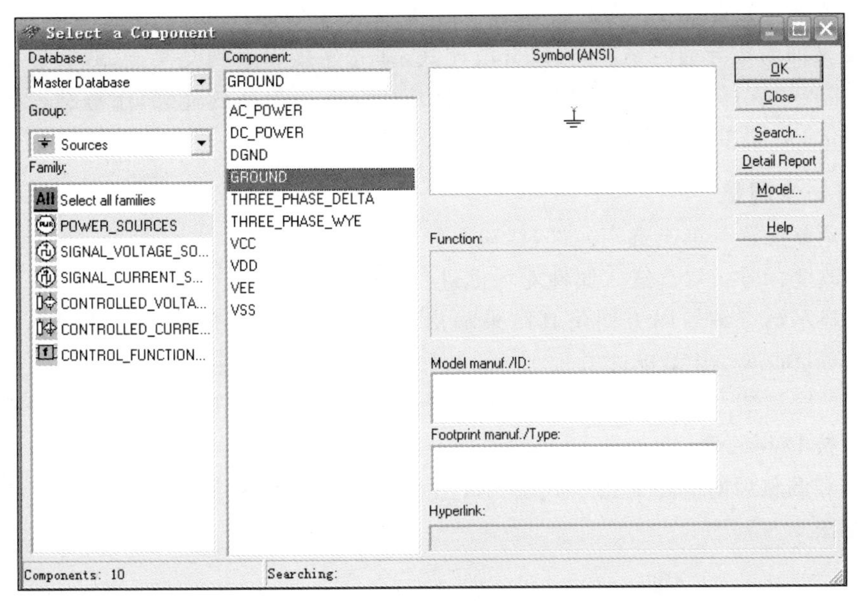

图 5-8 放置接地端

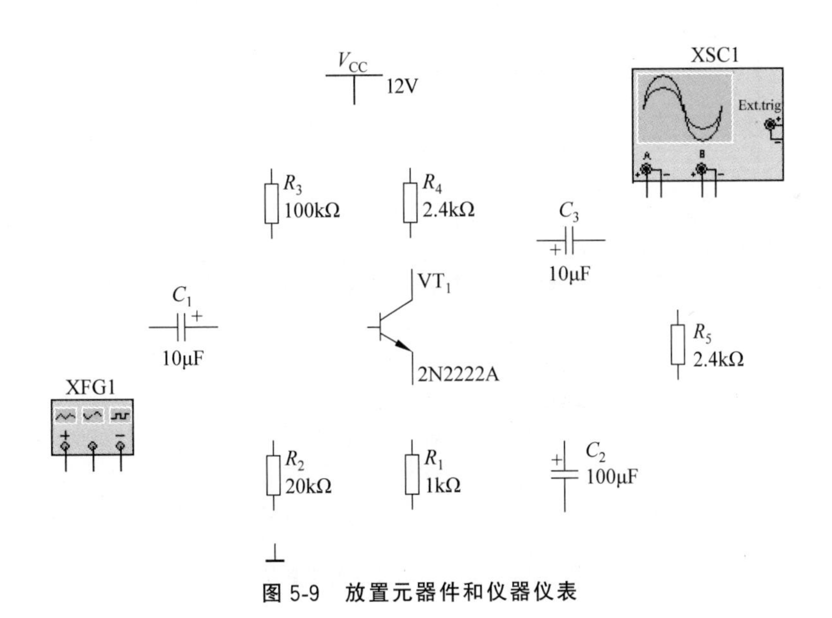

图 5-9 放置元器件和仪器仪表

Database(用户数据库)中。

4. 连线

(1) 自动连线：单击起始引脚，鼠标指针变为“十”字形，移动鼠标至目标引脚或导线并单击，完成连线。当导线连接后呈现“丁”字交叉时，系统自动在交叉点放结点(Junction)。

(2) 手动连线：单击起始引脚，鼠标指针变为“十”字形后，在需要拐弯处单击，可以固定连线的拐弯点，从而设定连线路径。

(3) 关于交叉点，Multisim 10 默认“丁”字交叉为导通，“十”字交叉为不导通，对于“十”字交叉而希望导通的情况，可以分段连线，即先连接起点到交叉点，然后连接交叉点到终点；也可以在已有连线上添加一个结点，从该结点引出新的连线，添加结点可以使用 Place|Junction 菜单选项或者使用 Ctrl+J 组合键。

5. 进一步调整

(1) 调整位置。单击选定元件，移动至合适位置。

(2) 改变标号。双击进入属性对话框进行更改。

(3) 显示结点编号以方便仿真结果输出。选中 Options|Sheet Properties|Circuit|Net Names|Show All 菜单选项。

(4) 导线和结点删除。右击，在弹出的快捷菜单中选中 Delete 菜单项，或者选中导线或结点后按 Delete 键。

连线和调整后的电路如图 5-10 所示，图 5-11 所示为结点编号选择及进行结点编号后的电路图。

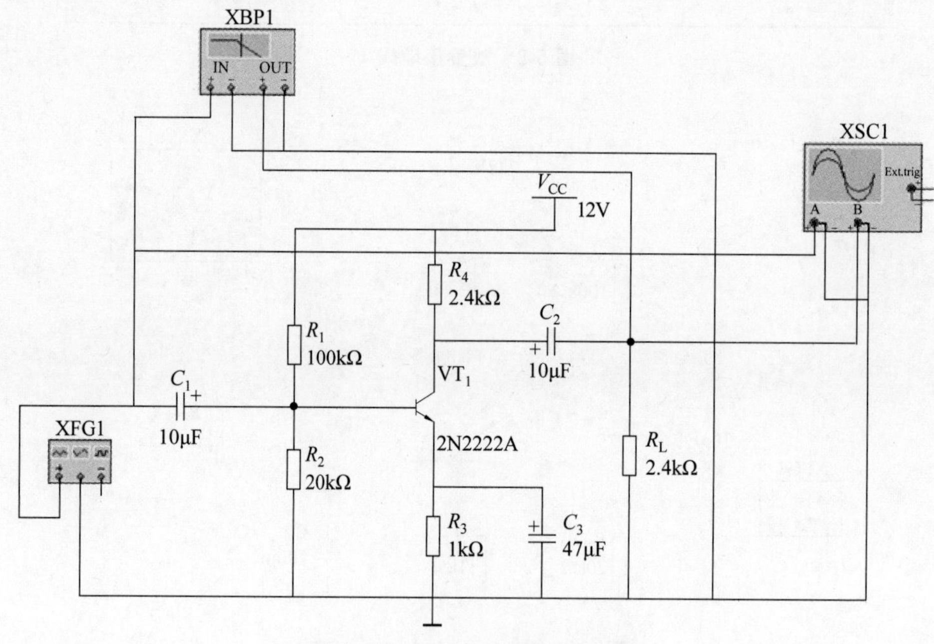

图 5-10　连线和调整后的电路图

6. 电路仿真

电路仿真的基本方法如下。

(1) 按下仿真开关，电路开始工作，Multisim 界面的状态栏右端出现仿真状态指示。

(2) 双击虚拟仪器，进行仪器设置，获得仿真结果。

图 5-12 是示波器界面，双击示波器，进行仪器设置，可以单击 Reverse 按钮将其背景反色，使用两个测量标尺，显示区给出对应时间及该时间的电压波形幅值，也可以用测量标尺测量信号周期。

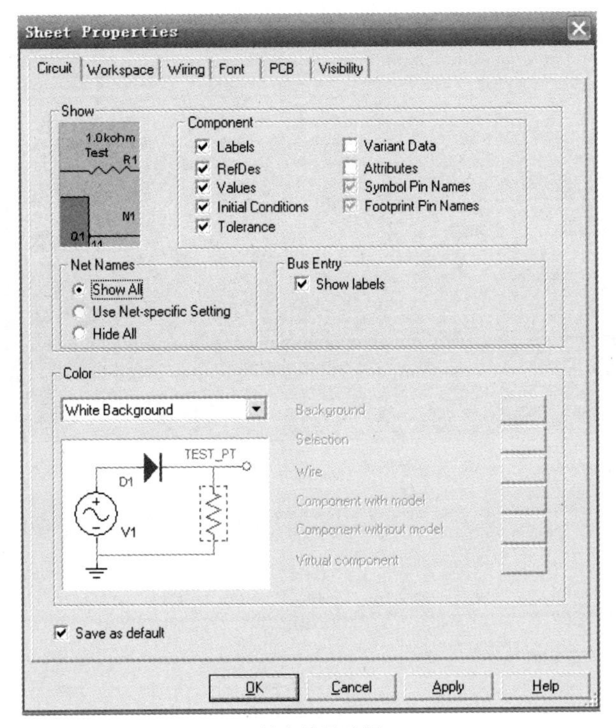

(a) 结点编号选择

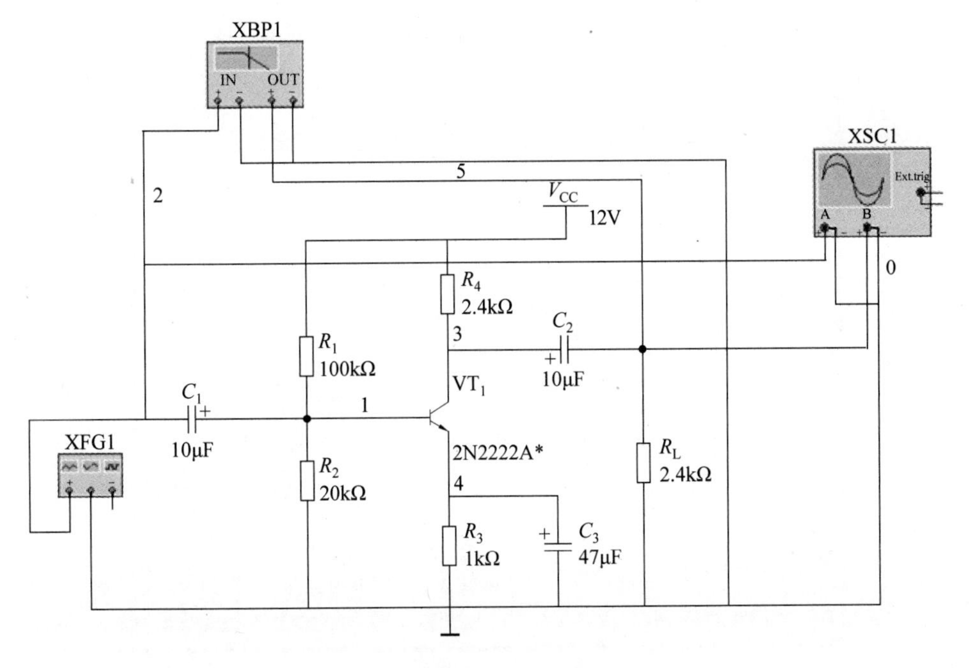

(b) 显示结点编号后的电路图

图 5-11　电路图的结点编号显示

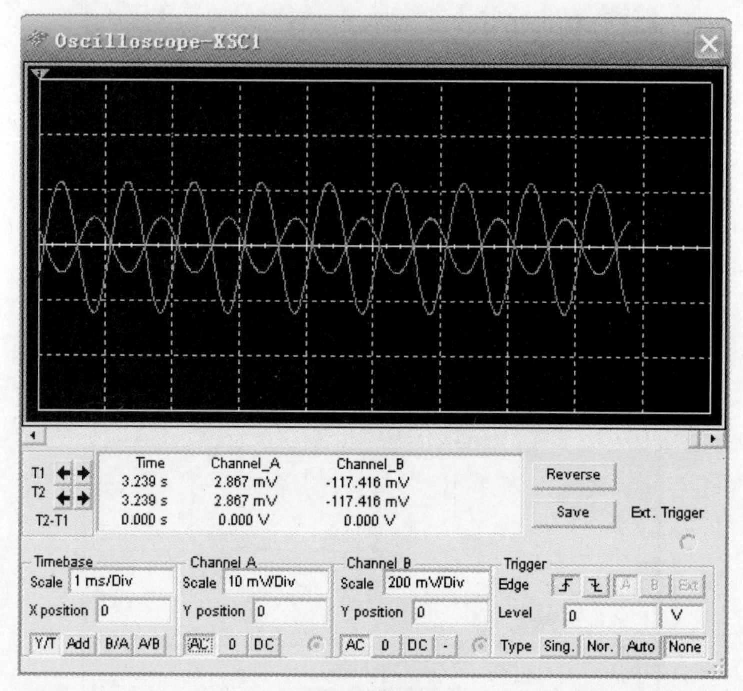

(a) 示波器界面

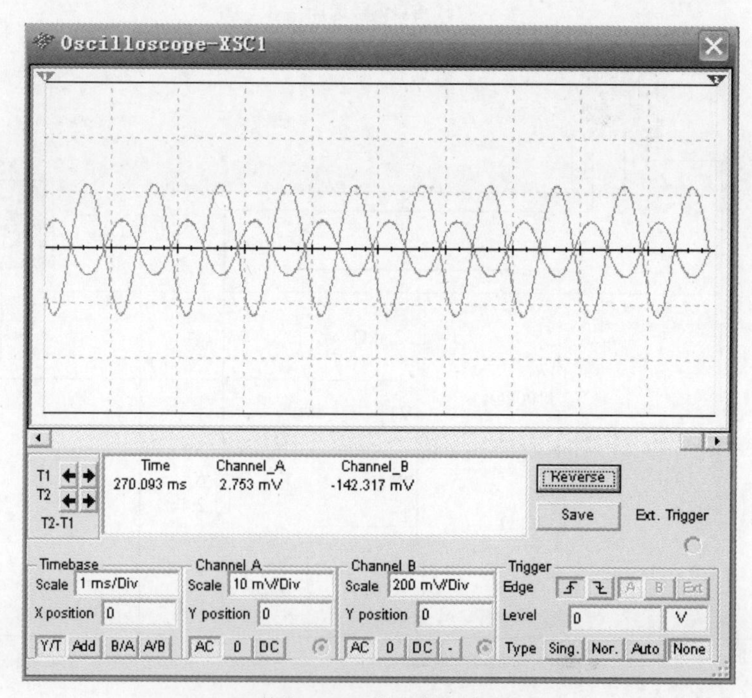

(b) 单击 Reverse 按钮将背景反色

图 5-12　示波器界面以及将背景反色后的界面

7. 输出分析结果

使用 Simulate|Analyses 菜单选项后的输出分析结果如图 5-13 所示。以上述单管共射放大电路的静态工作点分析为例，步骤如下：

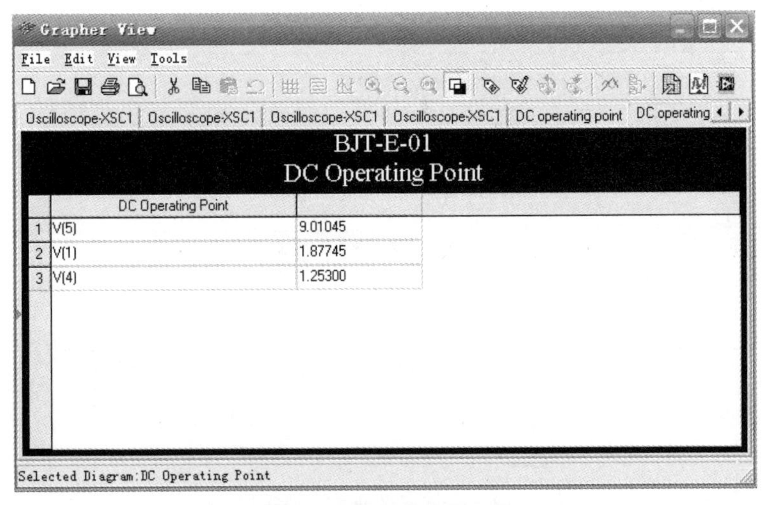

图 5-13　静态工作点分析

（1）选中 Simulate|Analyses|DC Operating Point 菜单选项。

（2）选择输出结点 1、4、5，单击 ADD、Simulate。

5.1.3　二极管参数测试仿真实验

半导体二极管是由 PN 结构成的一种非线性元件。典型的二极管伏安特性曲线可分为 4 个区：死区、正向导通区、反向截止区和反向击穿区。二极管具有单向导电性和稳压特性，利用这些特性可以构成整流、限幅、钳位、稳压等功能电路。

半导体二极管正向特性测试电路如图 5-14 所示。表 5-1 是正向测试的数据，从仿真数据可以看出，二极管电阻值 R_d 不是固定值，当二极管两端正向电压小时，处于“死区”，正向电阻很大、正向电流很小，当二极管两端正向电压超过死区电压时，正向电流急剧增加，正向电阻迅速减小，处于正向导通区。

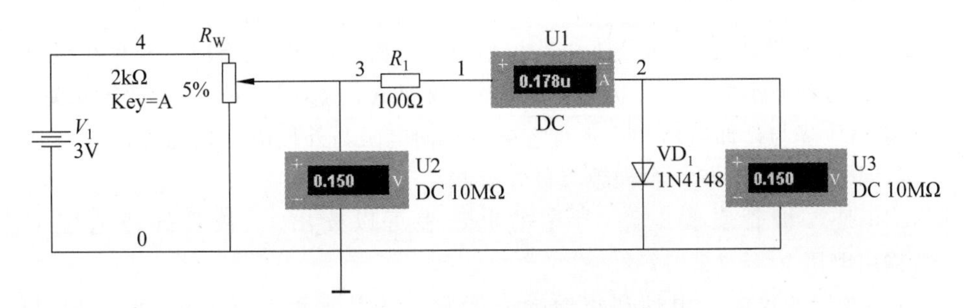

图 5-14　二极管正向特性测试电路

表 5-1　二极管正向特性仿真测试数据

R_W	10%	20%	30%	50%	70%	90%
V_d/mV	299	496	544	583	613	660
I_d/mA	0.004	0.248	0.684	1.529	2.860	7.286
$R_d=V_d \cdot I_d^{-1}/\Omega$	74750	2000	795	381	214	90.58

半导体二极管反向特性测试电路如图 5-15 所示。

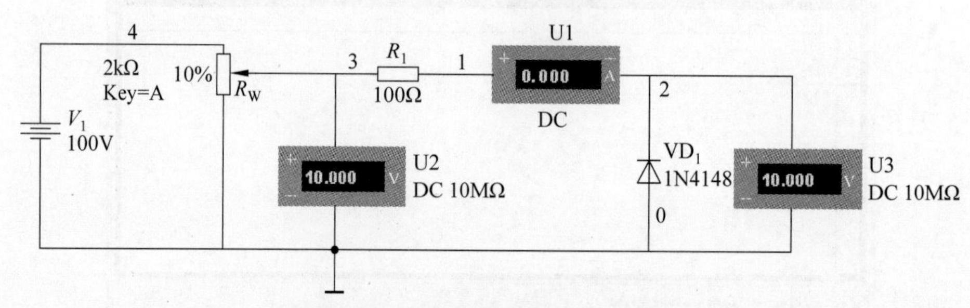

图 5-15　二极管反向特性测试电路

表 5-2 是反向测试的数据。从仿真数据可以看出,二极管反向电阻较大,而正向电阻小,故具有单向特性。反向电压超过一定数值(V_{BR}),进入反向击穿区,反向电压的微小增加会导致反向电流急剧增加。

表 5-2　二极管反向特性仿真测试数据

R_W(%)	10	30	50	80	90	100
V_d/mV	10000	30000	49993	79982	80180	80327
I_d/mA	0	0.004	0.007	0.043	35	197
$R_d=V_d \cdot I_d^{-1}/\Omega$	∞	7.5×10^6	7.1×10^6	1.8×10^6	2290.9	407.8

5.1.4　二极管电路分析仿真实验

二极管是非线性器件,引入线性电路模型可使分析更简单,它有以下两种线性模型。

(1) 大信号状态下的理想二极管模型,此时的理想二极管相当于一个理想开关。

(2) 正向压降与外加电压相比不可忽略且正向电阻与外接电阻相比可以忽略时的恒压源模型,即一个恒压源与一个理想二极管串联。

图 5-16 是二极管实验电路,其中的电压表可以读出,二极管导通电压 $V_{on}=0.617V$;输出电压 $V_o=-2.617V$。

利用二极管的单向导电性和正向导通后其压降基本恒定的特性,可实现对输入信号的限幅,图 5-17(a)是二极管双向限幅实验电路。V_1 和 V_2 是两个电压源,根据电路图,上限幅值为 V_1+V_{on},下限幅值为 $-V_2-V_{on}$。在 V_i 的正半周,当输入信号幅

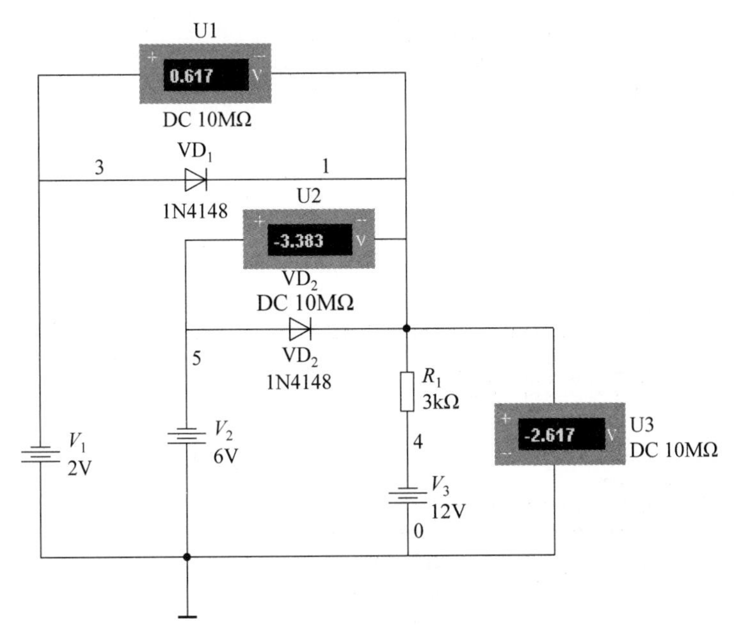

图 5-16 二极管实验电路

值小于(V_1+V_{on})时，VD_1、VD_2 均截止，故 $V_o=V_i$；当 V_i 大于(V_1+V_{on})时，VD_1 导通、VD_2 截止，$V_o=V_1+V_{on}\approx4.65$V；在 V_i 的负半周，当 $|V_i|<V_2+V_{on}$时，VD_1、VD_2 均截止，$V_o=V_i$；当 $|V_i|>(V_2+V_{on})$时，VD_2 导通、VD_1 截止，$V_o=-(V_2+V_{on})\approx-2.65$V。图 5-17(b)是二极管双向限幅实验电路的仿真结果，输出电压波形与理论分析基本一致。

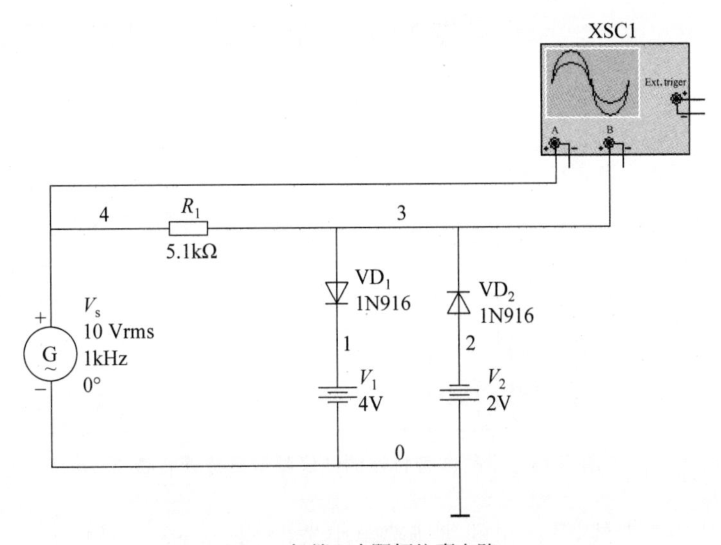

(a) 二极管双向限幅仿真电路

图 5-17 二极管双向限幅实验电路

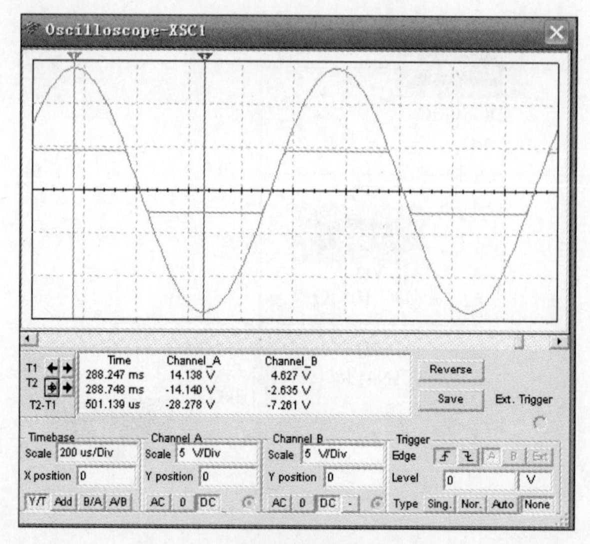

(b) 输出电压波形

图 5-17 (续)

5.1.5 三极管特性测试

选择虚拟晶体管特性测试仪(IV-Analysis)XIV1,双击该图标,弹出测试仪界面,进行相应设置,如图 5-18 所示,单击 Sim_Param 按钮,设置集射极电压 V_{ce} 的起始范围、基极电流 I_b 的起始范围,以及基极电流增加步数 Num_Steps(对应特性曲线的根数),单击仿真按钮,得到一系列三极管输出特性曲线。

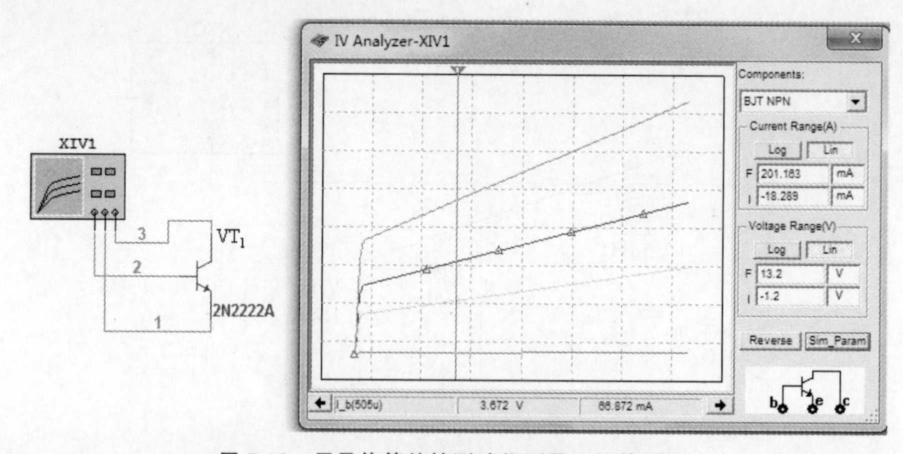

图 5-18 用晶体管特性测试仪测量三极管特性

右击其中的一条曲线,从弹出的快捷菜单中选中 Show Select Marts 选项,则选中了某一条特性曲线,移动测试标尺,则在仪器界面下部可以显示对应的基极电流 I_b、集射极电压 V_{ce}、集电极电流 I_c。根据测得的 I_b 和 I_c 值,可以计算出该工作点处的直流电流放大倍数 $\bar{\beta}$,根据测得的 ΔI_b 和 ΔI_c,可以计算出交流电流放大倍数 β。

5.1.6 共射放大电路仿真实验

放大是对模拟信号最基本的处理，图 5-19 是单管共射放大电路(NPN 型三极管)的仿真电路图。

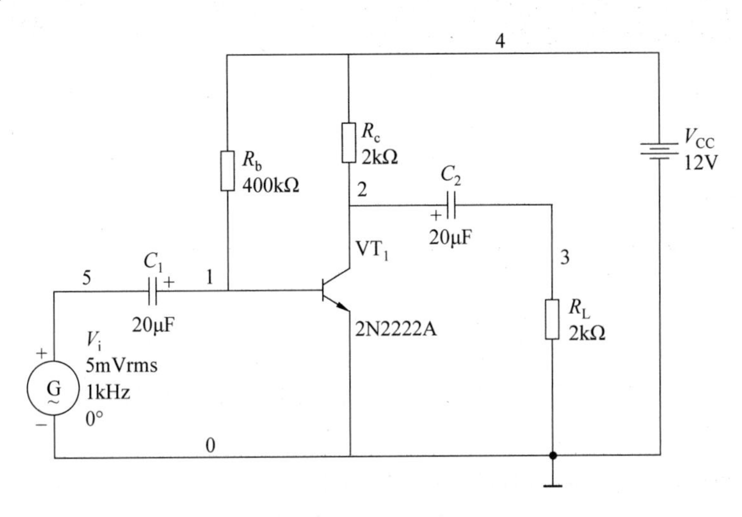

图 5-19 单管共射放大电路(NPN 型三极管)

进行直流工作点分析，选中 Simulate|Analysis|DC Operating Point 菜单选项，在对话框中设置分析结点及电压或电流变量，如图 5-20 所示。直流工作点分析结果如图 5-21 所示。

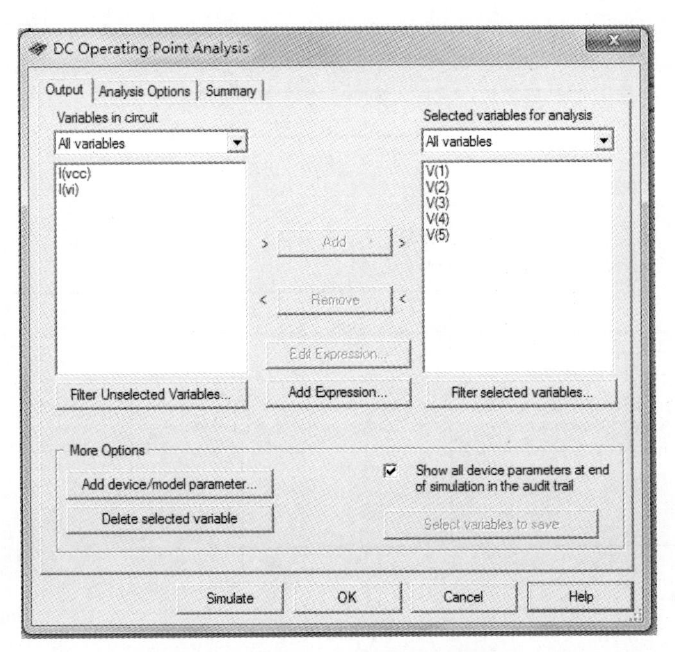

图 5-20 直流工作点分析对话框

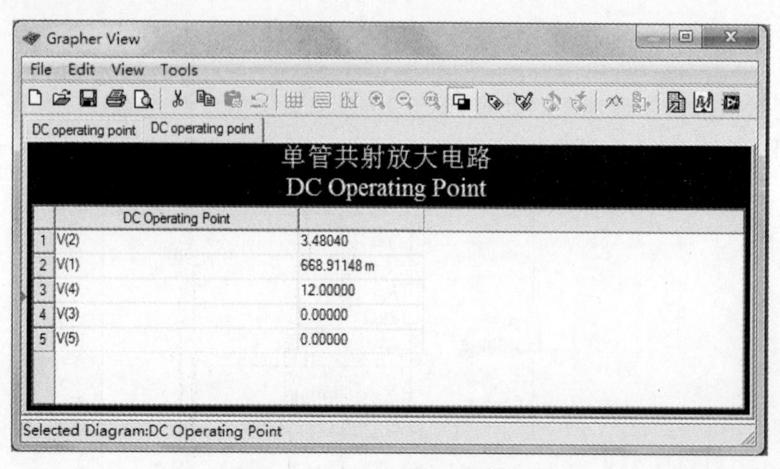
Grapher View
File Edit View Tools
DC operating point DC operating point

单管共射放大电路
DC Operating Point

	DC Operating Point	
1	V(2)	3.48040
2	V(1)	668.91148 m
3	V(4)	12.00000
4	V(3)	0.00000
5	V(5)	0.00000

Selected Diagram:DC Operating Point

图 5-21 直流工作点分析结果

当静态工作点合适,并且加入合适幅值的正弦信号时,可以得到基本无失真的输出,如图 5-22 所示。

持续增大输入信号,当幅值超出了晶体管工作的线性工作区,将导致输出波形失真,如图 5-23(a)所示。图 5-23(b)是进行傅里叶频谱分析的结果,可见输出波形含有高次谐波分量。

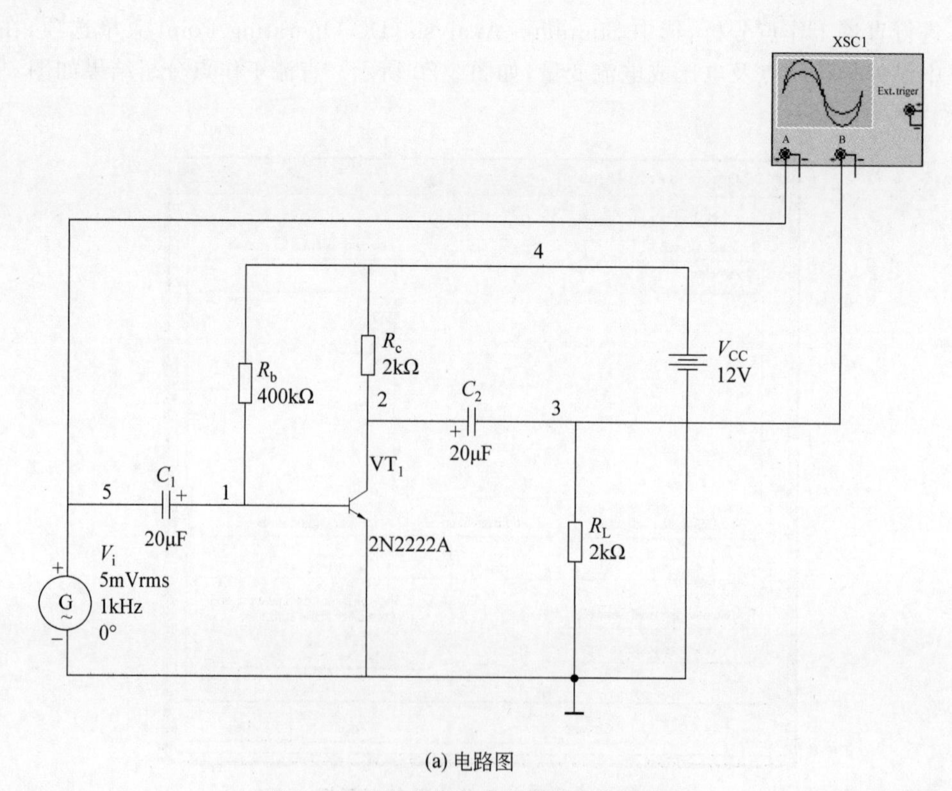

(a) 电路图

图 5-22 单管共射放大电路输入输出波形

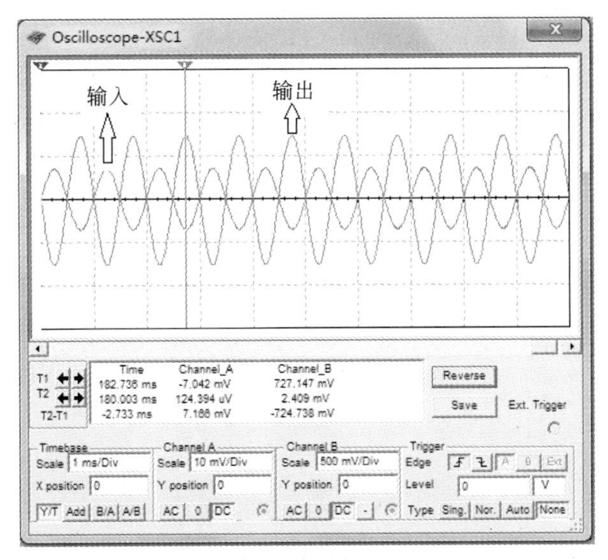

(b) 波形图

图 5-22 （续）

静态工作点过低或者过高也会导致输出波形失真，如图 5-24 所示，由于基极电阻 R_b 过小，导致基极电流过大，静态工作点靠近饱和区，集电极电流也因此变大，输出电压 $V_o=V_{CC}-i_cR_c$，大的集电极电流导致整个电路的输出电压变小，因此从输出波形上看，输出波形的下半周趋于被削平了，属于饱和失真。

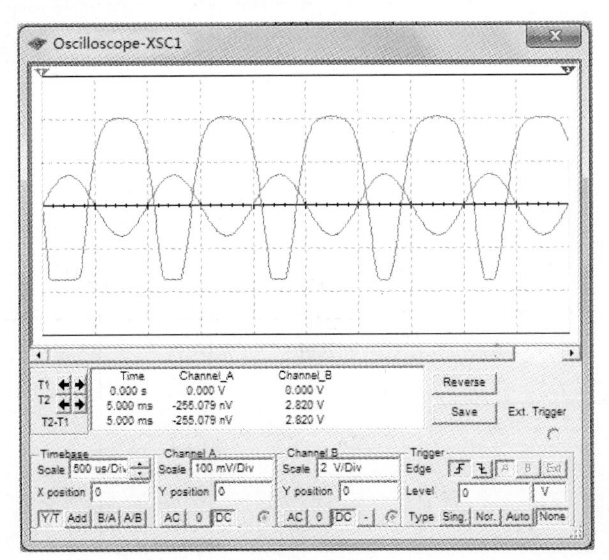

(a) 输出波形

图 5-23 增大输入后的失真输出波形及其频谱分析结果

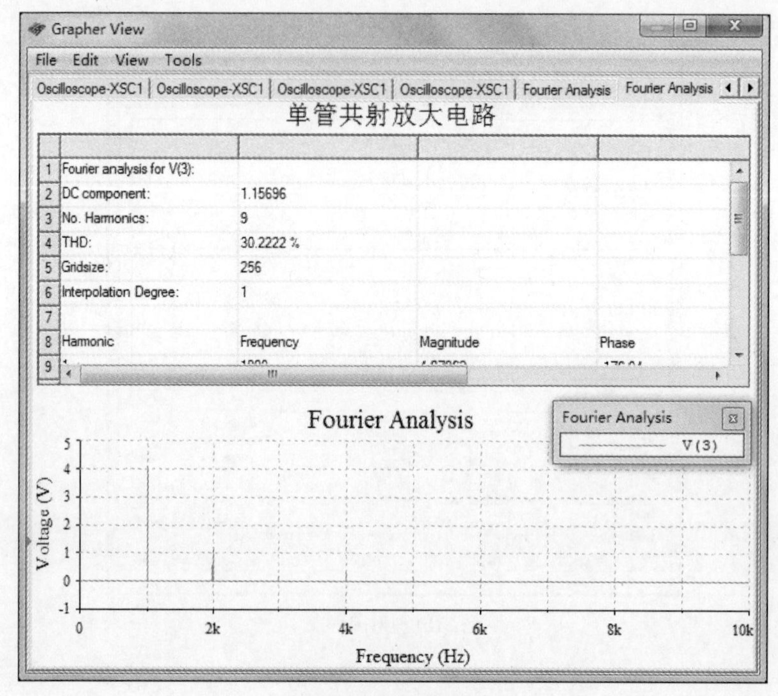

(b) 傅里叶频谱分析结果

图 5-23 （续）

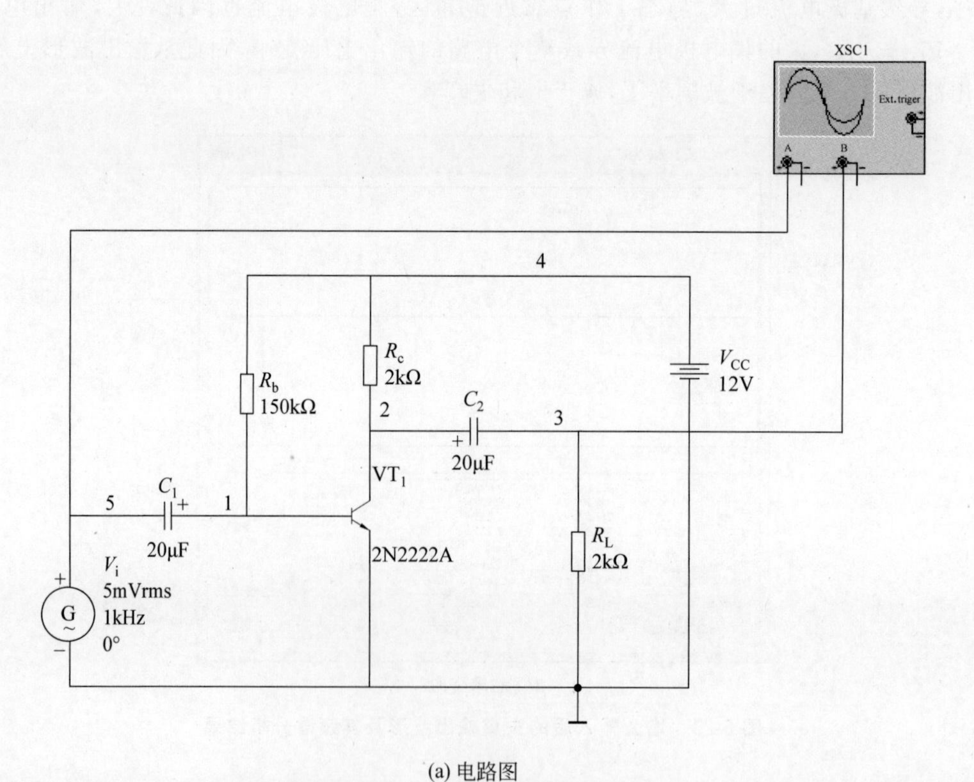

(a) 电路图

图 5-24 减小 R_b 后的失真输出波形

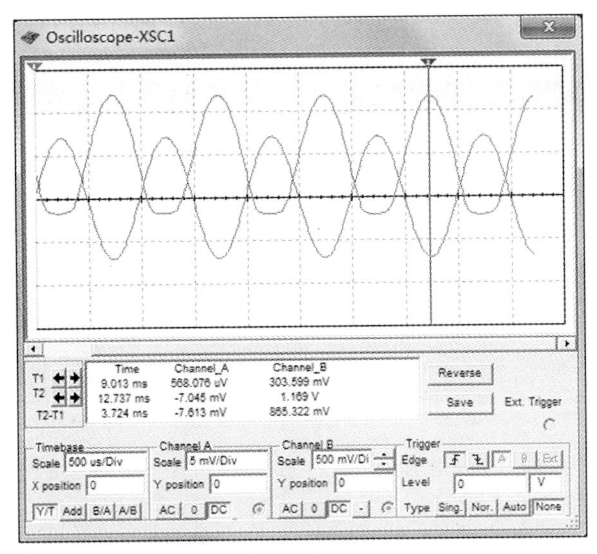

(b) 波形图

图 5-24　（续）

5.1.7　输入电阻的测量

万用表可以测量交直流电压、交直流电流、电阻、电路中两个结点之间的损耗，不需用户设置量程，参数默认为理想参数（比如电流表内阻为 0Ω），用户可以修改参数。单击虚拟仪器万用表（Multimeter），接入放大电路的输入回路，如图 5-25(a)所示。本例中将万用表设置为交流，测得的是有效值（RMS 值）。由于交流输入电阻要在合适的静态工作点上测量，所以直流电源要保留。

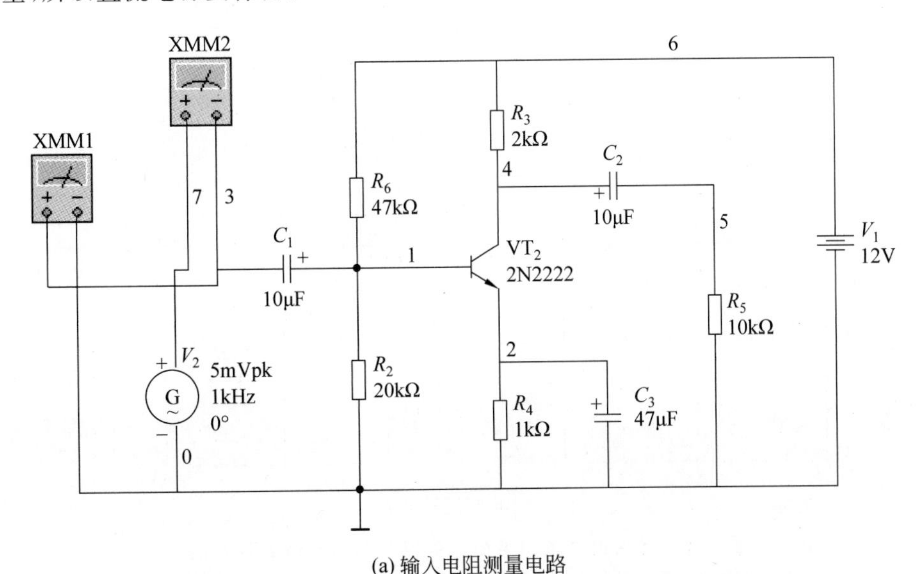

(a) 输入电阻测量电路

图 5-25　放大电路输入电阻测量电路图和测得的有效值

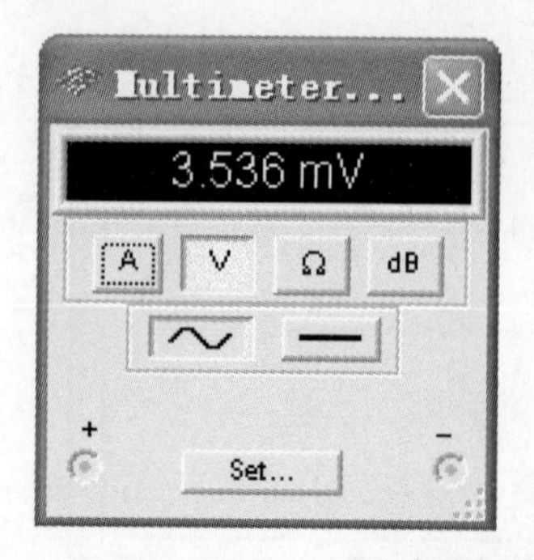

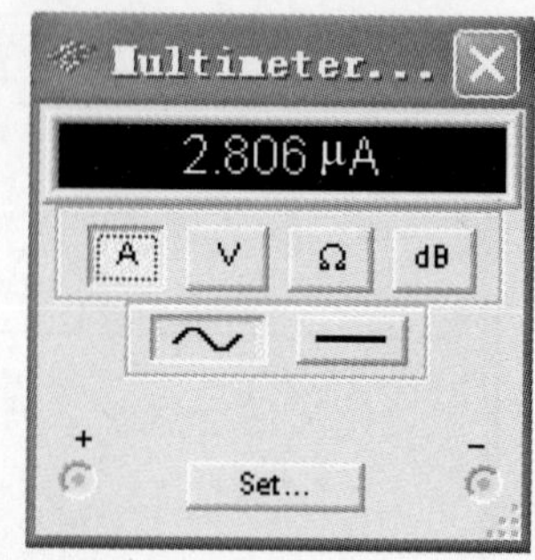

(b) 电压、电流测量结束

图 5-25 (续)

由图 5-25(b)可见,测得输入回路的输入电压有效值为 3.536mV,电流为 2.806μA,输入电阻 $R_i=\frac{V_i}{I_i}=\frac{3.536}{2.806}=1.260\text{k}\Omega$。

在实验室中进行的实物电路的输入电阻测量要采用间接测量方法,这是因为实际的电压表、电流表都不是理想仪器,电流表内阻不是 0Ω,而电压表内阻不是无穷大。

5.1.8 输出电阻的测量

采用外加激励法,将信号源短路,负载开路,在输出端接电压源,并测量电压、电流,如图 5-26(a)所示。

由图 5-26(b)可见,测得输出回路的激励电压有效值为 707.106mV,电流为 517.861μA,输出电阻 $R_o=\frac{V_o}{I_o}=\frac{707.106}{517.861}=1.365\text{k}\Omega$。

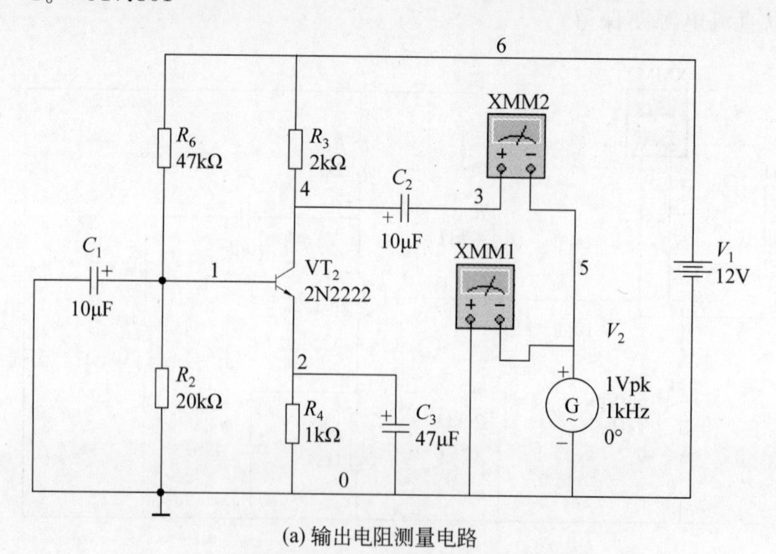

(a) 输出电阻测量电路

图 5-26 放大电路输出电阻测量电路图和测得的有效值

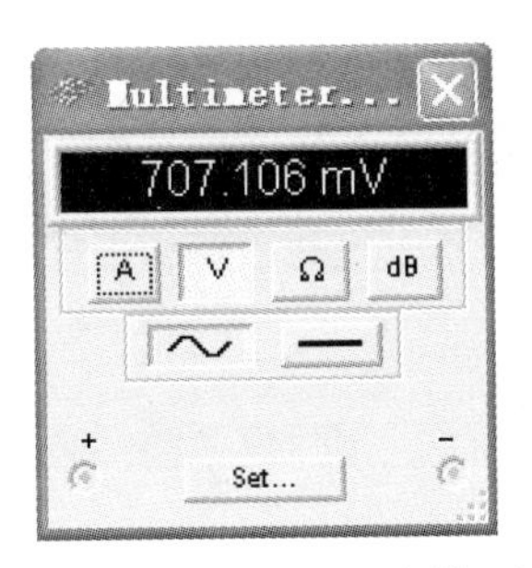

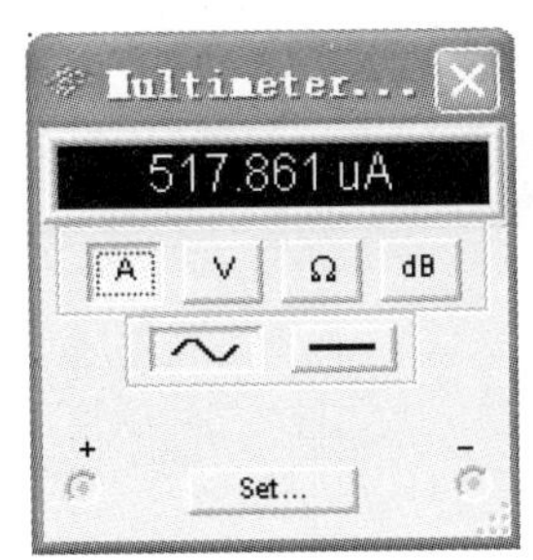

(b) 电压、电流测量结果

图 5-26 （续）

5.2 用 Proteus 进行单片机电路仿真

5.2.1 Proteus 的用户界面

双击桌面上的 ISIS 6 Professional 图标或者单击从 Windows 的“开始”菜单中选中“程序”|Proteus 6 Professional|ISIS 6 Professional 菜单选项，出现如图 5-27 所示的启动界面，表明进入 Proteus ISIS 集成开发环境。

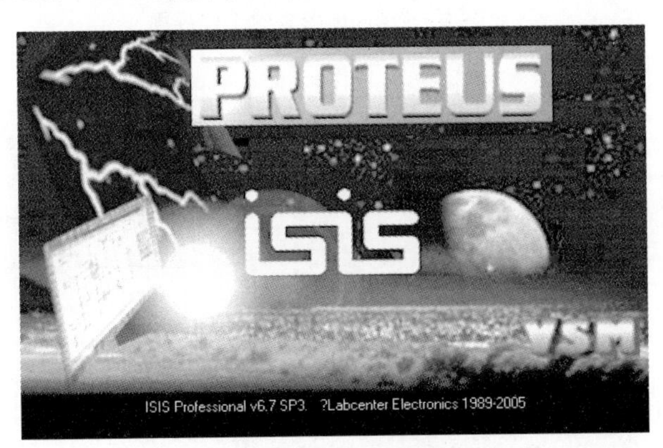

图 5-27 启动界面

Proteus ISIS 的工作界面是标准的 Windows 界面，包括标题栏、主菜单、标准工具栏、绘图工具栏、状态栏、对象选择按钮、预览对象方位控制按钮、仿真进程控制按钮、预览窗口、对象选择器窗口、图形编辑窗口，如图 5-28 所示。

5.2.2 绘制电路原理图

单片机电路设计如图 5-29 所示。电路的核心是单片机 8051。编写程序实现 LED 显示器的选通并显示特定字符。

1. 选取元器件

本设计所需要的元器件如下：

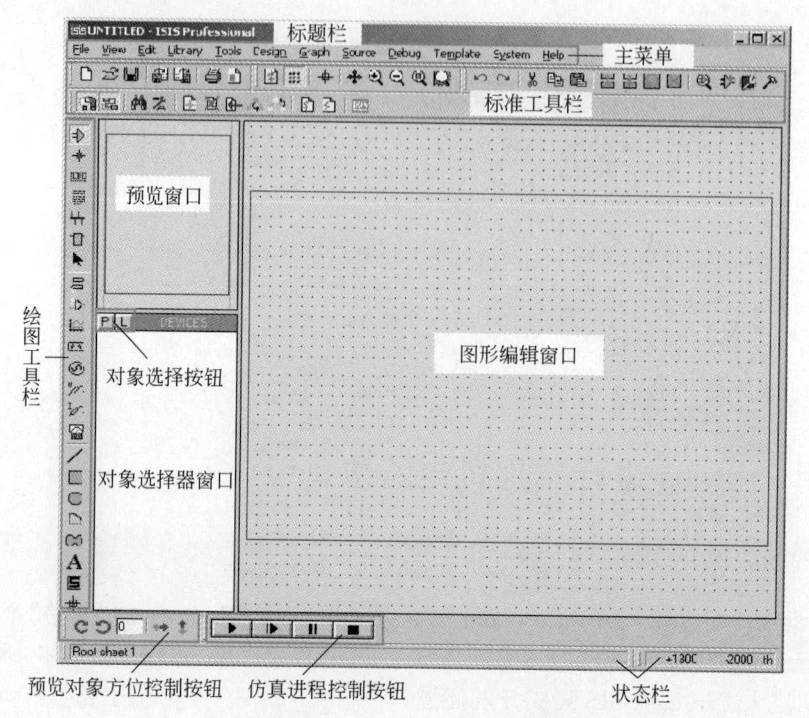

图 5-28　Proteus ISIS 的工作界面

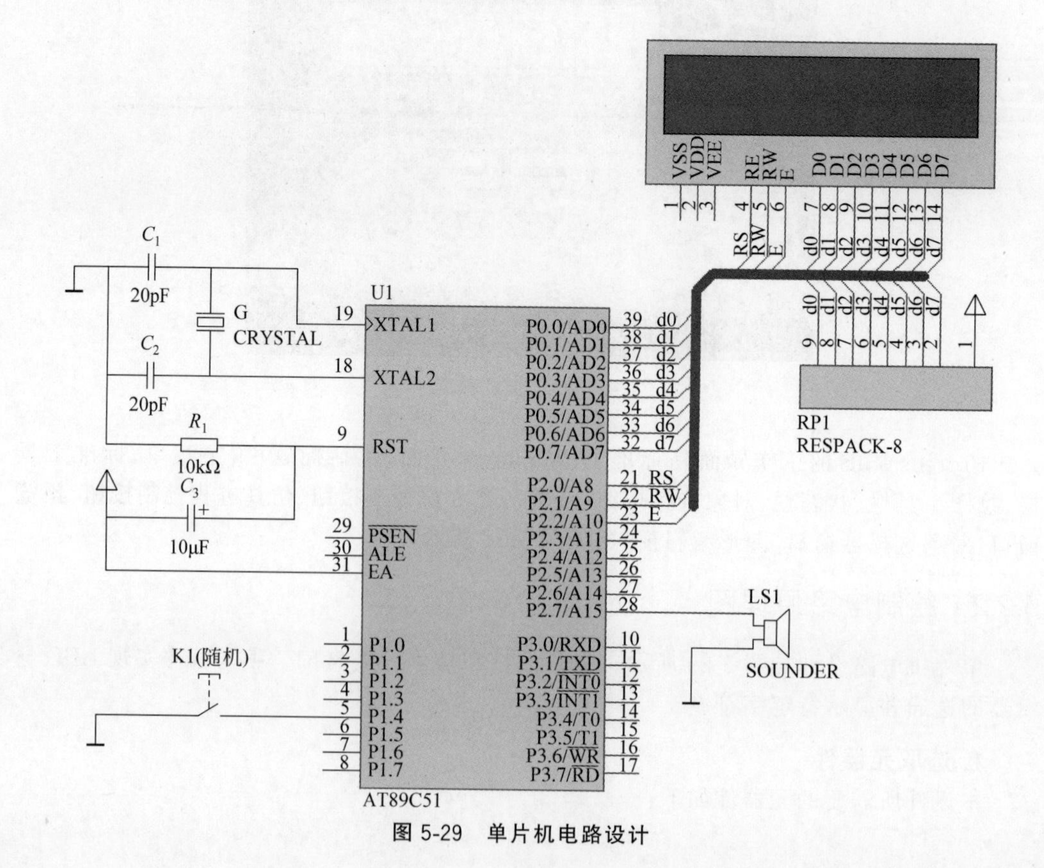

图 5-29　单片机电路设计

8051.BUS 总线型微处理器、74LS373 锁存器、CAP 瓷片电容和 CAP-ELEC 电解电容、CRYSTAL 晶振、LM032L 和 1602 液晶显示模块、NAND-2 与非门。

① 将所需元器件加入到对象选择器窗口，如图 5-30 所示。

② 单击对象选择器按钮 P，弹出 Pick Devices 对话框。

③ 在 Keywords 框中输入 8051，系统在对象库中进行搜索查找，并将搜索结果显示在 Results 列表中，如图 5-31 所示。

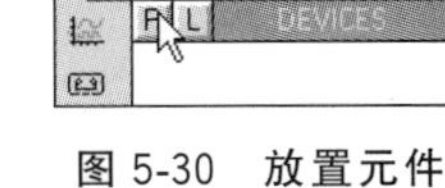

图 5-30 放置元件

④ 在 Results 列表中，双击 8051.BUS，则可将 8051.BUS 添加至对象选择器窗口。

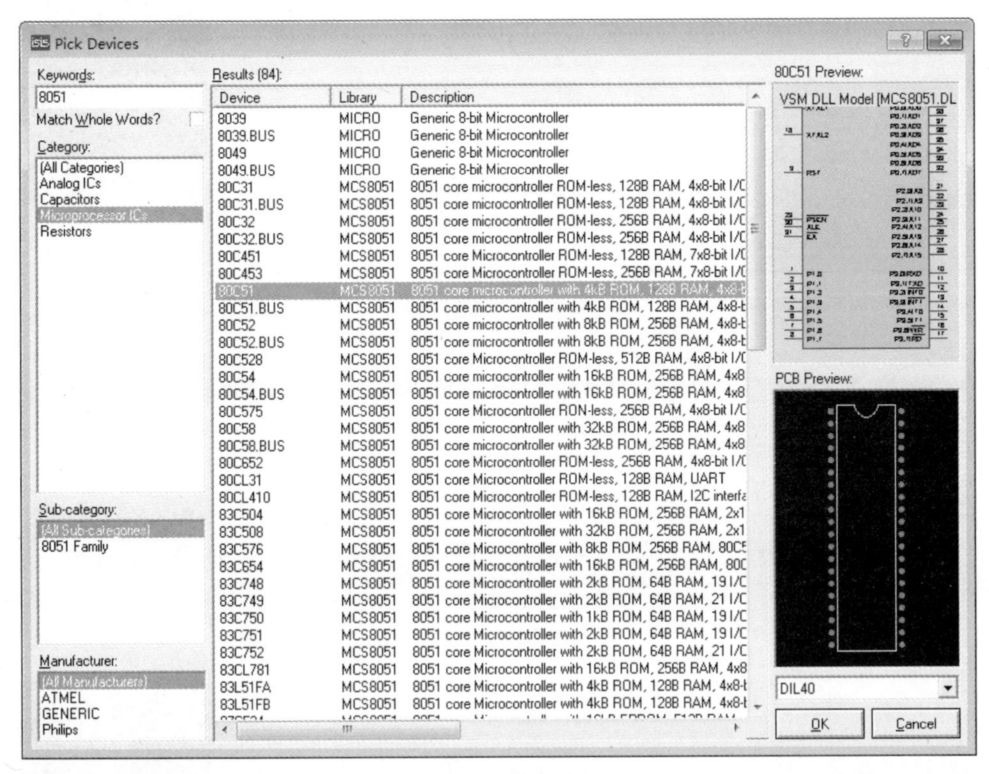

图 5-31 器件搜索

⑤ 在 Keywords 框中重新输入 74LS373，如图 5-32 所示。双击 74LS373，则可将 74LS373(锁存器)添加至对象选择器窗口。

⑥ 在 Keywords 框中重新输入 LS032L，如图 5-33 所示。双击 LS032L，则可将 LS032L(液晶显示模块)添加至对象选择器窗口。

⑦ 在 Keywords 框中重新输入 RES，选中 Match Whole Words，在 Results 列表中获得与 RES 完全匹配的搜索结果。

⑧ 再添加 CAP(瓷片电容)、CRYSTAL(晶振)、NAND-2(与非门)。

⑨ 单击 OK 按钮，结束对象选择。

经过以上操作，在对象选择器窗口中，已有了 LM032L、8051 等元器件对象，若单击 8051，在预览窗口中可见到 8051 的模型实物图，如图 5-34(a)所示；若单击 LM032L，在预

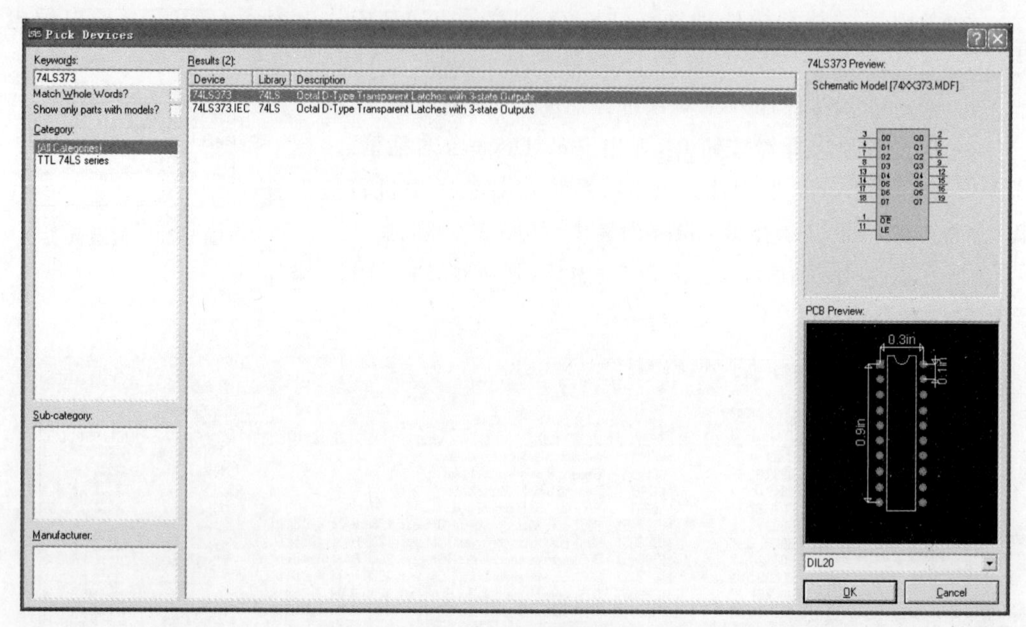

图 5-32　芯片选择

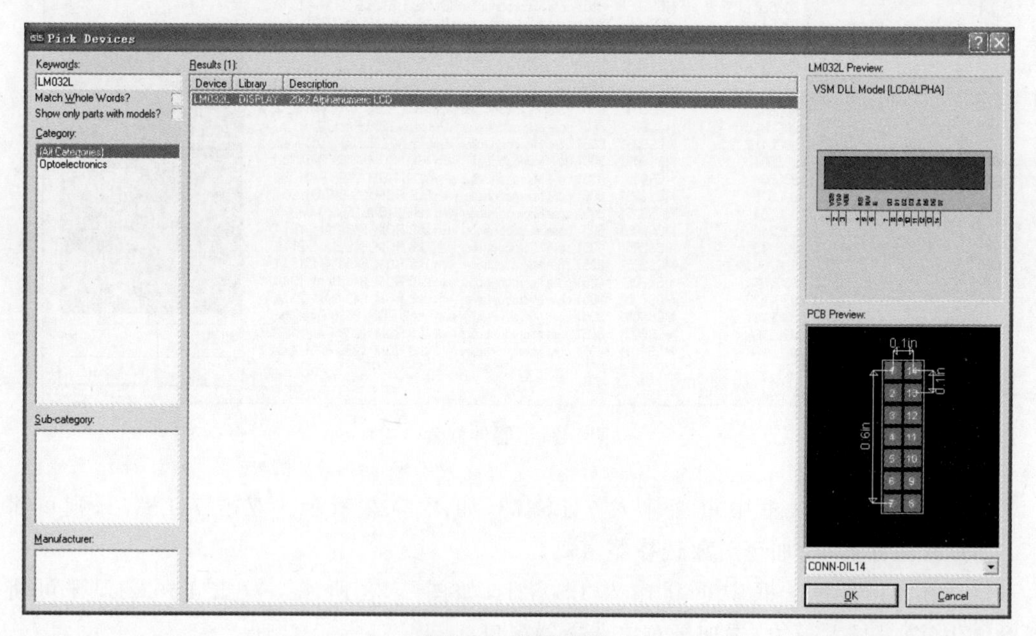

图 5-33　液晶选择

览窗口中可见到 LM032L 的模型实物图,如图 5-34(b)所示。此时,在绘图工具栏中的元器件按钮 已处于选中状态。

2. 放置元器件至图形编辑窗口

在对象选择器窗口中,选中 LM032L,将鼠标置于图形编辑窗口该对象的欲放位置并

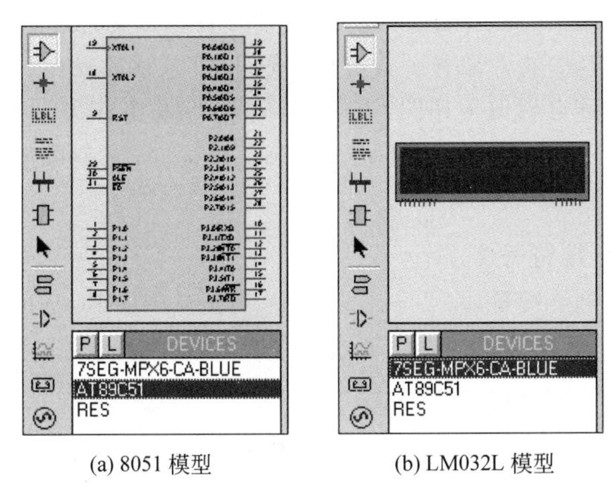

(a) 8051 模型　　(b) LM032L 模型

图 5-34　器件模型

单击，该对象被完成放置。用同样的方法，将 8051 等放置到图形编辑窗口中，如图 5-35 所示。

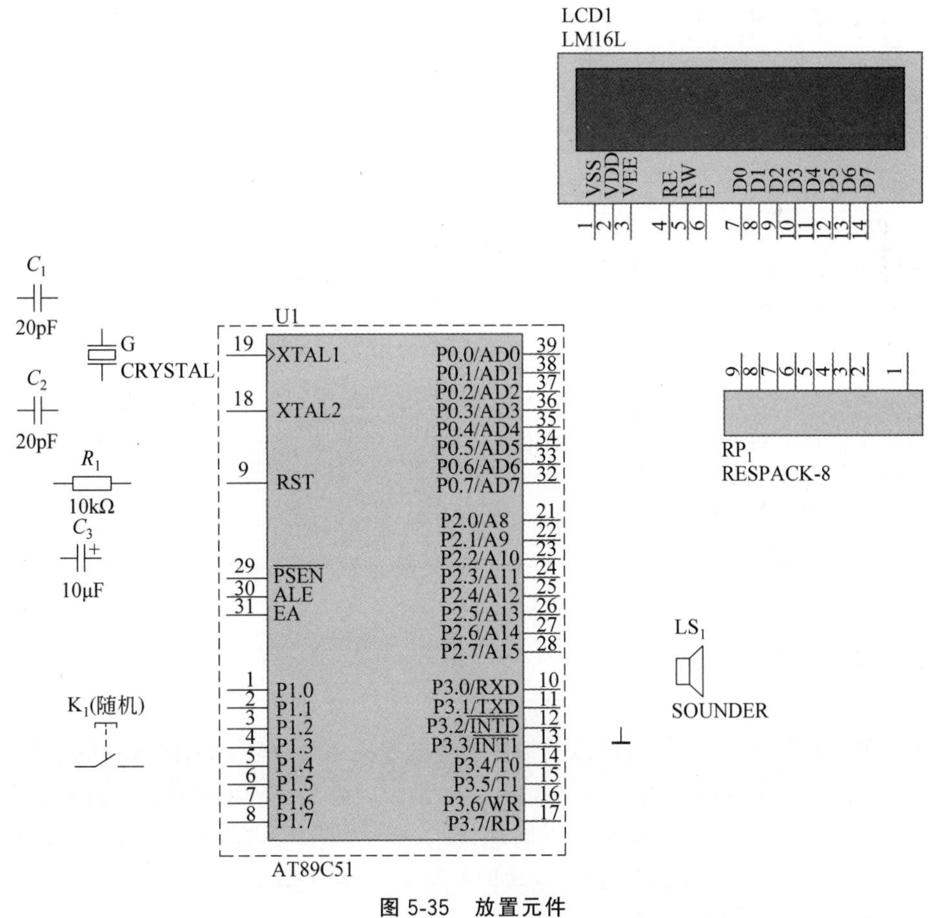

图 5-35　放置元件

若对象位置需要移动,可右击该对象,该对象的颜色会变为红色,表明该对象已被选中,按住鼠标左键并拖动,将对象移至新位置后松开,完成移动操作。

由于电容的型号和电阻值均相同,因此可利用复制功能作图。右击选中 C_1,在标准工具栏中单击"复制"按钮,按住鼠标左键,拖曳鼠标,将对象复制到新位置即可。此时,电容名的标识会自动加以区分。

3. 放置电源及接地符号

在对象选择器找到终端接口(Terminals),单击其中的 POWER、GROUND、输出、输入等接口,把鼠标指针移到原理图编辑器并双击,即可放置电源或接地符号。

4. 对象的编辑

右击元器件,在弹出的对话框中选中 Edit Properties 选项,对元器件参数进行设置。

5. 原理图的连线

(1) 单根线连接。Proteus 的智能化可以在想要画线的时候进行自动检测。下面将电容 C_1 的顶端连接到电容 C_2 的顶端。当鼠标的指针靠近 C_1 顶端的连接点时,跟着鼠标的指针就会出现一个"×"号,表明找到了 C_1 的连接点,单击鼠标,移动鼠标(不用拖动鼠标),当鼠标的指针靠近 C_2 的顶端的连接点时,跟着鼠标的指针就会出现一个"×"号,表明找到了 C_2 的连接点,同时屏幕上出现粉红色的连接,单击鼠标,粉红色的连接线变成深绿色。

Proteus 具有线路自动路径功能(简称 WAR),当选中两个连接点后,WAR 将选择一个合适的路径连线。WAR 可通过使用标准工具栏里的 WAR 命令按钮来关闭或打开,也可以在 Tools 菜单中找到。

用同样方法,可以完成其他的连线。在此过程的任何时刻,都可以按 Esc 键或者右击鼠标来放弃画线,如图 5-36 所示。

(2) 总线连接。单击绘图工具栏中的"总线"按钮,使之处于选中状态。将鼠标置于图形编辑窗口,通过单击确定总线的起始位置,移动鼠标,屏幕出现粉红色细直线,找到总线的终止位置后再次单击鼠标,最后右击,确认并结束操作。此后,粉红色细直线被蓝色的粗直线所替代,如图 5-37 所示。

(3) 总线分支线。为了和一般的导线区分,画总线的时候一般喜欢画斜线来表示分支线。此时需要自己决定走线路径,只需在想要拐点处单击即可。注意,要自己走线路径,需要关闭标准工具栏里的 WAR 按钮。

6. 总线分支添加标签

单击绘图工具栏中的"导线标签"按钮,使之处于选中状态。将鼠标置于图形编辑窗口的欲标标签的导线上,跟着鼠标的指针就会出现一个"×"号,如图 5-38 所示。

单击需要标注的导线,弹出编辑导线标签对话框,在 String 框中输入标签名称,单击 OK 按钮,结束对该导线的标签标定。同理,可以标注其他导线的标签,如图 5-39 所示。注意,在标定导线标签的过程中,相互接通的导线必须标注相同的标签名。

电路图绘制结果如图 5-40 所示。

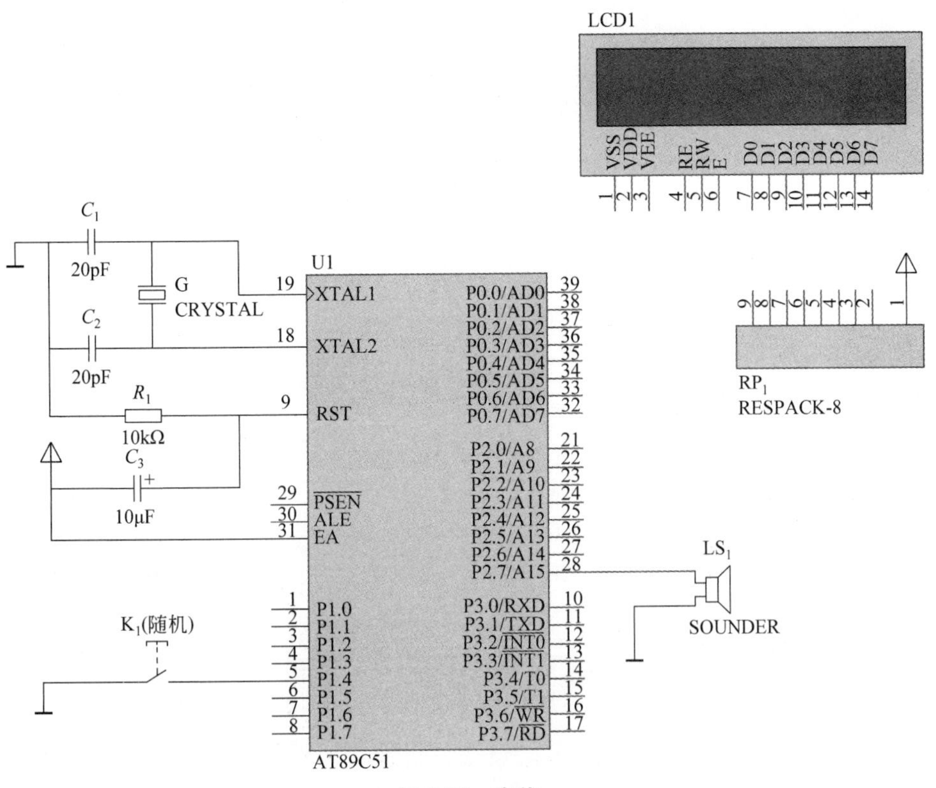

图 5-36　布线

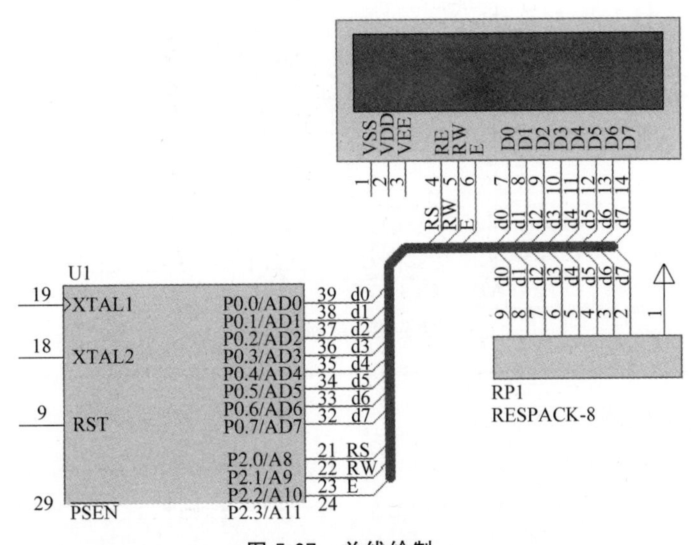

图 5-37　总线绘制

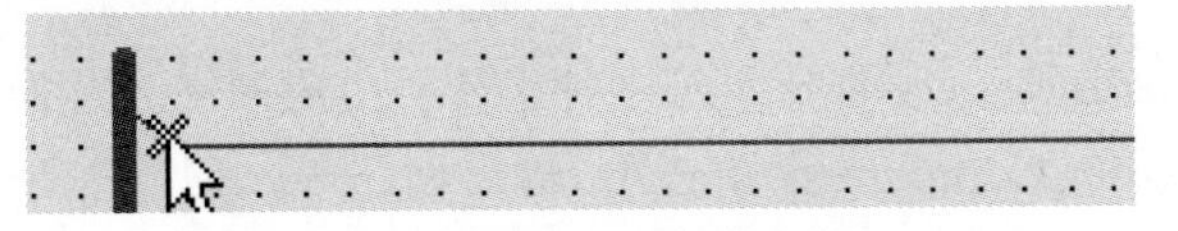
图 5-38　添加总线分支标签

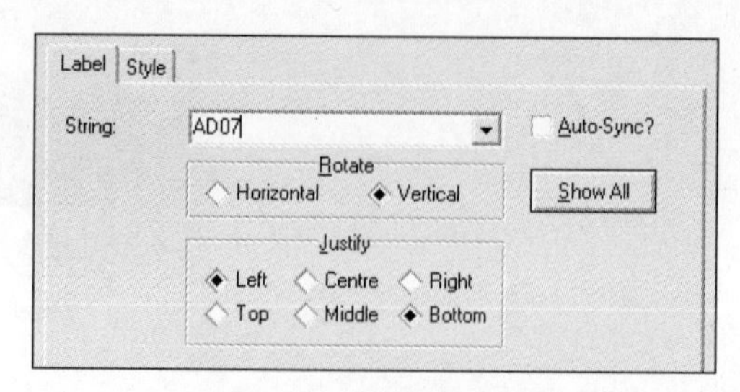

图 5-39 总线分支命名

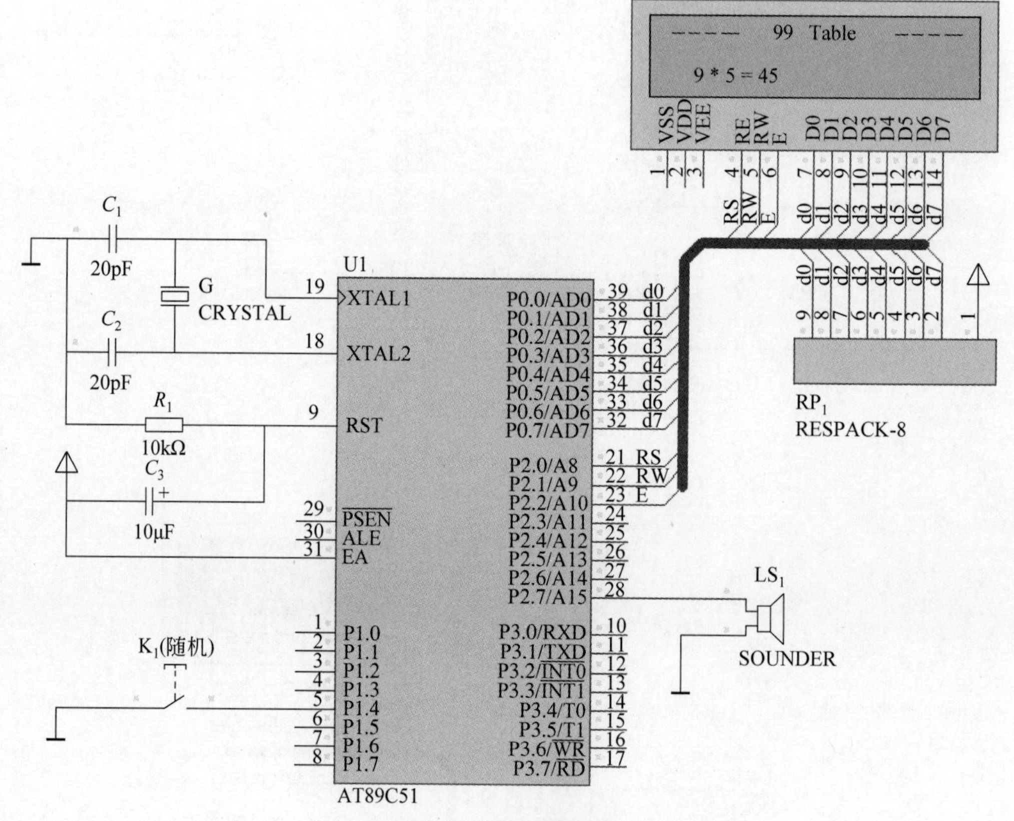

图 5-40 电路原理图

7. 电气规则检测

电路设计完成后，选中 Tools|Electrical Rule Check 菜单选项，弹出电气规则检查结果窗口。在窗口中，前面是一些文本信息，接着是电气规则检查结果列表，若有错，会有详细的说明。

8. 生成报表

ISIS 可以输出网络表、元器件清单等多种报告。生成网络表达操作如下：

选中 Tools|Netlist Complier 菜单选项，输出网络表。网络表是连接原理图与 PCB 图的纽带和桥梁。

5.2.3 添加.hex 仿真文件

1. 直接添加.hex 文件

原理图绘好后需要加载可执行文件 *.hex 才能进行仿真运行,加载方法如下:

双击原理图中的 8051 元件,弹出标签对话框,单击 Program File 参数框后面的文件夹按钮,在弹出的对话框中找到经过编译形成的可执行文件(如 dis-count.hex),单击 OK 按钮结束加载过程。

2. 采用 Proteus 与第三方软件 Keil 进行连接调试

用户可使用 Keil μVision 4 等第三方 IDE 开发源代码,编辑、生成可执行文件(如 HEX 或 COD 文件)后切换到 Proteus VSM 进行仿真。

采用 Keil 软件编译的.hex 仿真文件,需要预先进行相关设置。

(1) 复制 VDM51.dll 动态链接库文件。假若 KeilC 与 Proteus 均已正确安装在 C:\Program Files 的目录中,把 C:\Program Files\Labcenter Electronics\Proteus 6 Professional\MODELS\VDM51.dll 复制到 C:\Program Files\keilC\C51\BIN 目录中。

(2) 修改 TOOLS.INI 文件。用记事本打开 C:\Program Files\keilC\C51\TOOLS.INI 文件,在[C51]栏目下加入

```
TDRV5=BIN\VDM51.DLL ("Proteus VSM Monitor-51 Driver")
```

其中,TDRV5 中的 5 要根据实际情况写,不要和原来的重复。

说明:步骤 1 和 2 只需在初次使用设置。

(3) 设置 Keil 的相关选项。进入 Keil μVision4 开发集成环境,创建一个新项目(Project),并为该项目选定合适的单片机。为该项目加入 Keil 的 C 源程序。

选中 Project|Options for Target 菜单选项或者单击工具栏中的 Option for Target 按钮,弹出 Options for Target 'Target 1'对话框,单击 Debug 选项卡,如图 5-41 所示。

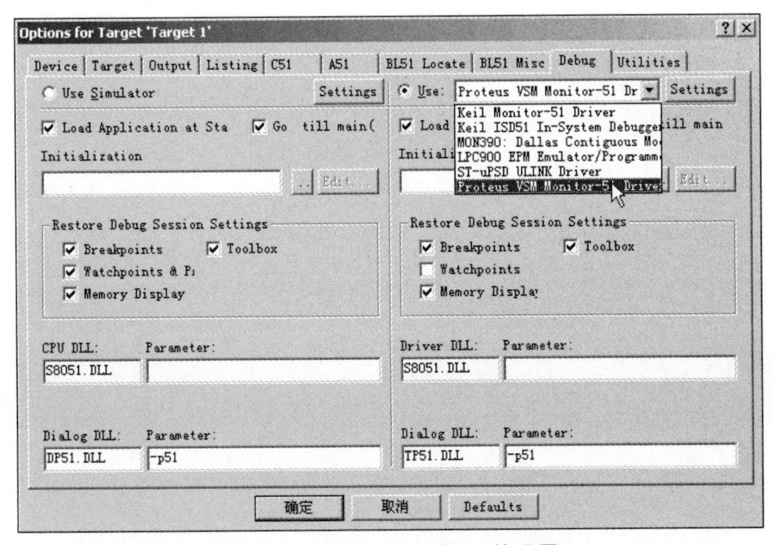

图 5-41 在 Keil 中进行 C 的设置

在对话框右栏上部的下拉列表中选中 Proteus VSM Monitor—51 Driver 选项。选中 Use 单选按钮。

单击 Settings 按钮,设置通信接口,在 Host 框中填入 127.0.0.1,如果使用的不是同一台计算机,则需要在这里添上另一台计算机的 IP 地址(另一台计算机也应安装 Proteus)。在 Port 框中填入 8000。单击 OK 按钮完成设置,如图 5-42 所示。

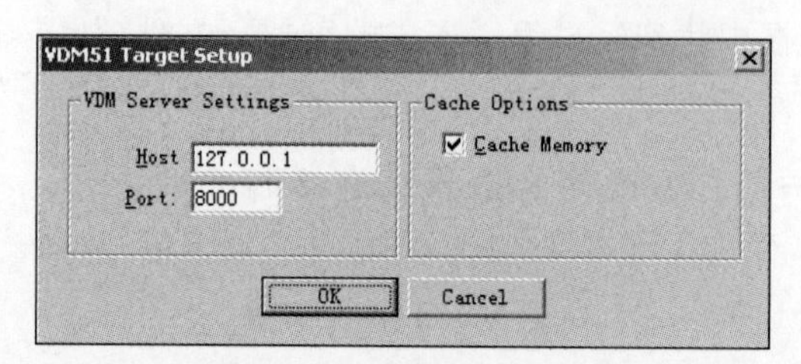

图 5-42　通信接口设置

最后将工程编译后,调试并运行。

(4) Proteus 的设置。进入 Proteus 的 ISIS,选中 Debug | Use Remote Debugger Monitor 菜单选项,便可实现 Keil 与 Proteus 连接调试。

(5) 注意事项。一定要把 Keil 的工程和 Proteus 的文件放到同一个目录下(这里所说的 Keil 的工程指工程的目录,即 Proteus 的工程 Design 文件(后缀名.DSN)要和包含 Keil 工程所有文件的那个文件夹在同一层目录下)。

第6章

电子系统综合设计概述

6.1 电子系统

电子系统是由相互连接、相互作用的基本电路组成的一个能够实现较为复杂功能的电路整体。电子系统可分为数字电子系统、模拟电子系统及模数混合电子系统，本书仅介绍前两种。

6.1.1 数字电子系统

完成对数字量进行算术运算和逻辑运算的电路称为数字电路或数字电子系统。数字电子系统有如下特点。

（1）算术/逻辑双功能。因为数字电路以二进制逻辑代数为数学基础，使用二进制数字信号，既能进行算术运算，又能方便地进行与、或、非、判断、比较、处理等逻辑运算，因此比较适合于运算、比较、存储、传输、控制、决策等应用。

（2）简单可靠。以二进制为基础的电信号在传输过程中不会受温度、湿度等影响，简单可靠、准确度高。

（3）易实现性。集成度高、体积小、功耗低是数字电路突出的优点之一。电路的设计、维修、维护灵活方便。随着集成电路技术的高速发展，数字逻辑电路的集成度越来越高，集成电路模块的功能随着小规模集成电路（SSI）、中规模集成电路（MSI）、大规模集成电路（LSI）、超大规模集成电路（VLSI）的发展也从元件级、器件级、部件级、板卡级上升到系统级。电路只需采用一些标准的集成电路块单元连接而成。对于非标准的特殊电路，还可以使用可编程序逻辑阵列电路，通过编程的方法实现任意的逻辑功能。

6.1.2 模拟电子系统

“模拟”主要指电压（或电流）对于真实信号成比例的再现。模拟电路是处理模拟信号的电子电路。

模拟电子系统的主要功能是对模拟信号进行检测、处理、变换和产生。模拟信号的特点是,时间和幅值均是连续的,在一定的动态范围内可以任意取值。这些信号可以是电量信号(如电压、电流等),也可以是来自传感器的非电量信号(如温度、压力、流量等)。

典型的模拟电路系统的组成如图 6-1 所示,包含 3 部分:传感器件、模拟电路和执行机构。

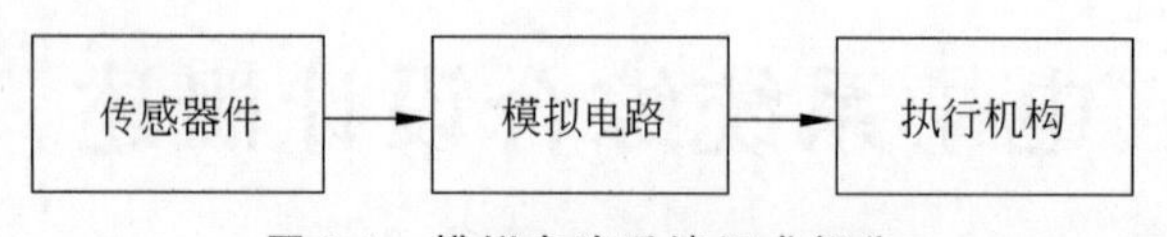

图 6-1　模拟电路系统组成部分

传感器的主要作用是把声音、温度、压力、流量等非电量信号转换为连续变化的电信号,以便在模拟电路中进行放大和变换。执行机构的主要作用是把模拟电路传送来的电能转换成其他形式的能量,驱动扬声器、电铃、继电器、示波管等执行机构,完成人们所需的功能。

6.2　电子系统的结构

1. 系统组成

电子控制系统一般由输入部分、控制(处理)部分和输出部分组成,如图 6-2 所示。

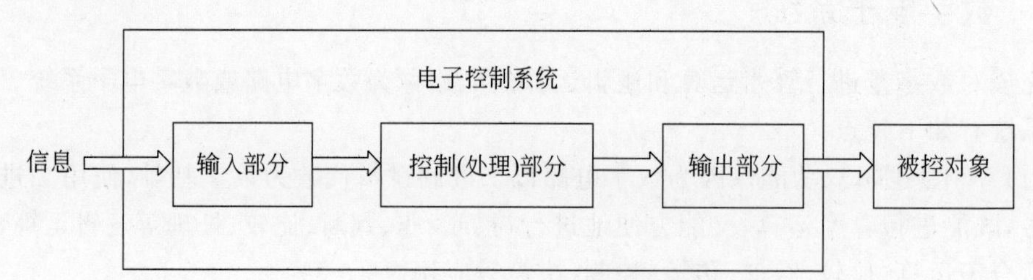

图 6-2　电子控制系统组成

(1) 输入部分。该部分通常由各种传感器组成,输入信息可以有多种形式,可以是作用力,也可以是温度、湿度、磁场、光照强度等环境参数的变化,用传感器把采集的非电量变化转变为电量的变化。输入部分相当于人的感官,它能将采集的非电量变化转变为电量的变化。例如,用手按动开关按钮,输入部分就把机械开关的通或断的非电量变化转变为电信号(电压或电流)的有或无的电量变化。

(2) 控制(处理)部分。该部分一般由具有各种控制功能的电子电路(或微处理器)组成。它的作用相当于人的大脑,能对送入的电信号进行比较、分析、处理后发出指令。

(3) 输出部分。该部分由电磁继电器、晶闸管等多种执行机构组成。输出信号可以是位移(如电磁继电器中衔铁运动、电动机的转动等),也可以是声音、光(如扬声器中发出的音乐声)。

电子控制系统的工作过程如图 6-3 所示。

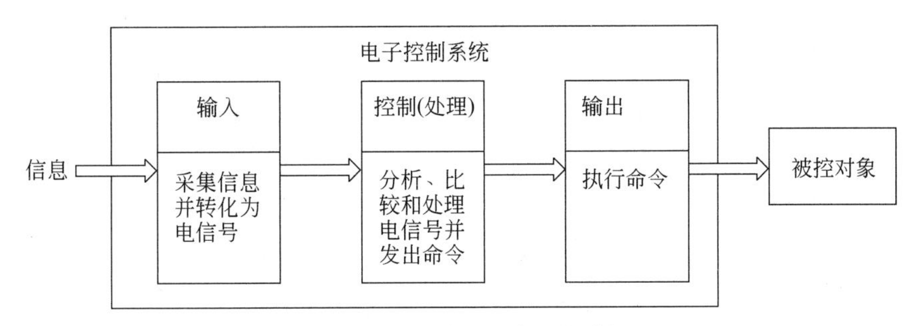

图 6-3 电子控制系统工作过程

2. 电子系统的结构

电子系统的结构如图 6-4 所示。

(1) 系统:能够完成一种或者几种功能的多个器件按照一定的次序组合在一起的结构称为系统。

(2) 子系统:子系统是一种模型元素,其行为由它所包含的类或其他子系统提供。

(3) 功能模块:又称构件,是能够独立地完成一定功能的电路或者大型系统的一部分。

(4) 单元电路:能够独立完成某一功能的最小的电路模块。

(5) 元器件:电子电路中的独立零件。

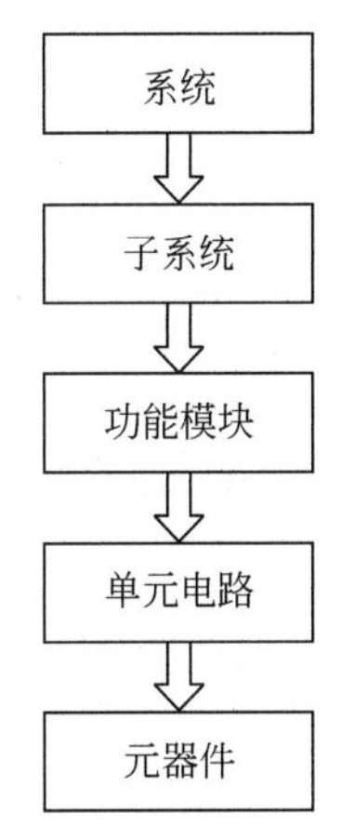

图 6-4 电子系统组织结构图

6.3 电子系统的设计方法

电子系统的设计从结构设计的顺序可以分为自顶而下、自底而上、自顶而下与自底而上相结合这 3 种设计方法。所谓顶即为系统所需要实现的功能,底为实现最基本功能的电路单元。

6.3.1 自顶而下的设计方法

系统设计时,由功能开始驱动,依次向下设计各个子系统和功能模块,如图 6-5 所示。注意,自顶而下设计时应该尽量运用概念描述,分析设计对象,不要过早地考虑具体的电路、元器件和工艺。自顶而下的设计方法应该抓住主要矛盾,更多的关注系统构架上的问题,不要纠缠在具体的细节上,最后再关注各个电路的单元电路的具体问题,以便控制电路设计的复杂性。

自顶而下的设计方法是一个由最终需求到各单元电路逐渐展开的过程。要特别注意每一层结构设计的正确性和完备性。每一层的问题在自己的层面解决,各个子系统或者功能模块做到结构化和模块化,尽可能减少不同模块之间的耦合度,达到减少相互之间的影响,降低开发和调试的难度的目的。

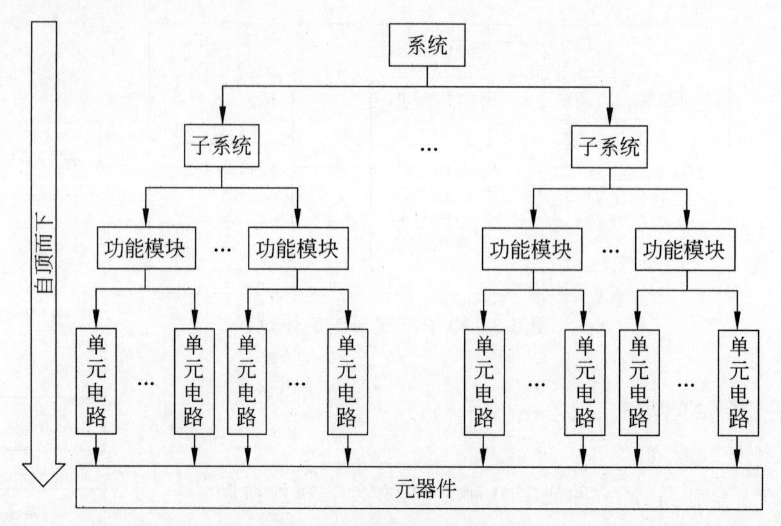

图 6-5　自顶而下设计图

6.3.2　自底而上的设计方法

与自顶而下的设计方法相反,自底而上的设计方法更加强调每个子系统的重要性和复杂度。在这种模式下,系统将从每一个小的单元电路做起,然后慢慢构架出整个系统,如图 6-6 所示。

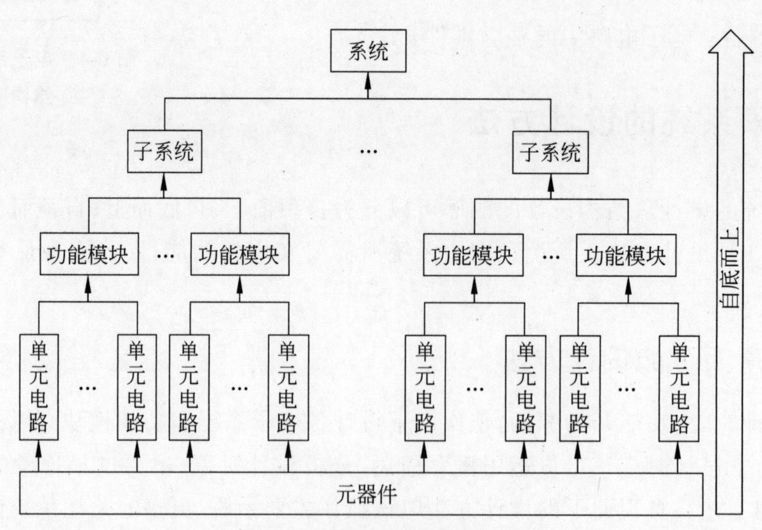

图 6-6　自底而上系统设计图

此种设计方式优、缺点都很明显,优点是可以最大程度地利用前人的设计成果并且在系统的组装和调试中也更加有效率,能够有效地避免大规模系统调试运行出现不协调的情况;缺点是,因为功能模块设计在先,设计系统时将会受到这些部件的限制,使得系统的可靠性降低。因为系统最开始设计时缺少统一的规划,也会使系统的可维护性变差。另外,自下而上的系统设计方式设计的可读性以及多人合作时的工作协调也有很多问题。

6.3.3 自顶而下与自底而上相结合的设计方法

综合自底而上和自顶而下设计的优缺点,可以将两种设计方法相结合起来,即在设计大型的系统时,先用自顶而下的方法设计架构。然后再自底而上的方法逐步实现。此种设计方法兼有两种设计方法的优缺点,可以在保证设计的可读性和可维护性的前提下在一定程度上控制大规模调试的各种不协调问题,但不可避免地会造成工作量的进一步加大,如图 6-7 所示。

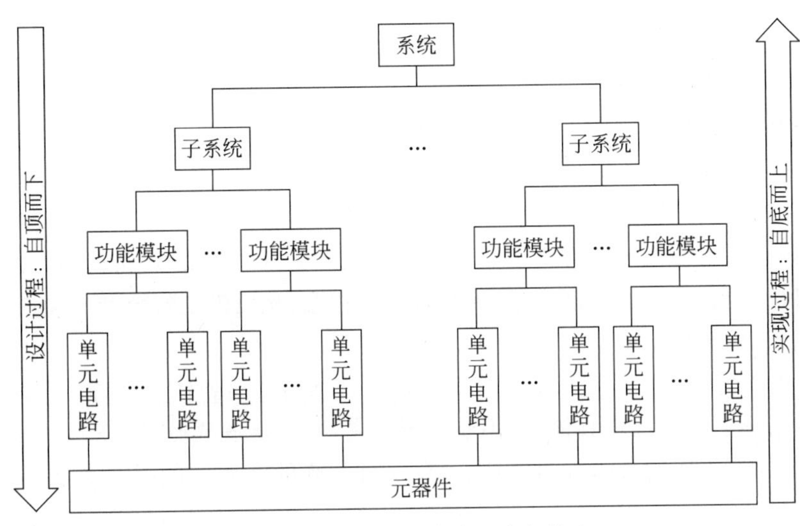

图 6-7 自顶而下和自底而上相结合

6.3.4 嵌入式设计方法

现在电子系统的规模越来越大,结构越来越复杂,而产品的上市时间却越来越短,即使采用了自顶而下的设计方法和很好的计算机辅助软件设计技术,对于一个百万门级的应用电子系统来说,完全地从零开始进行自主设计也是难以满足上市时间要求的。在这种背景下,嵌入式设计方法应运而生。如图 6-8 所示,嵌入式设计方法除了继续采用自顶

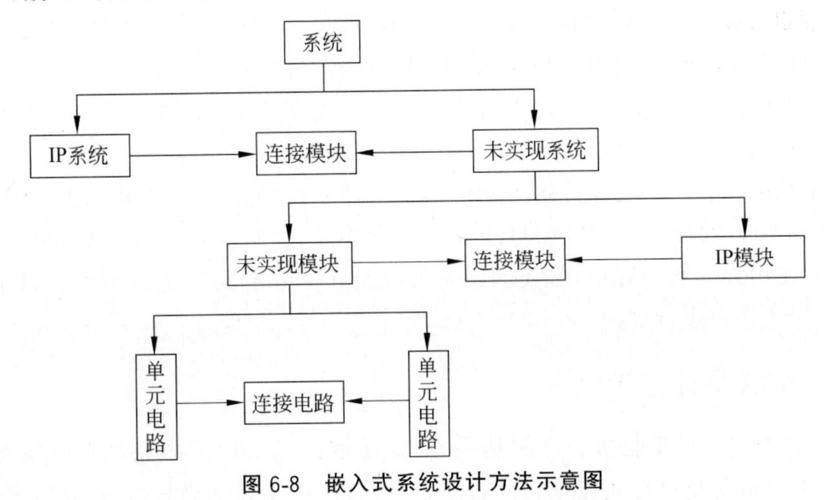

图 6-8 嵌入式系统设计方法示意图

而下设计方法和计算机综合技术外,最主要的特点是大量知识产权(IP)模块的复用。这种IP模块可以是RAM、CUP、数字信号处理器等。在系统中引入模块,使得设计者可以只实现系统的其他功能部分以及与模块之间的互连部分,从而简化了设计,缩短了设计时间。

6.4 电子系统设计的一般步骤

6.4.1 项目分析

项目分析主要从以下几个方面进行。

(1) 明确项目的目的和意义。首先要弄清楚此项目的背景,为什么要做此项目?任何项目都不是凭空来的,都要有一定的背景和思路。其次,要认真、仔细查阅与本项目相关的文献资料,了解前人或他人对本项目或者有关问题所做的研究和成果。把已有的成果作为自己的起点,并从中发现不足,确认自己的创意,从而确定特色和突破点,同时也能使自己开阔眼界,拓展思路。

(2) 明确项目的目标。项目的目标就是通过此项目要达到什么目标?要解决哪些问题?项目的目标应该是比较具体的,不能笼统地讲,必须要清楚地写出来。只有目标明确且具体,才能知道工作的具体方向是什么,在项目实施的时候才能抓住重点,不被各种因素影响。

(3) 明确项目的基本内容。有了项目的目标,就要根据目标来确定这个课题要做的工作内容,内容要比目标写得更加的具体、明确。做此项课题内容的时候应该要学会把整个课题分解,一步一步去做,进行量化,以便于下一步工作的开展。

(4) 确定项目的步骤和计划。项目的步骤,就是项目在时间顺序上的安排。项目的步骤要充分考虑项目内容的相互关系和难易程度。一般情况下都是从基础性问题开始,分阶段进行,每一阶段从什么时候开始,至什么时间结束都要有规定。每一阶段的工作任务和要求,不仅要胸中有数,还要落实到书面计划中,从而保证课题能够保质保量地完成。课题的管理也可以据此对课题进行检查、督促和管理。同时,在课题时间、任务安排的时候,也要充分考虑各种意外情况,确保所做计划是确实可行的。

(5) 了解项目的经费预算与设备条件。项目的经费预算就是在完成整个项目的各种花费。例如所需要各种器件、工具、消耗品、办公用品等。现在若还不具备,将来要采购或者可能要采购的设备。只有做好这方面的预算与计划,才能保证整个项目的进度与质量。

(6) 落实项目的成果。一般项目的成果包含作品、项目报告、作品说明书、开发手册等。作品的使用人一般为客户,必要的说明书以及开发手册利于客户更加容易了解产品的性能,也便于客户进行维护。

6.4.2 方案的设计与论证

(1) 资料查阅。广泛收集和查阅相关资料,了解市场上相关产品与自己所做项目的区别,才能更好地优化自己所做项目的方案,了解自己作品的优势与劣势,从可行性、可靠性、成本、功耗等方面进行方案对比和论证，确定最佳方案。一个系统的方案论证是一个长期的、贯穿整个项目的、不断更新的过程。在项目开始前，对项目的可行性、可靠性进行准确的论证，在项目的推进过程中不断地根据实际情况进行修改、更新，达到方案的最优化。

(2) 系统分解。将系统分解成若干个子系统、功能模块(单元电路)，绘出原理图。同时绘出整个控制系统的流程图。将整个系统分解是为了在实现的时候更加有条理，更容易控制整个工程的进度。

(3) 确定所需使用的技术。在此过程中，主要使用的数字电路还是模拟电路，使用单片机还是 FPGA 等问题。

(4) 进行系统的结构规划，确定子系统、功能模块之间的接口关系。系统规划是设计的核心，系统之间关系越清晰，系统在各个模块实现后的统一调试过程中就越不容易出现问题。各模块之间应该保持相对独立，尽可能地减少相互之间的关联，做到高内聚、低耦合。

6.4.3　单元电路的设计与计算

1. 电路原理图的设计

(1) 定义原理图所用图纸的大小，根据自己的设计确定自己的设计需要多大的图纸。虽然在设计过程中也可以更改图纸的属性和大小，但是养成良好的习惯会在将来的设计过程中受益。

(2) 制作原理图元件库中没有的元件。因为很多元器件在默认库中可能不存在，这时就需要用户自己去绘制这些原理图符号。

(3) 构思电路图。在放置元器件之前就需要先行进行估计元件的位置和分布，如果忽略了这一步，会给后面的工作造成很多意想不到的困难。

(4) 元件布局。只是原理图绘制的最重要的一步。虽然在一些简单的电路图中，不太在意元件布局也可以成功地进行自动或手动的布线，但是在设计较为复杂的电路图时，元件布局是否合理将直接影响原理图的绘制效率和所绘原理图的外观。

(5) 对原理图进行电气连接。这里提到的线路可以是导线、接点或者总线及其分支。在比较大型的系统中，原理图的走线并不多，更多的是使用网络标号进行线路连接。这样做既可以保证电路的电气连接，又可以避免使整个原理图看起来杂乱无章。

(6) 放置注释。这样做可以使整个电路图更加一目了然，增强可读性。它是一个合格的电路设计人员应该具备的素质。

2. 元器件的选用

(1) 尽可能选用高性能、控制简单、集成度高、应用广泛的新产品。要学会查技术手册，去网上查询产品的各种关键指标，学会如何选用替代品。

(2) 尽可能缩短高频元件之间的连线，设法减少它们的分布参数和相互间的电磁干扰。易受干扰的元器件之间不能挨得太近，输入和输出元件应该尽量远离。

(3) 比较重的元器件应该先用支架固定，然后再焊接。又大又重、发热严重的元器件不宜直接装在印制板上。

(4) 对于电位器、可调电感线圈、可变电容器、微动开关等可调元件的布局应考虑整机的结构要求。若是机内调节,应放在印制板上方便调节的地方;若是机外调节,其位置要与调节旋钮在机箱面板上的位置相呼应。

(5) 应预留出印制板定位孔及固定支架所占用的位置。

6.4.4 安装调试

(1) 在电路整体布局阶段应该为安装调试做相应的准备,合理的布局会使得安装调试事半功倍。按照电路的功能安排各个单元电路的位置,使布局便于信号流通、尽可能保持一致的方向。

(2) 围绕每一个功能电路的核心元件进行布局,以使安装和调试容易。每个单元电路要预留出测试点,以便进行测试各个单元的电路,同时也便于对在综合调试时出现的问题进行调试。

(3) 善于使用各种测试工具,除了要学会使用万用表、示波器等测试工具,还要学会利用各种计算机模拟出的虚拟测试仪器。

(4) 分模块、分阶段调试。一个大的系统刚开始调试都会有很多的问题,这时候把自己的课题拆解成各种小单元电路,使其保持独立性,单独进行测试,这样会减少很多问题。单元电路测试完成后再测试一些单元电路组成的模块电路,所有的模块均测试完后再进一步测试更高一级的模块,把复杂的问题进行拆解,逐个解决。

(5) 整体调试。所有的模块测试完毕后才能进行整体调试。整体调试主要是解决一些模块之间的协调问题和接口对接问题。此时应抓住主要矛盾,直接利用好各个模块的接口以及测试点,会使调试的效率更高。

6.4.5 总结报告

(1) 总结报告的重要性。总结报告是整个课题的技术总结,在课题进行中往往没有空闲的时间将已解决问题、应用的技术等总结成文档,在课题结束的时候可以将之前一些零零散散的技术应用总结成一个文档,这也是成果输出的一部分。技术的交流不能靠口口相传,任何的技术应用都必须形成文档输出才能顺利传播。总结报告是用来进行汇报或者技术交流的必要文档,他人了解此项技术或者课题一般是通过总结报告,它也是别人对课题进行评价的主要依据。

(2) 总结报告的内容。总结报告主要包括设计思想、设计过程、设计结构和改进思想等。设计思想主要指此课题的目的、设计思路和突破点。设计过程指整个课题从结构到原理图再到 PCB 的过程,以及在整个课题进行中碰到的难题、解决的过程、走的弯路等。此部分内容应该尽可能详尽,这样才有利于别人了解自己的项目,同时在别人维护或改进的时候会有更多的参考。设计结果即课题的完成程度,与最初的规划相比,哪些功能成功地做出来了?哪些功能因为什么原因没有做成或者更改了方案?在哪些方面上有突破,应用了什么新技术等。此部分是自己产品的一个说明书,也是对自己的课题的一个全方位的展示。改进思想主要包括自己预想可以达到但是在此课题中没有做或者没有做到的,也可以包括目前未规划或者未要求但能实现或者将来能实现的一些功能或者技术要求。改进设想对于自己的课题是一个发散思维,也为其他人提供一个思路。

(3) 总结报告的要求。总结报告要求概念准确、数据完整、条理清晰、突出重点、突出创新点。只有做到定义准确、条理清晰,才能提高整个报告的可读性,使项目更好、更容易被别人理解。只有突出重点和创新点才能让人更好地了解课题的亮点。一篇好的总结报告能够让人在最短的时间内了解自己的课题。

6.5 电子系统综合实现的技术分析

6.5.1 模拟电子电路的设计方法

模拟电路设计的一般步骤如下:从整个系统设计的角度来说,模拟电子电路的设计应首先根据任务要求,再经过可行性分析、研究后,拿出系统的总体设计方案,画出总体设计结构框图。在总体方案确定之后,根据设计的技术要求,选择合适的功能单元电路,然后确定所需要的具体的器件的型号和参数。最后将单元器件及单元电路组合起来,经过试验和修改,最终设计出完整的系统电路。需要说明的是,随着科技的进步,集成电路正在迅速发展,线性集成电路日渐增多,采用模拟线性集成电路组建电路日渐广泛,其电路的设计性能更加可靠。

1. 传感器的选择方法

(1) 根据测量对象和测量环境确定传感器的类型。测量同一物理量,可能有多种原理的传感器可供选用,要根据被测量的特点和使用条件考虑如下一些问题:量程的大小、传感器体积大小、接触式还是非接触式、有线输出还是无线输出、量程是否满足需要等。

(2) 灵敏度。一般在传感器的线性范围内,希望传感器的灵敏度越高越好。灵敏度高,被测量变化时对应的输出信号的值比较大,有利于信号处理。但同时要注意信噪比,传感器的灵敏度高,噪声信号也比较容易混入。

(3) 线性范围。线性范围指输出与输入正比的范围。从灵敏度定义来看,在线性范围内,灵敏度为恒定值,传感器线性范围越宽,其量程就越大,并且能保证一定的测量精度。

(4) 稳定性。传感器在使用一段时间后,其性能保持不变的能力称之为稳定性。影响传感器稳定性的除了传感器本身之外,还有传感器的使用环境。因此,要使传感器具有良好的稳定性,传感器除了必须要有较强的适应能力外,选择与环境相匹配的传感器型号也极为重要。

(5) 精度。精度关系到整个系统的测量精度。传感器的精度只要满足整个测量系统的精度要求即可,不必选得过高。一般来说,传感器的精度越高,其价格越贵。

2. 传感器的应用举例

(1) LMx35 系列温度传感器。LMx35 系列温度传感器是美国国家半导体公司推出的精密温度传感器,它的工作原理与齐纳稳压二极管相似,其反向击穿电压随温度按 10mV/K 的规律变化,灵敏度较高,可应用于精密的温度测量设备。具有小于 1Ω 的动态阻抗,工作电流范围为 400μA～5mA,精度为 1℃;LMx35 系列温度传感器的测温范围很宽,LM135 测温范围为－55～150℃,LM235 测温范围为－40～125℃,LM335 测温范围为$-40\sim100$℃。LMx35 系列温度传感器主要有 TO-92 塑料封装、双列直插 DIP-8 封装和 TO-46 金属封装这 3 种封装形式,如图 6-9 所示。

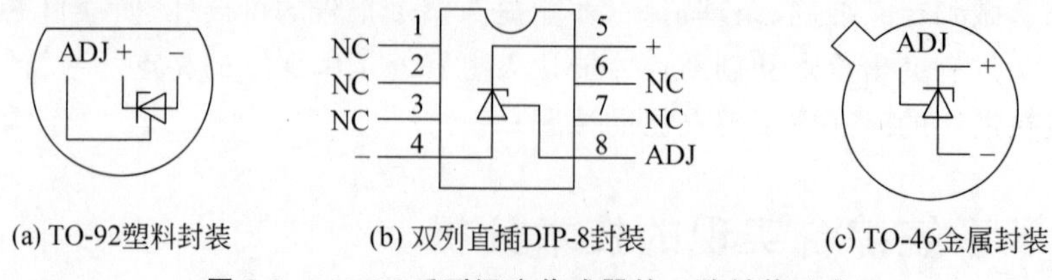

(a) TO-92塑料封装　(b) 双列直插DIP-8封装　(c) TO-46金属封装

图 6-9　LMx35 系列温度传感器的 3 种封装形式

典型应用如图 6-10 所示,该应用中加入了校正电路。使用 LMx35 系列温度传感器,为保证精度,需要进行校正。校正方法是在+、-两端并联一只 10kΩ 的电位器,传感器的调整端(ADJ)接在电位器滑动端上,在某一温度点进行校正。如在 0℃时校正,调整电位器,使输出为 2.73V 即可。

(2) AD590 电流输出型温度传感器:AD590 是美国模拟器件公司生产的单片集成电流输出型温度传感器。AD590 流过器件的电流(μA)等于器件所处环境的热力学温度(K)度数;测温范围为$-55\sim150$℃;AD590 的工作电压范围为 $4\sim30$V。输出阻抗高,可达 710MΩ。精度有 I、J、K、L、M 这 5 挡,其中 M 挡精度最高,在$-55\sim150$℃范围内,非线性误差为±0.3℃。图 6-11 是 AD590 用于测量热力学温度的基本应用电路。因为流过 AD590 的电流与热力学温度成正比,当电阻 R 和电位器 R_P 的电阻之和为 1kΩ 时,输出电压 V_o 随温度的变化为 1mV/K。但由于 AD590 的增益有偏差,电阻也有误差,因此应对电路进行调整。调整的方法为,把 AD590 放于冰水混合物中,调整 R_P,使 $V_o=273.2$mV;或在室温(25℃)条件下调整 R_P,使 $V_o=(273.2+25)$mV $=298.2$mV。这样调整可保证在 0℃或 25℃附近有较高精度。

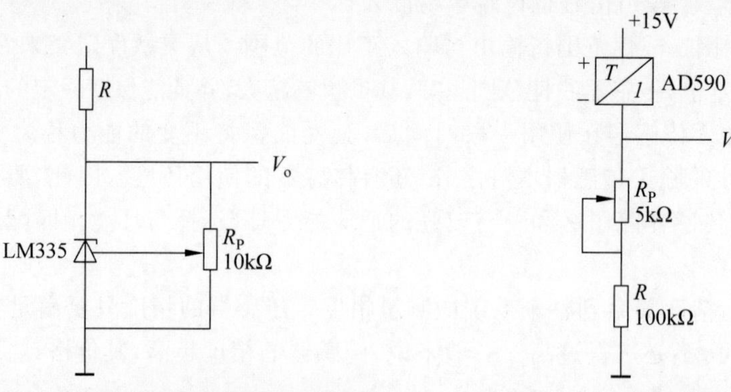

图 6-10　LMx35 系列温度传感器的典型应用　　图 6-11　AD590 的基本应用电路

如图 6-12 所示为使用 AD590 的摄氏温度测量电路,电位器 R_{P1} 用于调整零点,R_{P2} 用于调整运算放大器 LF355 的增益。调整方法如下:在 0℃时调整 R_{P1},使输出 $V_o=0$mV,后在 100℃时调整 R_{P2} 使 $V_o=100$mV。如此反复调整多次,直至 0℃时,$V_o=0$mV,100℃ $V_o=100$mV 为止。最后在室温下进行校验。例如,若室温为 25℃,那么 V_o 应为 25mV。

冰水混合物是0℃环境，沸水为100℃环境。要使图6-12中的电路输出为200mV/℃，可通过增大反馈电阻(图中反馈电阻由R_2与电位器R_{P2}串联而成)来实现。另外，测量华氏温度(单位符号为℉)时，因华氏温度等于热力学温度减去255.4再乘以9/5，故若要求输出为1mV/℉，则调整反馈电阻约为180kΩ，使得温度为0℃时，V_o=17.8mV；温度为100℃时，V_o=197.8mV。AD581是高精度集成稳压器，输入电压最大为40V，输出电压为10V。

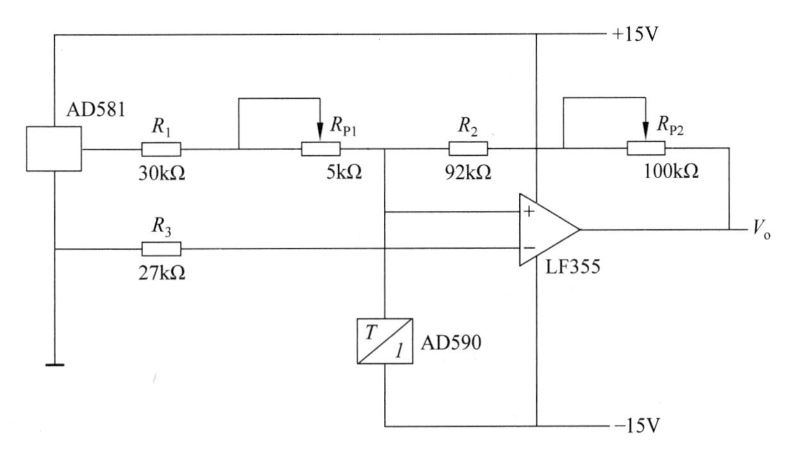

图6-12　使用AD590的摄氏温度测量电路

3. 集成运算放大器的选择方法

集成运算放大器的种类非常多，可适用于不同的场合。按照参数来分，集成运算放大器主要可分为以下几种。

(1) 通用型运算放大器。常用的通用型运算放大器有μA741、LM358、LM324、LF356等。通用型运算放大器就是以通用为目的而设计的，其主要特点是价格低廉、产品量大面广，其性能指标能适合于一般性使用。

(2) 高阻型运算放大器。常见的高阻型运算放大器有LF356、LF355、LF347、CA3130、CA3140等。高阻型运算放大器的主要特点是差模输入阻抗非常高，高达10^9～10^{12}Ω，输入偏置电流非常小，为几皮安到几十皮安。实现这些指标的主要措施是利用场效应管高输入阻抗的特点。用场效应管组成运算放大器的差分输入级，输入阻抗高，输入偏置电流低，而且具有高速、宽带和低噪声等优点，但输入失调电压较大。

(3) 低温漂型运算放大器。常用的高精度、低温漂型运算放大器有OP07、OP27、AD508及斩波稳零型低漂移运算放大器ICL7650等。低温漂型运算放大器主要用于精密仪器、弱信号检测等，这些应用要求运算放大器的失调电压要小且不随温度的变化而变化。

(4) 高速型运算放大器。常见的高速型运算放大器有LM318、μA715等，其转换速率为50～70V/μs，单位增益带宽大于20MHz。高速型运算放大器的主要特点是具有高的转换速率和宽的频率响应。主要应用于快速A/D和D/A转换器、视频放大器。

(5) 低功耗型运算放大器：常用的低功耗型运算放大器有TL-022C、TL-060C等，其工作电压为2～18V或-2～-18V,消耗电流为50～250μA。目前有的产品功耗已达微瓦级,如ICL7600的供电电源为1.5V,功耗为10μW,可采用单节电池供电。低电源电压、低功耗的运算放大器主要应用于便携式产品中。

选用集成运算放大器时,应先查阅有关手册,了解集成运算放大器的开环电压增益、开环带宽、失调电压、温度漂移、失调电流、温度漂移、输入偏置电流、差模输入电阻、输出电阻等主要参数,然后选用能满足设计指标的运算放大器。

除要考虑上述各种系数之外,还应考虑其他因素。例如信号源的性质(是电压源还是电流源)、负载的性质(集成运放的输出电压和电流是否满足要求)、环境条件(集成运放允许的工作温度范围、工作电压范围、功耗与体积等因素是否满足要求)。

在没有特殊要求的场合,应尽量选用通用型集成运放,这样可降低成本,货源也有保证。当一个系统中使用多个运放时,应尽可能选用多运放集成电路,例如LM324、LF347等是将4个集成运放封装在一起的集成电路。

4. 集成运算放大器(集成运放)的应用

使用集成运算放大器时需要注意如下问题。

(1) 电源供给方式。集成运放有两个电源接线端$+V_{CC}$和$-V_{EE}$,主要电源供电方式有对称双电源供电和单电源供电。对于不同的电源供给方式,对输入信号的要求是不同的。在对称双电源供电方式下,可把信号源直接接到运放的输入脚上,而输出电压的振幅可达正负对称电源电压。单电源供电时,为保证运放内部单元电路具有合适的静态工作点,在运放输入端一定要加入一个直流电位,此时运放的输出在某一直流电位基础上随输入信号变化。

(2) 调零。由于集成运放的输入失调电压和输入失调电流的影响,当运放组成的线性电路输入信号为零时,输出往往不等于零。为了提高电路的运算精度,要求对失调电压和失调电流造成的误差进行补偿,这就是运放的调零。常用的调零方法有内部调零和外部调零,而对于没有内部调零端子的集成运放,要采用外部调零方法。

(3) 自激振荡。运放是一个高放大倍数的多级放大器,在深度负反馈条件下,很容易产生自激振荡。为使放大器能稳定的工作,就需要外加一定的频率补偿网络,以消除自激振荡。

防止通过电源内阻造成低频振荡或高频振荡的措施是在集成运放的正、负供电电源的输入端对地一定要分别加入一个电解电容(10μF)和一个高频滤波电容(0.01～0.1μF),在电路板上,应尽量让这些电容靠近集成运放的电源输入端。

(4) 输入输出保护。集成运放的输入差模电压过高或者输入共模电压过高,超出该集成运放的极限参数范围,将可能损坏运放。当集成运放过载或输出端短路时,若没有保护电路,该运放就会损坏。通常的做法是使用二极管钳位电路。

5. 滤波器的选择方法

传感器输出的信号往往存在温漂、信号比较小及非线性等问题,因此它的信号通常不能被控制元件直接接收,信号的调理电路就成为数据采集系统中不可缺少的重要组成分,并且其性能直接关系到数据采集系统的精度和稳定性。滤波器是信号调理电路的重要组成部分。

滤波器种类繁多,一般有以下几种分类。

(1) 按处理信号类型的不同,滤波器可分为模拟滤波器和离散滤波器两大类。其中模拟滤波器又可分为有源、无源、异类 3 类;离散滤波器又可分为数字、取样模拟、混合 3 类。实际上有些滤波器很难归于哪一类,例如开关电容滤波器既可属于取样模拟滤波器,又可属于混合滤波器,还可属于有源滤波器。

(2) 按选择物理量的不同,滤波器可分为频率选择、幅度选择、时间选择(例如 PCM 中的话路信号)和信息选择(例如匹配滤波器)4 类。

(3) 按频率通带范围的不同,滤波器可分为低通、高通、带通、带阻、全通 5 类,而梳形滤波器属于带通和带阻滤波器,因为它有周期性的带通和带阻。

6. 滤波器的应用实例

LTC1068 是凌特公司生产的四通道通用滤波器,它有极低的失调电流、漂移电流和偏置电流,动态范围宽,达到截止频率的 200 倍时无混叠现象。

LTC1068 采用 28 引脚 SSOP 封装,其引脚排列如图 6-13 所示。

引脚	名称	名称	引脚
1	INVB	INVC	28
2	HPB/NB	HPC/NC	27
3	BPB	BPC	26
4	LPB	LPC	25
5	SB	SC	24
6	NC	V_	23
7	AGND	NC	22
8	V+	CLK	21
9	NC	NC	20
10	SA	SD	19
11	LPA	LPD	18
12	BPA	BPD	17
13	HPA/NA	HPD/ND	16
14	INVA	INVD	15

图 6-13　LTC1068 的引脚排列

LTC1068 的典型应用电路如图 6-14 所示。

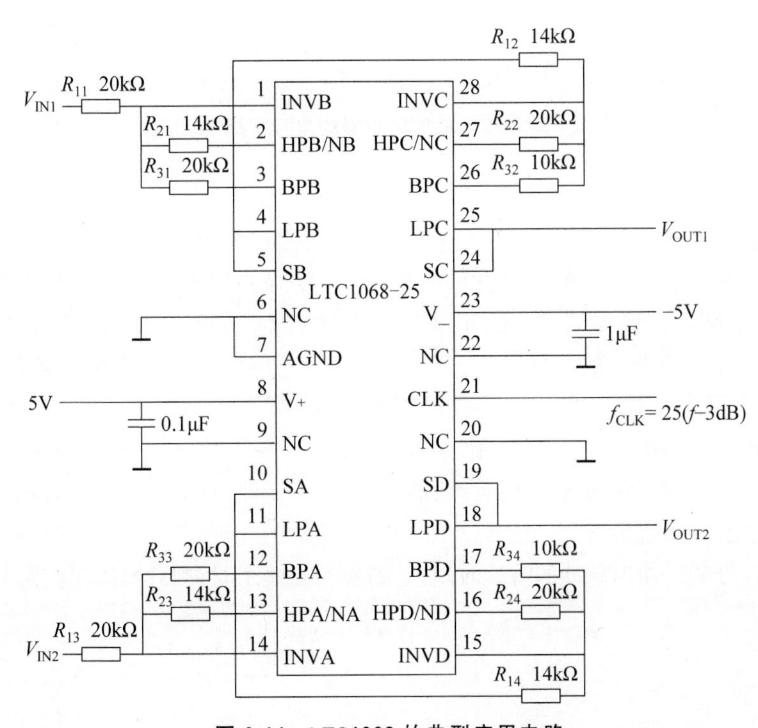

图 6-14　LTC1068 的典型应用电路

6.5.2 数字电子电路的设计方法

数字系统主要分为控制器和受控器。控制器接收受控器输出的条件信号并向受控器输出控制信号。受控器向控制器提供条件信号,同时执行各自的功能。受控器需要根据完成任务的不同而进行单独设计,保证在完成自己模块任务的同时,能够向控制器提供稳定的条件信号。

本节主要介绍几种常用的模数字逻辑电路的应用。

1. 数值比较器

在数字系统中,经常需要对两组二进制数 A 和 B(可以是一位,也可以是多位)比较大小。比较的结果有 $A>B$、$A<B$ 和 $A=B$ 这 3 种,分别用 $F_A>B$、$F_A<B$ 和 $F_A=B$ 表示。能完成这种功能的各种逻辑电路统称数值比较器。74LS85、CD4585、74LS686、74LS687、74LS688、74LS689 等就是完成这种数值比较功能的中、小规模集成电路。

(1) 数值比较器的扩展。在数字系统中,参与比较的数值位数可能较多,当多于数值比较器的输入位数时,就需要进行扩展。数值比较器的扩展分为串行扩展和并行扩展。

① 数值比较器的串行扩展。如图 6-15 所示,最低 4 位的级联输入端 $A_i>B_i$、$A_i<B_i$ 和 $A_i=B_i$ 必须分别预置为 0、0、1。

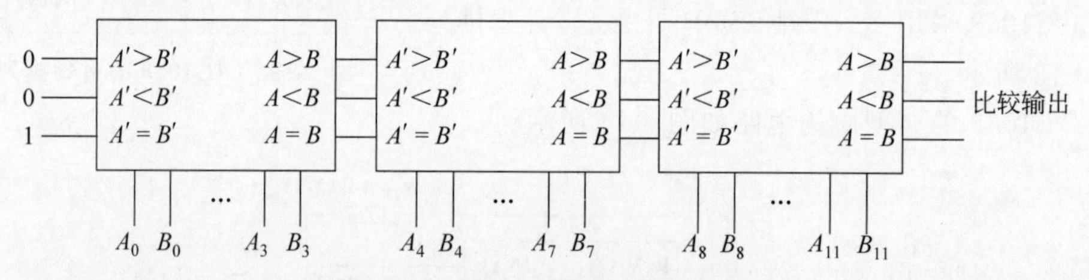

图 6-15 数值比较器的串行扩展

② 数值比较器的并行扩展。图 6-16 是由两只 CD4585 和一只 CD4518 双重 BCD 同步加法计数器组成的占空比可数控的脉冲发生器电路,其中时钟信号 F_{in} 由 CD4518 的 ENA 端输入,下降沿触发。输出脉冲的宽度以 BCD 码的形式分别输入到两只 CD4585 4 位比较器的 B_i 端。比较器的 A_i 端和 BCD 计数器的 Q 端相连,即 A_i 为计数累计值。

图 6-17 表示了该电路的工作情况。F_{in} 在每一个下降沿使 CD4518 计数值加 1。设比较器 B_i 的输入值为 $M(M\leqslant 99)$,在计数器开始计数时,$A=0$,故 $A<B$,所以比较器($A<B$)输出端为高电平。在第 M 个时钟脉冲到来时,$A_i=\cdots=B_i$,故比较器($A<B$)输出立即变为低电平。当第 100 个时钟到来时,计数器复位,$A_i=0$,即 $A<B$,故($A<B$)输出端又重新变为高电平,恢复到初始状态。比较器($A<B$)输出脉冲的周期 T 为 100 个时钟脉冲周期,即对 F_{in} 进行 100 分频。输出脉冲的持续时间 t_w(脉宽)为 M 个时钟脉冲,故占空比 DR 为

$$\mathrm{DR}=\frac{t_w}{T}\times 100\%=M(\%)$$

DR 的设置范围为 1%～99%。

(2) 数字峰值检出器。图 6-18 为数字峰值检出电路。它由一只数据比较器 CD4585

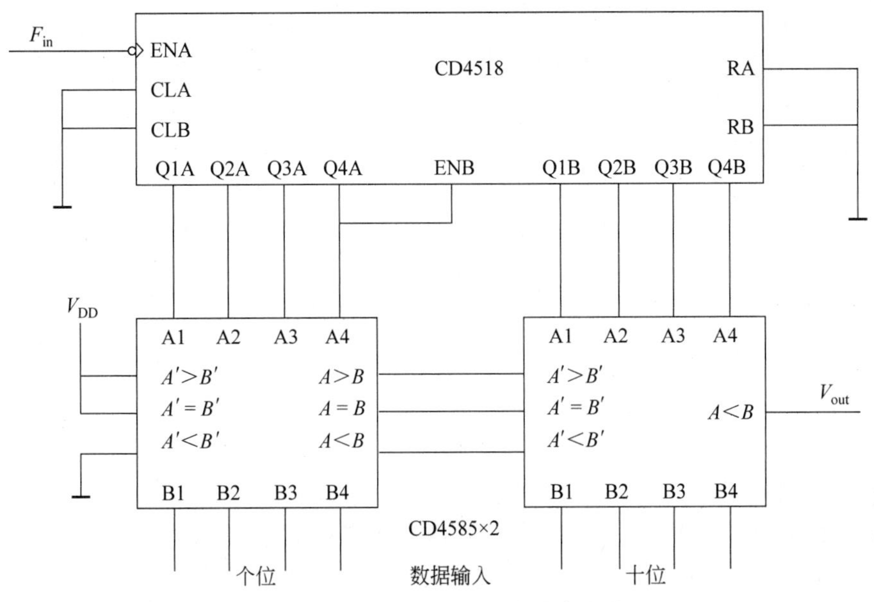

图 6-16　占空比可数控的脉冲发生器

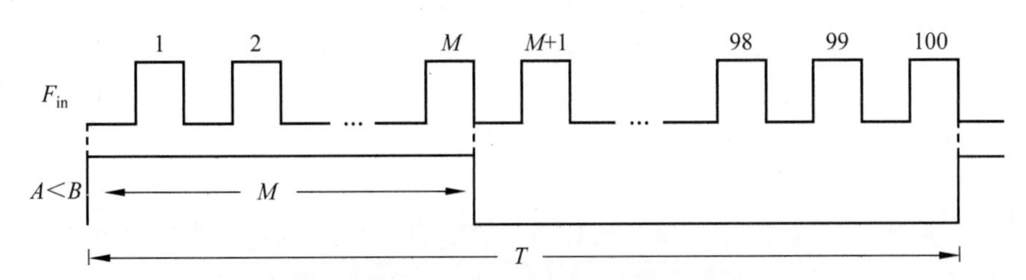

图 6-17　占空比可数控的脉冲发生器的工作情况

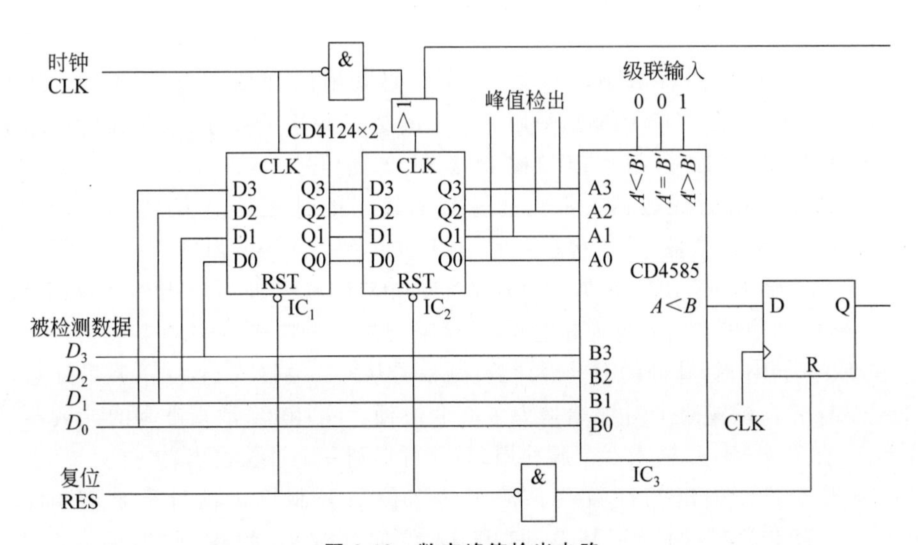

图 6-18　数字峰值检出电路

和两只 CD4174 寄存器等器件组成。电路首先输入 R 脉冲,使 IC_2 的 Q 端(即 IC_3 的 A_i 端)置"0",也使 D 触发器 $Q=0$,做好接收第一组数据的准备。第一组 4 位数据同时加至寄存器 IC_1 的 D 端和比较器的 B_i 端。在时钟脉冲 CLK 的上升沿将数据锁存至 IC_1 的 Q 端。此时由于比较器的 $A_i=0$,只要 B_i 数据不为 0,则 $A<B$ 输出端为 1。故在同一时钟脉冲作用下,D 触发器的输出 $Q=1$。继而在时钟脉冲的下降沿将寄存器 IC_1 的数据转移到寄存器 IC_2,这表示新输入的数据比原存的数据大。此后再输入新数据,只要比原寄存的数据大,就重复上述过程,刷新并保持新数据。如果新数据和原数据等于或小于原数据,则比较器 $A<B$ 输出端为 0,D 触发器 $Q=0$,IC_2 被封锁,原数据继续保持。因此,当所有的数据输入完以后,寄存器 IC_2 输出的必然是数据的最大值。

2. 计数器/分频器

计数器是用来实现累计输入时钟脉冲个数功能的时序电路。在数字电路中,计数器属于时序电路,主要由具有记忆功能的触发器构成。计数器不仅仅用来记录时钟脉冲的个数,在计数功能的基础上,计数器还可以实现计时、定时、分频、程序控制和逻辑控制等功能,应用十分广泛。在 CMOS 电路系列产品中,计数器产品用量大、品种多。计数器按时钟脉冲的作用方式可分为同步计数器和异步计数器。按计数变化规律可分为加法计数器、减法计数器和可逆计数器。按计数的进制可分为二进制计数器和非二进制计数器(例如十进制计数器、任意进制计数器)。按时钟脉冲的触发方式可分为上升沿触发计数器和下降沿触发计数器。计数器是一种单端输入、多端输出的记忆器件,它能对输入的时钟脉冲计数,而在输出端又以不同的方式输出以表示不同的状态。这种不同的输出方式为电路设计提供了多种用途,给使用带来极大的方便。下面介绍计数器输出的几种常用方式。

(1) 十进制计数/七段译码输出的计数器。这种输出方式通常用于计数显示,它把输入脉冲数直接译成七段码供数码管显示 0～9 的数,例如 CD4033。时钟脉冲从 CD4033 的时钟端 CP1 脚输入,其输出端可直接驱动发光二极管数码管,显示输入脉冲的个数。

(2) BCD 码输出的计数器。常见的 BCD 码输出的计数器有 CD4518、CD4520、CD40192、CD4510。CD4518 的输出采用二—十进制的 BCD 码,可对外控制 10 路信号,而 CD4520 的输出采用二进制的 BCD 码,可控制 16 路信号。

(3) 分频器输出的计数器。常见的分频器输出的计数器有 CD4017 和 CD4022。CD4017 是十进制的计数器,计数状态由 CD4017 的 10 个译码输出端 Y0～Y9 显示。每个输出状态都与输入 CD4017 的时钟脉冲的个数相对应。例如,从 0 开始计数,若输入了八个时钟脉冲,则输出端 Y7 应为高电平,其余输出端为低电平。CD4017 仍有两个时钟端 CP 和 EN,若用时钟脉冲的上升沿计数,则信号从 CP 端输入;若用下降沿计数,则信号从 EN 端输入。设置两个时钟端是为了级联方便。CD4022 是八进制的计数器,所以译码输出仅有 Y_0～Y_7,每输入 8 个脉冲周期,就可得到一个进位输出。

(4) 多位二进制输出的计数器。常用的多位二进制输出的计数器有 CD4024、CD4040 和 CD4060,它们分别是 7、12 和 14 位的计数/分频器,此外还有 74LS90、74LS390 和 74LS176。它们都具有相同的电路结构和功能,都是由 T 触发器组成的二进制计数器。不同的是它们的位数不同。多位二进制计数器主要用于分频和定时，使用极其简单和方便。例如，在 CD4024 的内部有 7 个计数级，每个计数级均有输出端，即 Q1～Q7。CD4024 计数工作时，Q1 是 CP 脉冲的二分频；Q2 又是 Q1 输出的二分频……CD4024 也可扩展更多的分频。

3. 译码器

译码器是将具有特定含义的数字代码进行辨别，并转换成与之对应的有效信号或另一种数字代码的逻辑电路。集成译码器可分为时序译码电路和数字显示译码驱动电路。常用的中规模集成时序译码电路有双 2 线-4 线译码器 74139，3 线-8 线译码器 74138，4 线-16 线译码器 74154、CD4514 和 4 线-10 线译码器 7442、CD4028 等；常用的数字显示译码驱动电路有 7448、7449 等。下面分别介绍这些译码器的应用。

(1) 时序译码电路。图 6-19 为常用的 3 线-8 线译码器 74138 的逻辑功能图，它的真值表如表 6-1 所示。由逻辑功能图可知，该译码器有 3 个输入端 A、B、C，共有 8 种状态，即可译出 8 个输出信号 Y_0～Y_7，故该译码器称为 3 线-8 线译码器。该译码器设置了 G1、G2A 和 G2B 这 3 个使能输入端。由逻辑功能可知，对于正逻辑，当 G_1 为 1 且 G_{2A} 和 G_{2B} 均为 0 时，译码器处于工作状态。

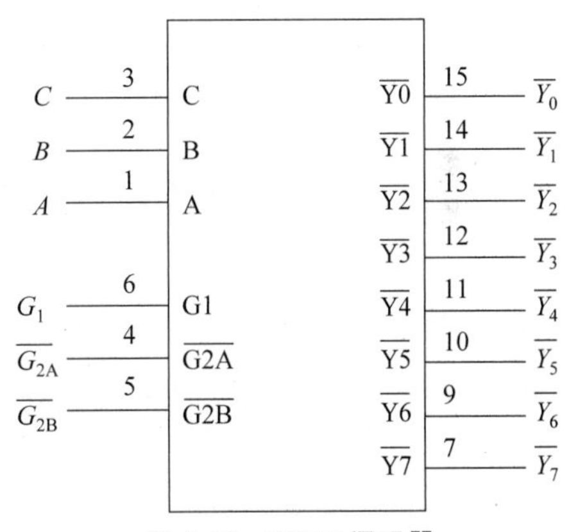

图 6-19　74138 译码器

表 6-1　74138 逻辑真值表

控　制			输　入			输　出							
G_1	$\overline{G_{1A}}$	$\overline{G_{1B}}$	C	B	A	Y_0	$\overline{Y_1}$	$\overline{Y_2}$	$\overline{Y_3}$	$\overline{Y_4}$	$\overline{Y_5}$	$\overline{Y_6}$	$\overline{Y_7}$
x	1	x	x	x	x	1	1	1	1	1	1	1	1
x	x	1	x	x	x	1	1	1	1	1	1	1	1
0	x	x	x	x	x	1	1	1	1	1	1	1	1
1	0	0	0	0	0	0	1	1	1	1	1	1	1
1	0	0	0	0	1	1	0	1	1	1	1	1	1
1	0	0	0	1	0	1	1	0	1	1	1	1	1
1	0	0	0	1	1	1	1	1	0	1	1	1	1
1	0	0	1	0	0	1	1	1	1	0	1	1	1
1	0	0	1	0	1	1	1	1	1	1	0	1	1
1	0	0	1	1	0	1	1	1	1	1	1	0	1
1	0	0	1	1	1	1	1	1	1	1	1	1	0

(2) 用 74138 实现 4-16 线译码。如图 6-20 所示,取 U_1(74138)的 G2A 和 G2B 作为它的第 4 个地址输入端(在同一个时间令),取 U_2 的 G1 作为它的第 4 个地址输入端(在同一个时间令),将 U_2 的 G2A 与 G2B 连接在一起并接地,同时将 U_1 与 U_2 的 A、B、C 连接在一起作为其他 3 个输入脚。这样就用两个 3 线—8 线译码器扩展成一个 4 线—16 线的译码器了。

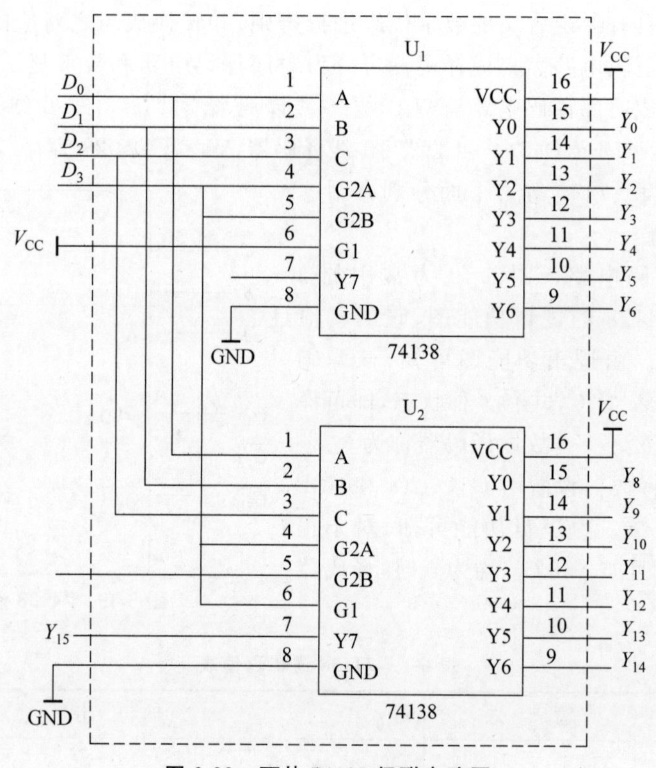

图 6-20 两片 74138 级联电路图

6.6 电子系统综合设计的工程问题

现代的电子系统综合设计中,要研制一个经得起考验的电子设备,仅仅了解电子元器件,掌握电路原理和电子技术是不够的,还必须充分考虑电子设备的应用环境,增强系统的可靠性,抵御可能受到的电磁干扰等实际工程问题。

6.6.1 电子系统的抗干扰设计

随着科学的进步,生活水平的提高,人们在生产、生活中使用的电气、电子设备越来越多,这些设备在运转的同时,往往要产生一些有用或无用的电磁能量,这些能量会影响其他设备或系统的工作,甚至会影响人们的健康,这就是电磁干扰。

1. 电磁干扰的主要危害

(1) 破坏或降低电子设备的工作性能。据不完全统计,全世界电子电气设备由于电磁干扰而发生故障,每年都造成数亿美元的经济损失。例如,移动电话信号的干扰可使仪表显示出错,甚至还有可能造成核电站运转失灵。

在一次医疗手术中,由于附近的一台塑料焊接机对病人的监控系统产生了干扰,致使没有探测到病人手臂中的血液循环停止,于是这位病人的手臂只得切除掉。

美国航空无线电委员会曾在一份文件中提到,由于没有采取对电磁干扰的防护措施,一位旅客在飞机上使用调频收音机,使导航系统的指示偏离了10°以上。1993年美国西北航空公司曾发表公告,限制乘客使用手持式移动电话机(手机)和调频收音机等,以免干扰导航系统。在国际上,对舰载、机载、星载及地面武器、弹药的电磁环境也都有严格要求。

(2) 造成灾难性后果。电磁信息泄密使企业科技和商业机密被竞争对手轻易获取,严重影响了企业的生存和发展;电磁辐射造成国家政治、经济、国防和科技等方面的重要情报泄密,关系到国家的保密安全问题。

1976—1989年,我国南京、茂名和秦皇岛等地的油库及武汉石化厂,因遭受雷击而引爆原油罐,造成惨剧。1992年6月22日,雷电击中国家气象局的有关设施、设备,造成一定的破坏和损失。雷击事故中易受损的是电视、电话、监测系统和计算机等高科技产品。易受灾的单位有计算机中心、医院和银行等。灾情有的造成整个计算机网络系统瘫痪,有的造成通信系统不畅,有的还造成辖区大面积停电。

国外航天系统也时常由于电磁干扰而发生重大故障。1969年11月14日上午,搭载土星Ⅴ的阿波罗12火箭发射后,飞行正常。起飞后36.5s,飞行高度为1920m时,火箭遭到雷击。起飞后52s,飞行高度为4300m时,火箭又遭到第二次雷击。这便是轰动一时的大型运载火箭在飞行中引发雷击的事件。故障分析及试验研究的结果表明,此次事故是由于火箭及火箭发动机火焰所形成的导体(火箭与飞船总长100m,火焰折合导体长度约200m)在飞行中在云层至地面之间及云层至云层之间人为地引发了雷电事件。

综上所述,电磁干扰有可能使设备或系统的性能出现偏差、降级甚至失灵,使寿命缩短,使系统效能产生永久性下降。

(3) 电磁场对人体的危害。在现代社会,电磁辐射问题日益严重,辐射对生物产生副作用越来越被重视。电磁辐射已经是继水源、大气和噪声之后的第四大环境污染源。

电磁污染源很广泛,就在人们的周围。几乎所有的家用电器都存在电磁污染,只是污染程度有强有弱,计算机的影响最大。据德国慕尼黑大学医学研究所的一项自1994年以来对近万名长期操作计算机的职业女性进行的跟踪调查表明,她们患乳腺癌的危险性比其他职业妇女高出43%。

2. 抗干扰设计的工程方法

自1866年世界上第一台发电机出现以来,利用电磁效应工作的电气设备越来越广泛,同时也产生了越来越多的有害电磁干扰。人类生活的电磁环境发生了巨大的变化,电磁污染越来越严重,造成的后果和危害也越来越严重。针对电磁干扰的各项研究也逐渐开展起来,不能单纯依靠一个人或一种简单技术去解决各种干扰问题,必须使抗干扰设计工程化,才能科学系统地解决日益增长的干扰问题。这种工程化方法就是电磁兼容技术。

3. 电磁兼容的含义

电磁兼容(Electro-Magnetic Compatibility,EMC)是指电气或电子设备在共同的电磁环境中能执行各自功能的共存状态,即要求在同一电磁环境中的各种设备都能正常工作、互不干扰,达到“兼容”状态,即电磁兼容是指电子线路、设备、系统相互不影响,在电磁环境中具有相容性的状态。相容性包括设备内电路模块之间的相容性、设备之间的相容性和系统之间的相容性。

国际电工技术委员会(IEC)认为,电磁兼容是一种能力的表现。IEC给出的电磁兼容性定义为:“电磁兼容性是设备的一种能力,它在其电磁环境中能完成自身的功能,而不至于在其环境中产生不允许的干扰”。电磁兼容学是研究在有限的时间、空间和频谱资源条件下,各种用电设备或系统可以共存,并不致引起性能降级的一门学科。其理论基础涉及数学、电磁场理论、电路基础、信号分析等学科与技术,应用范围涉及所有用电领域。由于其理论基础宽、工程实践综合性强、物理现象复杂,所以在观察与判断物理现象或解决实际问题时,实验与测量具有重要的意义。

4. 电磁兼容的工程方法

为了实现系统内、外的电磁兼容,需要从技术和组织两方面采取措施。所谓技术措施,就是从分析电磁干扰三要素入手,采取有效的技术手段:抑制干扰源,减少不希望有的发射;消除或减弱干扰耦合;增加敏感设备的抗干扰能力,削弱不希望的响应。这就要利用各种抑制干扰技术,包括合适的接地,良好的搭接,合理的布线、屏蔽、滤波和限幅等技术以及这些技术的组合使用,还包括电磁干扰的分析与预测、电磁兼容设计和电磁干扰测量技术等。为了抑制干扰实现电磁兼容,还必须采取组织上的措施。国际上成立了一系列的组织,有些国家政府和军事部门等制定了一系列电磁兼容标准、规范与频谱分配,规定了干扰发射的极限值,限制各种设备发射出超标准的干扰,并使各种系统在指定的时域、频域及空域上工作,尤其是推行强制性电磁兼容认证,以保证电磁兼容的有效实施。实现电磁兼容时,两者应该相互结合、统筹考虑。下面仅从采取技术措施的角度简略介绍实现电磁兼容的工程方法。

5. 电磁兼容的工程分析

电磁兼容的工程分析与预测是进行电磁兼容设计的基础。分析电磁兼容问题时,必须从电磁兼容三个要素入手,分清楚每一个要素是什么,对症下药,消除其中的每个干扰因素,采取相应的措施解决问题。

通过分析和预测,可以对可能存在的干扰进行定量的估计和计算,以免过高的设计措施造成不应有的浪费,同时也可避免系统建成后才发现不兼容而造成损失。对于完工后系统的不兼容问题,要花费很大的代价去修改设计,重新调整布局,不仅造成很大浪费,而且难于彻底解决,因此在系统设计开始阶段就应开展电磁兼容性分析与预测。

在实际工程中,电磁干扰的耦合很少以单一的基本耦合形态发生,常表现为综合性的典型耦合模式。例如,两根平行导线间的电磁耦合实质上是电容耦合和互感耦合的组合。因此分析和研究典型耦合模式是电磁兼容研究中快速识别干扰机理的捷径。

工程分析中经常采用的计算机模拟、计算机辅助分析、测量分析等技术方法也普遍适用于电磁兼容分析。自1968年由国外学者提出电磁兼容性的计算机辅助分析以来,已开发出各种不同规模的计算程序,其中影响较大、应用较广的有SEMCAP、IPP-1及IAP等。用计算机对电磁兼容性进行分析,使系统的电磁兼容定量化,综合电磁兼容系统模型,使建立、分析关键接收器的安全余量与系统有效性的关系成为可能。

6. 电磁兼容的控制技术

电磁兼容的控制技术即电磁干扰控制技术,大体可分为以下5类。

(1) 传输通道抑制:具体方法有滤波、屏蔽、搭接、接地和合理布线。

(2) 空间分离:地点位置控制、自然地形隔离、方位角控制、电场矢量方向控制。

(3) 时间分隔:时间共用准则、雷达脉冲同步、主动时间分隔、被动时间分隔。

(4) 电气隔离:变压器隔离、光电隔离、继电器隔离、DC/CD转换。

(5) 其他技术。

具体如下。

(1) 传输通道抑制技术。

① 屏蔽是利用屏蔽体(具有特定性能)阻止或衰减电磁干扰能量的传输。屏蔽分被动屏蔽与主动屏蔽,其中被动屏蔽是通过各种屏蔽材料吸收及反射外来电子能量来防止外来干扰的侵入,是将设备辐射的电磁能量限制在一定区域内,以防止干扰其他设备。屏蔽不仅对辐射干扰有良好的抑制效果,而且对静电干扰和干扰的电容性耦合、电感性耦合均有明显的抑制作用,因此屏蔽是抑制电磁干扰的重要技术。在实际工程设计中,必须在保证通风、散热要求的条件下,实现良好的电磁屏蔽。

② 滤波是将信号频谱划分为有用频率分量和干扰频率分量,剔除和抑制干扰频率分量,切断干扰信号沿信号线或电源线传播的路径。借助滤波器可明显地减小传导干扰电平,因此恰当地设计、选择和正确地使用滤波器对抑制干扰是非常重要的。

③ 接地是电子设备工作所必需的技术措施。接地有安全接地和信号接地,同时接地也引入接地阻抗及接地回路干扰。事实证明,接地设计对各种干扰的影响是很大的,因此在电磁兼容领域中,接地技术至关重要,其中包括接地点的选择,电路组合接地的设计和抑制接地干扰措施的合理应用等。

④ 搭接是指导体间的低阻抗连接,只有良好的搭接才能使电路完成其设计功能,使干扰的各种抑制措施得以发挥作用,不良搭接将向电路引入各种电磁干扰。因此在电磁兼容设计中,必须考虑搭接技术,以保证连接的有效性、稳定性及长久性。

⑤ 布线是印制电路板的电磁兼容性设计的关键技术。布线时应该选择合理的导线宽度,采取正确的布线策略,例如加粗地线、将地线闭合成环路、减少导线不连续性、采用多层印制电路板等。

(2) 空间分离。空间分离是抑制空间辐射干扰和感应耦合干扰的有效方法。通过加大干扰源和敏感设备之间的空间距离,使干扰电磁场到达敏感设备时其强度已衰减到低于接受设备敏感度门限,从而达到抑制电磁干扰的目的。空间分离实质上是利用干扰源的电磁场特性有效地抑制电磁干扰。空间分离的典型应用在电磁兼容性工程中经常遇到。空间分离也包括在空间有限的情况下,对干扰源辐射方向的方位调整、干扰源电场矢量与磁场矢量的空间取向控制。例如,为了使电子设备外壳内的电源变压器磁芯泄漏的低频磁场不在印制板中产生电动势,应该调整变压器的空间位置,使印制板上的印制线与变压器泄漏磁场方向平行。

(3) 时间分隔。当干扰源非常强不易采用其他方法可靠抑制时,通常采用时间分隔的方法,使有用信号在干扰信号停止发射的时间段传输或当强干扰信号发射时,使易受干扰的敏感设备短时关闭,以避免遭受损害。人们把这种方法称为时间分隔控制或时间回避控制。时间分隔法在许多高精度、高可靠性的设备或系统中(例如卫星、航空母舰、武器装备系统等)经常被采用,成为简单、经济而行之有效的抑制干扰的方法。

电磁干扰还有其他控制技术,例如频谱的管理等,读者可参考其他相关文献,这里不再赘述。

(4) 电气隔离。电气隔离是抑制电路中传导干扰的可靠方法,同时还能使有用信号正常耦合传输。常见的电气隔离耦合有机械耦合、电磁耦合、光电耦合等。

① 机械耦合是采用电气—机械的方法。例如,在继电器中将线圈回路和触头控制回路隔离开来,产生两个电路参数不相关联的回路,实现了电气隔离,然后控制指令却能通过继电器的动作从一个回路传递到另一个回路中去。

② 电磁耦合是采用电磁感应原理,例如变压器初级线圈中的电流产生磁通,此磁通再于次级线圈中产生感应电压,使次级回路与初级回路实现电气的隔离,而电信号或电能却可以从初级传输到次级。这就使初级回路的干扰不能由电路直接进入次级回路。变压器是电源中抑制传导干扰的基本方法,常用的电源隔离变压器是屏蔽隔离变压器。

③ 光电耦合是采用半导体光电耦合器件实现电气隔离的方法。光电二极管或光电三极管把电流变成光,再经光电二极管或光电三极管把光变成电流。由于输入信号与输出信号的电平没有比例关系,所以不宜直接传输模拟信号。但因直流电平也能传输,所以利用光脉宽调制就能传输含直流分量的模拟信号,且有优良的线性效果。这种方法最适宜传送数字信号。

DC/DC 变换器是直流电源的隔离器件,它将直流电压 U_1 变换成直流电压 U_2。为了防止多个设备共用一个电源引起共电源内阻干扰,应用 DC/DC 变换器单独对各电路供电,以保证电路不受电源中的信号干扰。DC/DC 变换器是应用逆变原理将直流电压变换成高频交流电压,再经整流滤波处理,得到所需要的直流电压。由于 DC/DC 变换器是一个完整器件,所以它是一种应用广泛的电气隔离器件。

6.6.2 电子系统的可靠性设计

随着科学技术的进步和经济技术发展的需要,电子产品日益向多功能、小型化、高可靠方向发展。功能的复杂化,使设备应用的元器件、零部件越来越多,对可靠性要求也越来越高。每一个元器件的失效,都可能使设备或电子系统发生故障。这就必须加强可靠性设计,正确选用元器件并采用降额、降温、冗余等设计技术,降低元器件的使用失效率,保证产品的可靠性。

在电子系统、设备或产品研制中,为提高系统可靠性的措施,常常从元器件的降额设计、散热设计、冗余设计、三防设计、维修性设计、电磁兼容设计、漂移设计与互连可靠性设计等各个环节上(有些还包括软件的可靠性设计),采取一系列措施以提高系统的可靠性和安全性水平，使其达到预定的性能指标。

1. 降额设计

所谓降额设计，就是使元器件运用于在比额定值低的参数状态下的一种设计技术。为了提高元器件的使用可靠性以及延长产品的寿命，必须有意识地降低施加在器件上的电压、温度、机械应力、湿度等工作参数，降额的条件及降额的量值必须综合确定，以保证电路既能可靠地工作，又能保持其所需的性能。降额的措施也随元器件类型的不同而有不同的规定，例如电阻降额是降低其使用功率与额定功率之比，电容降额是使工作电压低于额定电压，半导体分立器件降额是使功耗低于额定值，接触元件则必须降低张力、扭力、温度和其他与特殊应用有关的限制。

电子元器件的降额，通常有一个最佳的降额范围，在这个范围内，元器件的工作应力的变化对其失效率有显著的影响，设计也易于实施，而且不需要设备在质量、体积、成本方面付出太大的代价。因此，应根据元器件的具体应用情况来确定适当的降额水平。通常降额的等级可分为3个等级。

Ⅰ级降额是最大降额，如果选用更大的降额，元器件的可靠性增长有限，使设计难以实现。Ⅰ级降额适用于下述情况：设备的失效将严重危害人员的生命安全，可能造成重大的经济损失，导致工作任务的失败，失败后无法维修或维修在经济上不划算等。

Ⅱ级降额指元器件在该范围内降额时，设备的可靠性增长是急剧的，设备设计较Ⅰ级降额易于实现。Ⅱ级降额适用于设备的失效会使工作水平降级或需支付不合理的维修费用等场合。

Ⅲ级降额指元器件在该范围内降额时设备的可靠性增长效益最大，在设备设计上实现困难最小。Ⅲ级降额适用于设备的失效对工作任务的完成影响小、不危及工作任务的完成或可迅速修复的情况。

2. 散热设计

电子元器件及电子设备的可靠性与温度的关系极为密切。例如，当环境温度升高时，就会使晶体管内部材料的物理和化学反应的速率加快，从而使晶体管的性能参数（电流放大系数 h_{ce0}、反向饱和电流 I_s 和噪声系数 N_f 等）随温度的升高而产生漂移，额定功率降低，热击穿概率上升。温度对电容器的可靠性也有极大影响，当工作温度超过电容器的额定工作温度时，温度每上升10℃，电容器的使用寿命将缩短一半。此外，过高的温度还会使设备内的塑料件变形、变硬、变脆、老化，使材料的绝缘性能下降等。因此为了提高产品的可靠性，就必须充分重视并做好散热设计。

散热设计包括散热、加装散热器和制冷3类技术，这里主要介绍散热技术。

第一种是传导散热方式，可选用导热系数大的材料来制造传热元件、减小接触热阻或尽量缩短传热路径。

第二种是对流散热方式，对流散热方式有自然对流散热和强迫对流散热两种方式。自然对流散热应注意以下4点。

（1）设计印制电路板时必须给元器件留出多余空间。

（2）安排元器件时，应注意温度场的合理分布。

(3) 充分重视应用“烟囱”拔风原理。

(4) 加大与对流介质的接触面积。

强迫对流散热方式可采用风机(如计算机上的风扇)或双输入口推拉方式(如带换热器的推拉方式)。

第三种是热辐射散热方式,可以采用加大发热体表面的粗糙度、加大辐射体周围的环境温差或加大辐射体表面的面积等方法。

在散热设计中,最常采用的方法是对元器件加装散热器,其目的是控制半导体的温度,尤其是结温 T_j,使其低于半导体器件的最大结温 T_{jmax},从而提高半导体器件的可靠性。

3. 冗余设计

所谓冗余设计,就是为了完成规定的功能而额外附加所需的装置或手段,即使其中某一部分出现了故障,但作为整体仍能正常工作的一种设计。

冗余设计的方法很多,最简单也最常用的是并联装置,此外,冗余的方法尚有串并联或并串联混合装置、多数表决装置、等待装置等。

并联冗余设计是用一台或多台相同单元(系统)构成并联形式,当其中一台发生故障时,其他单元仍能使系统正常工作的设计技术。冗余按特点分为热储备和冷冗余储备;按冗余程度分,有两重冗余、三重冗余、多重冗余;按冗余范围分,有元器件冗余、部件冗余、子系统冗余和系统冗余。这种设计技术通常应用在比较重要,而且对安全性及经济性要求较高的场合,例如锅炉的控制系统、程控交换系统、飞行器的控制系统等。对于复杂和重要的电子设备或系统,往往采用冗余设计来进一步提高可靠性。

冗余设计虽能大幅提高系统的可靠性,但同时要增加设备的体积、质量、费用和复杂度。因此,除了重要的关键设备,一般不轻易采用冗余技术。

4. 三防设计

所谓三防,指的是防潮湿、防盐雾、防霉菌。潮湿、盐雾和霉菌对电子设备有很大影响,会使机内凝聚水汽,降低绝缘电阻、元件的介电常数,增大介质损耗、塑料变形、金属腐蚀、材料变质,使所有有机材料和部分无机材料因受到霉菌的侵蚀而降低强度,从而使设备的寿命和可靠性受到影响。

三防设计方法如下。

(1) 防潮湿设计的方法。该方法包括防水处理、浸渍处理、灌封处理、塑料封装处理、金属封装处理。

(2) 防盐雾设计的方法。该方法包括电镀处理、表面涂敷处理、降低不同金属接触点间的电位差。

(3) 防霉菌设计的方法。该方法包括密封处理、放置干燥剂、控制大气条件、降低环境相对湿度、选用不易长霉的材料、紫外线辐照、表面涂敷防霉剂或防霉漆、在密封设备中充以高浓度臭氧达到灭菌的作用等。

5. 维修性设计

电子系统或设备一般都是可修复产品。对这类产品不但要求少出故障,而且要求一旦出了故障能很快修复。只有故障少、修复快，才能有效地提高设备的利用率。维修性设计一般从以下几个方面考虑：维修时易装易拆，维修工具可靠，易检查、易校正、易恢复，互换性好，安全、经济、快速等。维修性设计可归纳为如下设计准则。

(1) 结构简单，零、部、整件采用快速解脱装置(例如采用抽屉式结构)，使电子系统易拆、易装、易换。

(2) 尽量采用标准件、通用件。

(3) 采用模块化设计以利故障检查和拆换。

(4) 推行故障自诊断设计，使设备便于迅速、准确地判断出故障的结构特征。

(5) 需要经常检查、维修、拆装、调换之处必须设计成便于操作者接近和操作，尽量使维修人员能见到全部零件。

(6) 插头、插座、连接线等都应有明显标记，容易辨别，尽量采用不同插针的接插件以免插错位置。

(7) 宁用量少的大紧固件，不用量多的小紧固件。

(8) 以快锁构件代替螺钉、螺母，使设计的产品尽量减少维修工具。

(9) 要能保证维修人员的人身安全。

6. 电磁兼容性设计

电子设备或系统总是处在电磁环境中工作，必会受到干扰。因此，能否适应这种公共的电磁环境，使其仍然能正常工作，就成为可靠性设计必须考虑的问题。如果所设计的设备缺少电磁兼容能力，就会在电磁干扰下，不断发生暂时的或永久的故障，降低了设备的可靠性。

电磁兼容性设计也就是耐环境设计。电磁兼容性问题可以分为两类：一类是电子电路、设备、系统在工作时由于相互干扰或受到外界的干扰使其达不到预期的技术指标；另一类是设备虽然没有直接受到干扰的影响，但不能通过国家的电磁兼容标准，例如计算机设备产生的电磁超过发射标准规定的极限值或在电磁敏感度、静电敏感度上达不到要求。

为了使设备或系统达到电磁兼容状态，通常采用印制电路板设计、屏蔽机箱、电源线滤波、信号线滤波、接地、电缆设计。一般来说，凡是有电磁场干扰的场合都采用屏蔽、隔离、分离或定向的方法来削弱或消除；凡是线路干扰的场合都采用接地、滤波、平衡、去耦合匹配电路阻抗等方法来削弱或消除。

7. 漂移设计技术

电子元器件的性能参数在应力作用下或在储存条件下将随时间而发生缓慢的变化，如果参数变化到一定限度，使设备或系统不能完成规定的功能，则发生漂移失效。因此在设计阶段就要考虑到参数的漂移，要分析哪些元器件对设备性能的影响最敏感，并要了解各种元器件的参数漂移特性。设计电路时，选取怎样的参数组合能使电路性能最稳定，并要考虑在设备的任务周期内应取怎样的允许差才不至于出现漂移失效，而又最为经济合理等。

漂移设计是通过在设计阶段根据线路原理写出特性方程，然后通过收集元器件的分布参数来计算其漂移范围以使漂移结果处在设计范围内来保证设备正常使用的一种设计方法。漂移设计的常用设计技术和方法有均方根偏差设计法、最坏情况设计法、蒙特卡罗法和正交优化法等。

此外,在电子产品的可靠性设计中,有时还采用软件可靠性设计技术、机械零件可靠性设计技术、故障安全设计技术以及一些新的可靠性设计技术等,读者可参考有关资料,此处不再赘述。

第7章 综合设计任务及要求

7.1 基于 NE555 的流水灯设计

7.1.1 实训目的

(1) 学会使用 Altium Designer 软件绘制原理图、PCB 图。

(2) 学会制作和焊接电路板。

(3) 加深理解 NE555 电路的工作原理和 CD4017 电路的应用。

(4) 学会对实际电子产品电路的调试。

7.1.2 实训电路和工作原理

(1) NE555 流水灯电路原理图如图 7-1 所示。

(2) 本电路是比较常见的流水灯电路，电路设计围绕 NE555 定时器芯片和 CD4017 计数器芯片，10 个发光二极管在通电后从左到右依次循环点亮，呈现流水灯的状态，可以非常直观地展示 NE555 定时功能和 CD4017 计数功能。

(3) 从原理图可以看出，该电路主要由时钟发生电路和十进制计数器电路构成，C_1 为电源滤波电容，以 NE555 为核心的自激多谐振荡器，电源通过 R_{11}、R_{12}、R_{13} 向电容 C_2 充电.当 C_2 刚开始充电时，由于电容电压不能突变，NE555 的引脚 2 还处于低电平，故输出端引脚 3 呈高电平，当电源经 R_{11}、R_{12}、R_{13} 向 C_2 充电到电源电压的 2/3 时；输出端引脚 3 的电平由高变低。NE555 内部放电管导通，电容 C_2 经 R_{13}、R_{12}、NE555 的引脚 7 放电，直到 C_2 两端的电压低于电源电压的 1/3 时，NE555 的引脚 3 电平又由低电平变为高电平，C_2 又再次充电，如此循环形成了振荡。充电时间为 $0.695(R_{11}+R_{12}+R_{13})C_2$，放电时间为 $0.695(R_{13}+R_{12})C_2$，调节电位器 R_{13} 可以控制振荡器的输出频率，NE555 的时钟振荡信号不断的加在 CD4017 的引脚 14，在 CD4017 的 10 个输出端 $Q_0 \sim Q_9$ 上接有 10 个发光二极管，当 CD4017 的 10 个输出端在时钟信号作用下轮流且循环的产生高电平，则 $VL_1 \sim VL_{10}$ 依次被点亮，从而形成循环流水灯效果。调节 R_{13} 即可调节流水灯的流动速度。

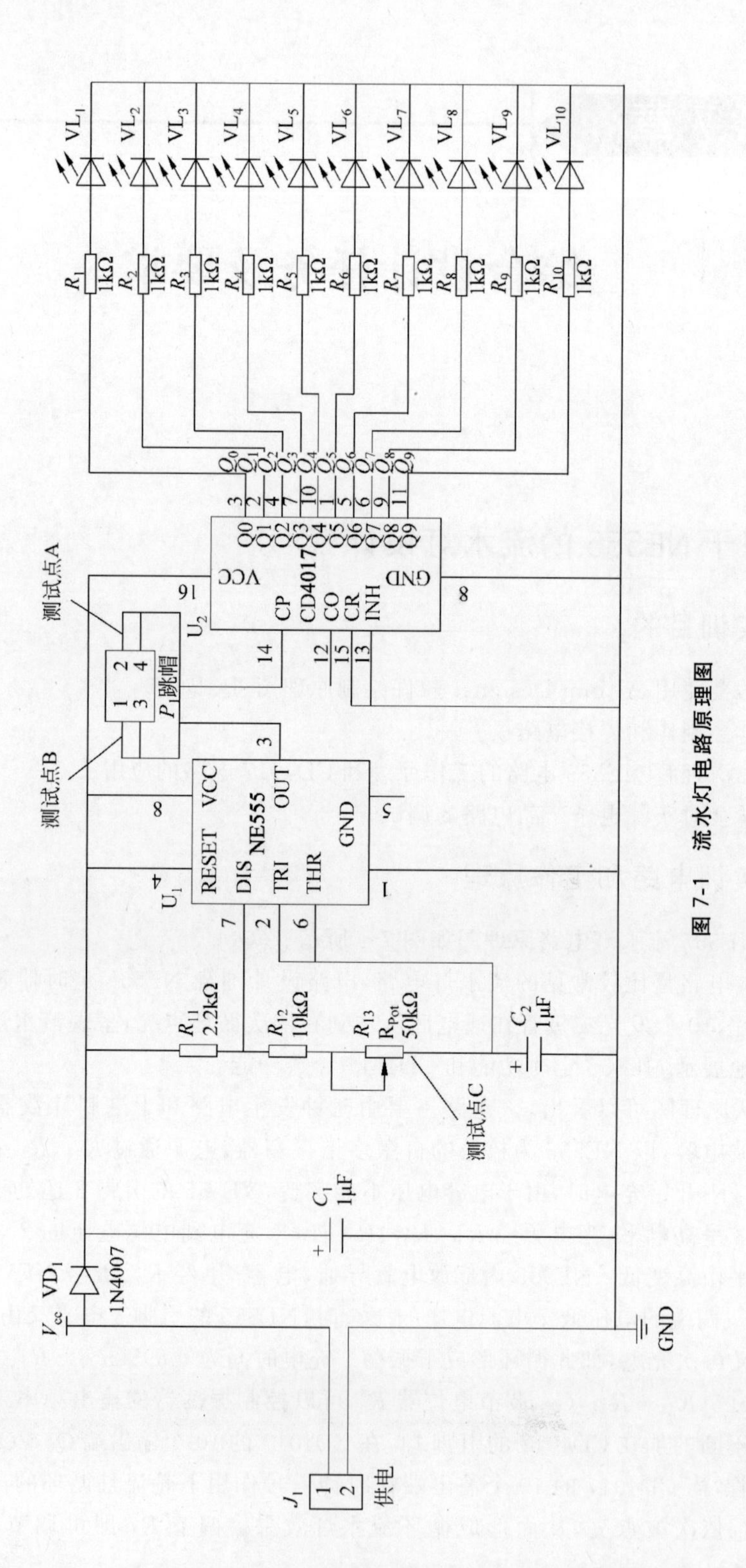

图 7-1 流水灯电路原理图

7.1.3 实训内容与实训步骤

(1) 原理图设计。参考第3章内容完成图7-1绘制。

(2) PCB图设计。参考第3章内容完成PCB设计。

(3) 电路板制作。参考第2章内容依次完成作品的热转印、腐蚀、沉锡、打孔等操作。

(4) 电路板焊接。焊接时需注意发光二极管和电容的极性,焊接方法参考第2章。

(5)电路板调试。给电路板接上5V直流电源,用示波器测试A、B、C 3个测试点的输出波形。

7.1.4 实训注意事项

(1) 发光二极管长的引脚是正极,注意发光二极管和极性电容的正负极,芯片缺口和底座缺口要跟板卡上的缺口方向一致。

(2) 先焊接贴片元件,再焊接直插元件,最后焊接发光二极管,按照从低到高的焊接原则。

(3) 示波器测试线有黑色夹子的一端接电路公共端,探头端(或者红色夹子端)接测试点。

(4) 直流电源连接到电路时,要按照规范连接,黑色的导线接电源负极,红色导线接电源正极。

7.1.5 知识扩展

(1) 本实验中所用的NE555属于555系列IC中的一种,用于计时。555系列IC的引脚功能及运用都是兼容的,其外围只需少数的电阻和电容,便可产生各种不同频率的脉冲信号供计时电路使用。

主要特点如下。

① 外围电路简单。只需简单的电阻器、电容器即可完成电路需要的振荡时间,延续时间可由几微秒至几小时不等。

② 工作电源范围大。可与TTL、CMOS等逻辑电路配合,即它的输出电平及输入触发电平均能与这些系列逻辑电路的高、低电平匹配。

③ 输出端的供给电流足够大,可直接推动多种自动控制的负载。

④ 计时精确度高、温度稳定度佳、价格便宜。

(2) 本实验中所用到的CD4017是一种十进制计数器/脉冲分配器,它具有10个译码输出端、1个时钟输入端、1个清除端、1个禁止端以及1个进位端。其时钟输入端具有施密特整形功能,对输入上升时间和下降时间无限制。CD4017常被用于计数、定时电路中。

7.1.6 元器件清单

NE555流水灯电路的元器件清单如表7-1所示。

表 7-1　NE555 流水灯电路元器件清单

标　号	名　称	规　格	数量/个
$R_1 \sim R_{10}$	电阻	1kΩ	10
R_{11}	电阻	2.2kΩ	1
R_{12}	电阻	10kΩ	1
R_{13}	卧式电位器	50kΩ	1
C_1、C_2	极性电容	1μF/50V	2
$VL_1 \sim VL_{10}$	发光二极管	5mm	10
VD_1	二极管	IN4007 型	1
U_1	芯片	NE555 型	1
U_2	芯片	CD4017 型	1
P_1	跳帽	2P 型	1

7.2　调光灯电路

7.2.1　实训目的

(1) 了解晶闸管、单节晶体管的结构和工作原理，熟悉这些元器件的应用电路，掌握这些元器件的检测方法以及电子产品线路的调试方法。

(2) 学会用 Altium Designer 软件绘制原理图、PCB 图。

(3) 学会制作和焊接电路板。

(4) 熟悉可控整流触发电路的基本形式和工作原理。

(5) 会用示波器测试相关波形。

7.2.2　实训电路与工作原理

(1) 图 7-2 为单相可控调压电路。

主电路中由二极管 VD_5、VD_6，晶闸管 V_8、V_9 构成单相半控桥式整流电路，其输出的直流可调电压作为照明灯 EL 的电源。改变晶闸管 V_8、V_9 门极脉冲电压的相位(即改变触发延迟角的大小)，便可以改变输出直流电压的大小，进而改变照明灯 EL 的亮度。控制电路由单结晶体管 VT_{10} 的触发电路构成，其作用是为晶闸管 V_8、V_9 的门极提供触发脉冲电压。调节电位器 R_P 的大小可改变触发脉冲的相位。

(2) 在图 7-2 中，220V 交流电压经变压器 T 降压和整流桥 $VD_1 \sim VD_4$ 整流后，得到一个正弦脉动电压，通过限流电阻 R_1 和稳压二极管 VD_7 削波而得到梯形波同步电压；电位器 R_P、电阻器 R_3、电容器 C 和单结晶体管 VT_{10}，组成了弛张振荡器。当电容器 C 的充电电压在每半个周期内达到单结晶体管 VT_{10} 的峰点电压时，单结晶体管 VT_{10} 便从截止转为导通，于是电容器 C 开始放电，并在电阻 R_5 上得到一组输出脉冲；其中第一个脉冲分别使晶闸管 V_8 和 V_9 触发导通，后面的脉冲对晶闸管的工作没有影响。注意，虽然从电阻 R_5 上取出的脉冲触发电压同时供给两只晶闸管，但是只有在晶闸管的阳极承受正向电压时才能导通。

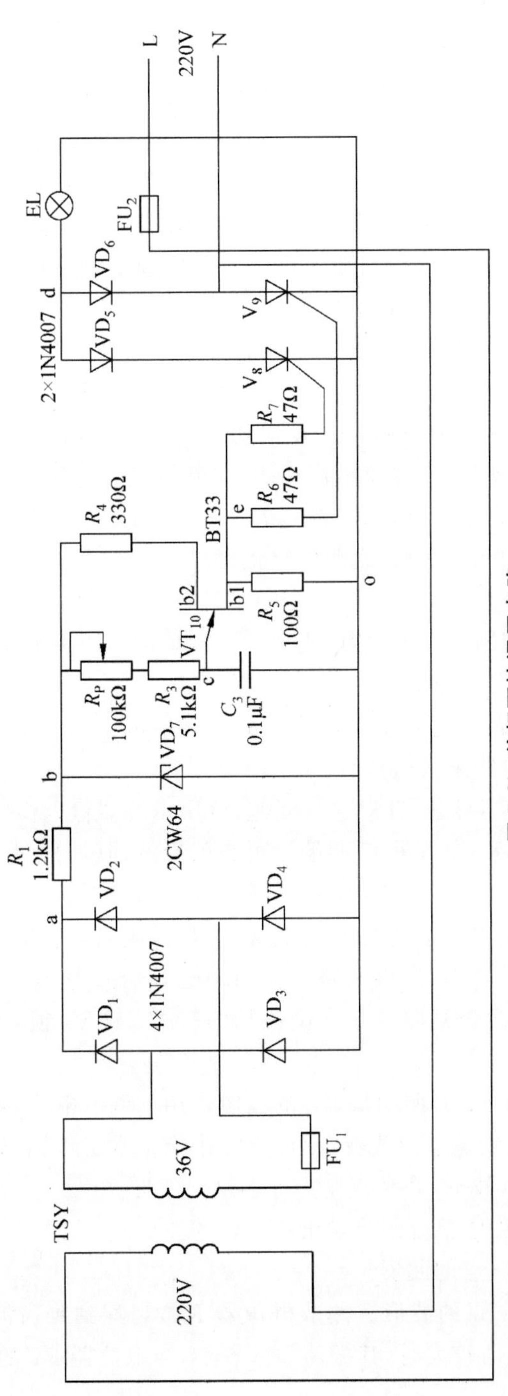

图 7-2　单相可控调压电路

另外,调节电位器 R_P 的阻值,可以控制每半个周期内晶闸管导通时间的长短,从而改变提供给负载的功率,达到调光的目的。

7.2.3 实训内容与实训步骤

(1) 按图7-6所示电路完成PCB电路图绘制、制板、焊接。

(2) 安装后的电路,经检查确认无误后,方可接通电源进行调试。其方法如下。

① 控制电路的调试 在控制电路接通24V交流电源后,先用示波器观察稳压二极管 V_7 两端的电压波形,应为梯形波;再观察电容器 C 两端的电压波形,应为锯齿波;最后,调节电位器 R_P,锯齿波的频率可均匀地变化。如果检测结果不符合上述波形,那么要待查明原因,排除故障后,再重新进行调试。

② 主电路的调试 用调压变压器给主电路施加一个较低的电压(30~36V),并用示波器观察晶闸管阳、阴两极之间的电压波形。波形中应有一段平直曲线,它是晶闸管的导通部分;调节电位器 R_P 时,波形中平线的长度应随之改变,表明晶闸管的导通角可调,电路能正常工作,否则要查明原因,待排除故障后,再重新调试。待检查无误后,给主电路加上工作电压,照明灯EL发光。调节电位器 R_P,当电位器 R_P 的阻值增大时,则照明灯EL变暗;当减小时,则照明灯EL变亮,说明电路正常。

(3) 电路的故障检查。

① 当电源接通后,熔断器立即烧断,出现这一现象的原因可能是二次侧接线短路;也可能是晶闸管 V_8、V_9 或者二极管 VD_5、VD_6 击穿短路。

② 若直流输出电压为0,这可能是因为下面3种原因:二极管 VD_5、VD_6 都已断路;晶闸管 V_8、V_9 已损坏;电路未接通负载。

③ 若晶闸管 V_8、V_9 不导通,针对这一问题,可用示波器检查稳压二极管 VD_7 两端有无梯形波,幅度是否足够大;电容器 C 两端是否有锯齿波,其波形可否移动;然后,检查晶闸管 V_8、V_9 门极与阴极之间是否有可移动的触发脉冲,触发脉冲的极性是否为正,触发脉冲幅度是否足够大。如果上述情况一切正常,但是晶闸管 V_8、V_9 仍不导通,那么可能是晶闸管的门极断路了或者阳、阴极断路了。如果电容器 C 两端有锯齿波电压,但无触发脉冲输出,那么可能是门极短路了。在确认晶闸管 V_8 或 V_9 损坏的情况下,可进行更换并重新调试,直至成功。

(4) 定性观察电位器 R_P 对照明灯EL的控制作用。调节电位器 R_P,若照明灯EL的明暗度能随着电位器 R_P 的调节而改变,则说明电路能正常工作;否则,说明电路有故障。用示波器观察电路中各点波形,并在直角坐标上绘出波形。

① 用示波器观察电路中整流部分输出端a点的波形。

② 观察稳压管两端b点的波形。

③ 观察电容器两端c点的波形。调节电位器 R_P,观察到锯齿波电压的振荡频率有变化。当电位器 R_P 的阻值较大时,其振荡频率较小,当电位器 R_P 的阻值较小时,其振荡频率较大。

④ 再观察电阻器 R_3 两端点d的波形。调节电位器 R_P,当电位器 R_P 的阻值较大时,脉冲后移;当电位器 R_P 的阻值较小时,脉冲前移。

⑤ 观察晶闸管阳极 A 和阴极 K 两端波形及照明灯 EL 两 e 点的波形。调节电位器 R_P,阳极电压波形应随电位器 R_P 的改变而变化。

各点波形如图 7-3 所示。

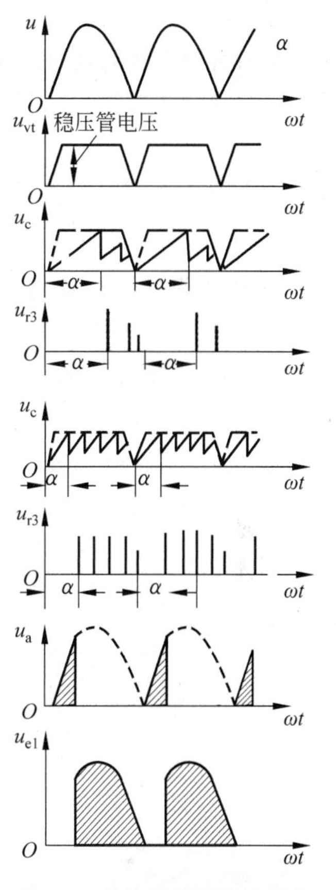

图 7-3 单相晶闸管直流调光电路各点波形图

7.2.4 实训注意事项

(1) 仔细检查主电路与控制电路接线是否正确,特别注意晶闸管的门极不要与其他部分短路。

(2) 控制电路不可用调压变压器作为电源,而主电路可用调压变压器的低电压进行调试。

(3) 观察晶闸管阳、阴两极之间的电压波形时,示波器的接地端应和保护接地点断开。

(4) 接 24V 电源使用示波器测试波形,确定波形正确无误再接入 36V 电源和灯。

(5) 调光灯电路元件清单。

7.2.5 知识扩展

1. 晶闸管的工作原理

普通二极管是一个双层(P,N)半导体,只有一个 PN 结。当二极管接电源使其 P 层电位高于 N 层时,二极管导通,称为正向接法或加正向电压;反之,称为反向接法加反向电压。

当晶闸管上加的电压使其阳极 A 的电位高于阴极 K 的电位时,称晶闸管承受正向阳极电压,如图 7-4 所示。该极性电压虽然使晶闸管两端的 PN 结 J_1、J_3 承受正向电压,但中间的 PN 结 J_2 承受反向电压,所以晶闸管不能导通,称为晶闸管的正向阻断状态或关断状态;当晶闸管上加的电压使其阳极 A 的电位低于阴极 K 的电位时,称晶闸管承受反向阳极电压,该极性电压使晶闸管两端的 PN 结 J_1、和 J_3 承受反向电压,虽然中间的 PN 结 J_2、承受正向电压,晶闸管也不能导通,称为反向阻断状态,也称关断状态。

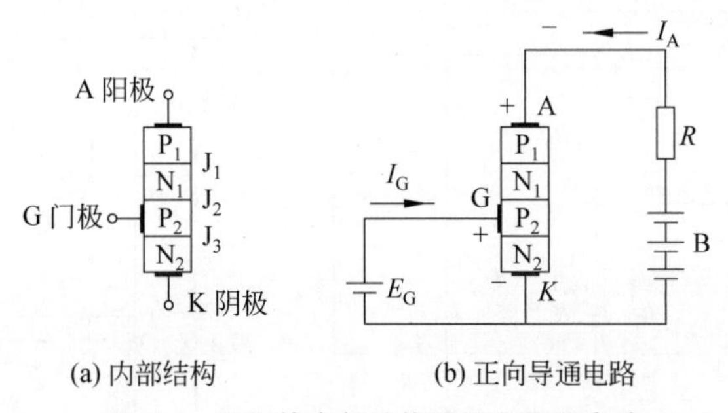

图 7-4 晶闸管内部结构及正向导通电路

以上是晶闸管门极不加任何电压的情况,由此得出结论:晶闸管的门极不加电压时,不论晶闸管阳极和阴极间加何种极性的电压,正常情况下的晶闸管都不导通,这点与普通二极管不同,此时晶闸管具有正、反向阻断能力。

晶闸管的阳极与阴极之间加正向阳极电压,同时在门极 G 与阴极 K 之间加电压使门极的电位高于阴极时,称门极承受正向门极电压,则有门极电流流入门极,如图 7-4 所示。I_G 较小时,晶闸管仍处于正向阻断状态,即关断状态。当 I_G 达到一定数值时,晶闸管由关断状态转为导通状态。这表明在晶闸管承受正向电压条件下,门极对其导通与否有控制作用。导通后的晶闸管类似二极管导通时的情形,电压降低较小。

2. 单结管的结构及特性

单结管是单结晶体管的简称,又称为双基极晶体管。它的内部结构如图 7-5(a)所示。在一个 N 型硅片的上下两端各引出一个电极,下边的称为第一基极 b_1,上边的称为第二基极 b_2(故称双基极晶体管),在硅片另一侧靠近 b_2 的部位掺入 P 型杂质,引出阳电极,称为发射极 e,发射极与 N 型硅片间构成一个 PN 结(故称单结管);图 7-5(b)是单结管的符号。

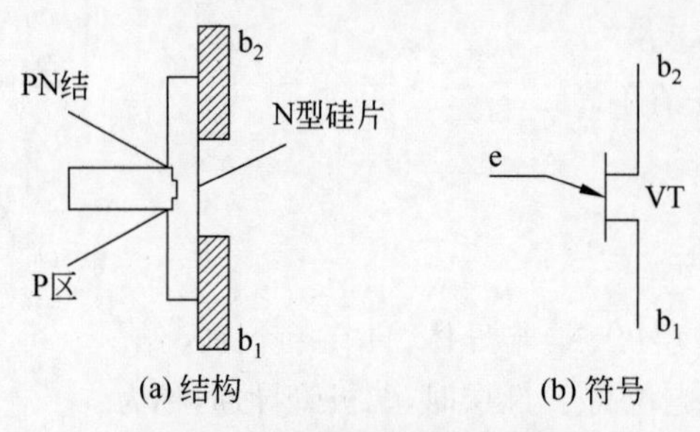

图 7-5 单结管的结构及符号

图 7-6(a)虚线框内是单结管的等效电路,外接实验用电源 EB 及 EE,图 7-6(b)是单结管的特性曲线。自 PN 结处的 A 点至两个基极 b_1、b_2 之间的等效电阻分别为 R_{b1}、R_{b2},当接上电源 EE 后,A 点与 b_1 之间的电压为

$$U_A=\frac{R_{b1}}{R_{b1}+R_{b2}}=U_{BB}=\eta U_{BB}$$

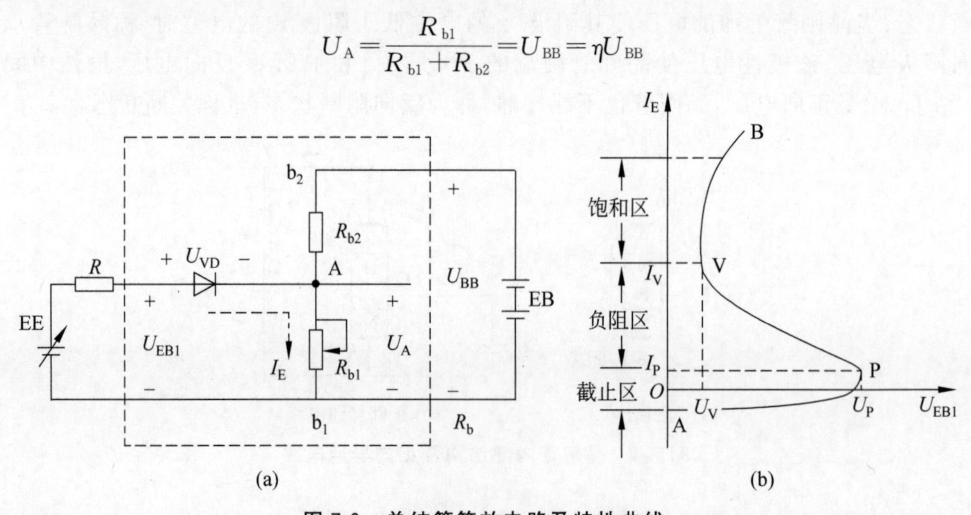

图 7-6 单结管等效电路及特性曲线

式中，$\eta=\frac{R_{b1}}{R_{b1}+R_{b2}}$，称为单结管的分压比，其数值主要与管子的结构有关，一般为0.5～0.8。

7.2.6　元器件清单

调光灯电路的元器件清单如表7-2所示。

表7-2　调光灯电路的元器件清单

标　　号	名　　称	规　　格	数量/个
VD_1～VD_6	整流二极管	IN4007型	6
VD_7	稳压二极管	2CW64型	1
C	电容	0.1μF	1
V_8、V_9	晶闸管	MCR100型	2
VT_{10}	单节晶体管	BT33型	1
R_1	电阻	1.2kΩ	1
R_3	电阻	5.1kΩ	1
R_4	电阻	330Ω	1
R_5	电阻	100Ω	1
R_6、R_7	电阻	47Ω	2
R_P	滑动变阻器	100kΩ	1

7.3　助听器电路

7.3.1　实训目的

（1）学会用Altium Designer软件绘制原理图、PCB图。

（2）学会制作和焊接电路板。

（3）培养理论联系实际的正确设计思想，训练综合运用已经学过的理论和生产实际知识去分析和解决实际工程问题的能力。

（4）学习设计较为复杂的电子系统的一般方法，提高基于模拟、数字电路等知识解决电子信息方面常见实际问题的能力，以及自行设计、自行制作和自行调试的能力。

（5）基于基本技能训练以下能力：基本仪器、仪表的使用，常用元器件的识别、测量、熟练运用，掌握设计资料、手册、标准和规范，常用仿真软件的使用，实验设备的调试。

7.3.2　实训电路与工作原理

（1）助听器电路原理如图7-7所示。

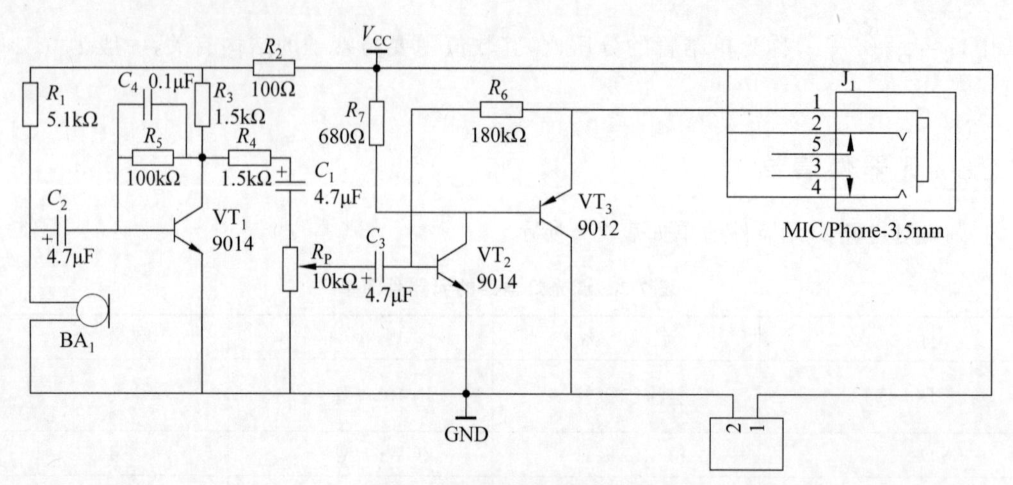

图 7-7 助听器电路原理图

(2) 图 7-7 中 BA_1 为驻极体送话器(俗称话筒),它可以将声波信号转换为相应的电信号,并通过耦合电容 C_2 送至前置低放进行放大,R_1 是驻极体送话器 BA_1 的偏置电阻,即为送话器正常工作提供偏置电压。

(3) 图 7-7 中 VT_1 为 NPN 三极管 9014,它与 R_5、R_3 等元件构成前级低频放大电路。将经 C_2 耦合来的音频信号进行前置放大,放大后的音频信号经 R_4、C_1 加到电位器 R_{P1} 上,电位器 R_{P1} 用来调节音量。

(4) 图 7-7 中 VT_2 为 NPN 三极管 9014,VT_3 为 PNP 三极管 9012,它们构成功率放大电路,将音频信号进行功率放大,并通过耳机插孔推动耳机工作。

7.3.3 实训内容与实训步骤

(1) 熟悉助听器工作原理。首先要识读原理图和印制电路板图。了解线路所用元器件的种类、规格、数量以及电路板的零件分布状况,熟悉电路和零件装配位置。

(2) 检测元件。按正确的方法检测各类元件(如已检测过,则本步骤操作可免)。如有不合格元器件,设法调换。

(3) 元器件成形与引脚处理。本机内元器件采用卧式插装,在装机前首先要对各元器件引脚进行成形处理,再将各元器件引脚准备焊接处进行刮削去污、去氧化层,然后在各引脚准备焊接处上锡。

(4) 元器件的插装与固定。将经过成形、处理过的元器件按 PCB 图进行插装,安装顺序按“先小后大”原则进行。插装时各元器件不能插错,特别要注意,二极管、三极管、集成电路、驻极体送话器、电解电容器等有极性的元件不能插反。

(5) 元器件的焊接与整理。细心处理好每个焊点,保证焊接质量,焊好后剪掉多余的引脚。

7.3.4 实训注意事项

(1) 注意三极管和电解电容的极性和型号,避免插反插错元器件。

(2) 电路安装好后,应该先认真进行通电前的检查,检查元器件安装是否正确。

(3) 调整直流电源为3V,通电后,先调整静态工作点。若使用信号源代替驻极体送话器输入一定波形的信号,则必须在输出端用示波器测试波形,判断是否为示波器的放大波形。

7.3.5 知识扩展

1. 系统电路的工作原理

在由晶体管 VT_1、VT_2 和 VT_3 组成的多级音频放大电路中,级与级之间采用阻容耦合的方式连接。前两级具有电压负反馈的偏置电路,能起到稳定工作点的作用。BA_1 由微型驻极体送话器,引出线用屏蔽线。微弱的声音信号由送话器变成电信号,经过音频放大电路多级放大,最后由耳机发出声音。

利用送话器将声信号转换成电信号或由电话输入音频信号,再利用三极管能将电流转折换成电压进行放大,用阻容耦合电路把各级放大电路连接起来组成一个电路,使第一级放大的信号通过第二级放大,从而组成多级放大电路,将微小的输入信号转换为合适的输出信号,直至满足需要,如图 7-8 所示。

2. 驻极体送话器

BA_1 是驻极体送话器,它有两个电极:一个叫漏极,用字母 D 表示;另一个叫源极,用字母 S 表示。两个电极之间的电阻约为 2kΩ,用万用表"$R\times k$"挡测两个电极并对着送话器正面轻轻吹气,它的阻值将随之增大,这说明此送话器性能良好,万用表阻值变化的范围越大,说明送话器的灵敏度越高。

3. 9014

9014 是非常常见的晶体三极管,在收音机以及各种放大电路中经常看到,它的应用范围很广,是 NPN 型小功率三极管,9014 三极管(TO-92 封装)如图 7-9 所示。

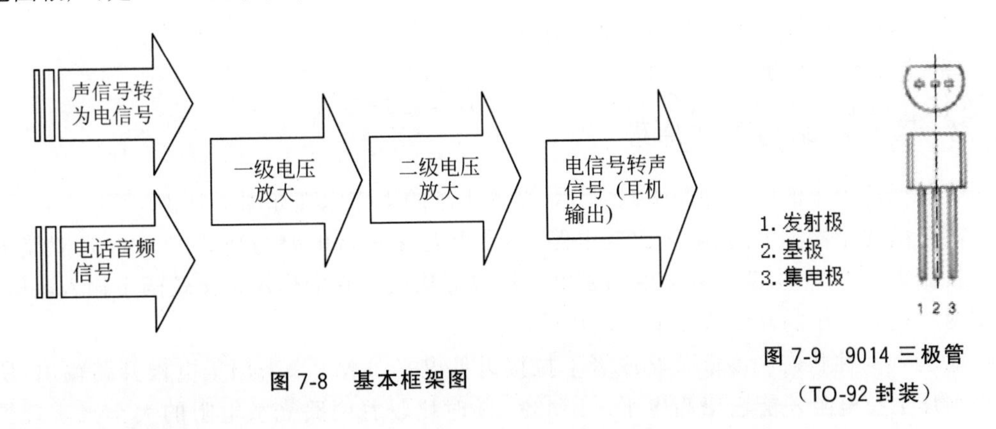

图 7-8 基本框架图

图 7-9 9014 三极管 (TO-92 封装)

7.3.6 元器件清单

助听器电路的元器件清单如表 7-3 所示。

表 7-3 助听器电路的元器件清单

标号	名称	规格	数量/个
R_1	电阻	5.1kΩ	1
R_3、R_4	电阻	1.5kΩ	2
R_5	电阻	100kΩ	1
C_1～C_3	极性电容	4.7μF	3
VT_1、VT_2	三极管	9014 型	2
BA_1	驻极体送话器	—	1
R_2	电阻	100Ω	1
R_7	电阻	680Ω	1
R_6	电阻	180kΩ	1
VT_3	三极管	9012 型	1
J_1	耳机插座	3F07 型	1
R_{P1}	可调电阻	10kΩ	1
P_1	接线端子	2.54 单排针	1
P_2	耳机插座	3F07 型	1

7.4 智能循迹小车

7.4.1 实训目的

(1) 学会用 Altium Designer 软件绘制原理图、PCB 图。
(2) 学会制作和焊接电路板。
(3) 熟悉电压比较器 LM393 的使用方法。
(4) 熟悉三极管驱动电路的功能和作用。
(5) 熟悉红外传感器的使用。

7.4.2 实训电路与工作原理

智能循迹小车的电路如图 7-10 所示,循迹小车的工作原理如图 7-10 所示。

电路由线路检测电路、电压比较电路、驱动电路和执行电路组成。LM393 是双路电压比较器集成电路,由两个独立的精密电压比较器构成。它的作用是比较两个输入电压,根据两路输入电压的高低改变输出电压的高低。

输出有两种状态:接近开路或者下拉接近低电平,LM393 采用集电极开路输出,所以必须加上拉电阻才能输出高电平。LM393 随时比较着两路光敏电阻的大小来实现控制。高亮度发光二极管发出的光线照射在跑道上,当照于白纸上时反射的光线较强,这时光敏电阻可以接收到较强的反射光,表现的电阻值较低,而当照射于黑纸上时,反射光较弱,表现的电阻值较高,循迹小车就是根据这一原理进行轨道识别工作的。

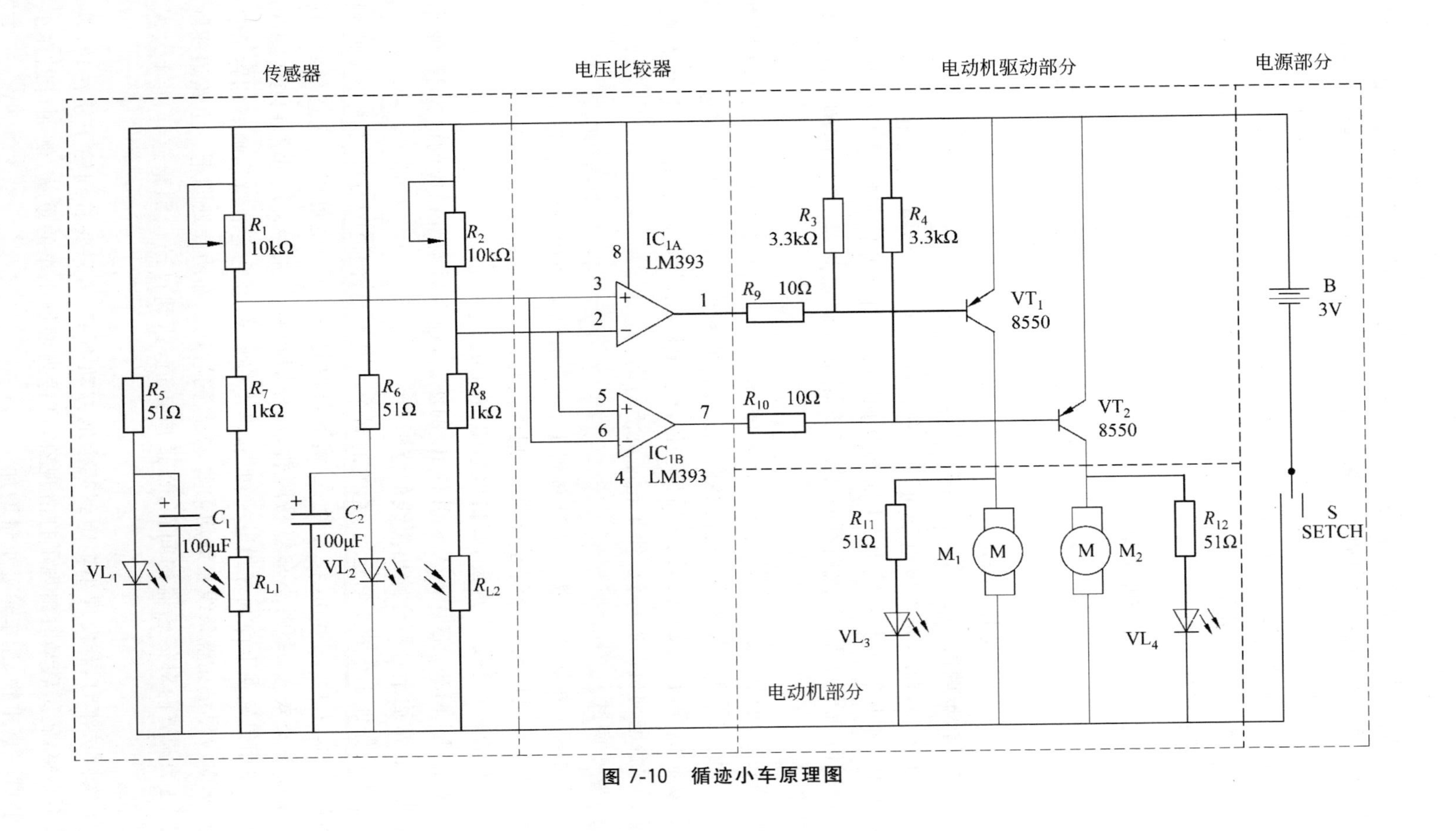

图 7-10 循迹小车原理图

工作前将小车中心导向轮放于轨道中心,两侧探测器位于两侧白纸处,当小车偏离跑道时,必有一侧探测器照到黑色跑道上,以 VL_1 为例,此时 R_3 阻值变大,这一变化使得 IC_1 的引脚2、5电压升高,当引脚5电压高于引脚6时,运放的引脚7便输出高电位,VT_2 截止,M_2 停止工作,由于两侧轮子一只停转,小车便向轮子停转侧弯转,使得 VL_1、R_3 这对探测器离开黑跑道,光线又照回白纸处,此时 M_2 又工作,当另一侧探测器照到黑跑道时,原理与前述类似,小车在整个前进过程中就是在不断重复上述动作,不断修正轨迹,从而实现沿跑道前进的目的。

7.4.3 实训内容与实训步骤

(1) 参照图7-10所示的电路图画出原理图和PCB图,器件脚号可查阅器件引脚排列图。

(2) 依照PCB图做出电路板。

(3) 进行初步调试。

① 为了方便调试,先不装电动机,取一张白纸,画一个黑圈,接通电源,可看到两侧指示灯点亮,将小车放于白纸上,让探测器照于黑圈上,调节本侧电位器,让这一侧的灯照到黑圈时指示灯灭,照到白纸时亮,反复调节两侧探测器,直到两侧全部符合上述变化规律。

② 两台电动机的转向与电流方向有关,焊好引线后先不要把电动机粘于印制电路板上,装上电池,打开开关,查看电动机转向,必须确保装上车轮后小车向前进的方向转动,若相反,应将电动机两线互换,无误后撕去泡沫胶上的纸,将电动机粘于印制电路板上,粘时尽量让两台电动机前后一致,使车轮能灵活转动。

(4) 整车调试。

① 试测驱动电路,开关拨在ON位置上,将8引脚IC的引脚1、引脚7、引脚4连接。这时的减速电动机应当向着前方转动,否则调换相应电动机的引线位置即可。如果电动机不转,应检查三极管是否焊反,基极电阻阻值(10Ω)是否正确。

② 断电将LM393芯片插入8引脚IC的座上,通电后调节相应的电位器,使小车能够在黑线上正常运走且不会跑出黑线的范围。

(5) 为了保证小车的正常运行,跑道的制作也很重要,跑道的宽度必须小于两侧探测器的间距,一般以15~20mm较为合适,跑道可以是一个圆,也可以是任意形状,但要保证转弯角度不要太大,否则小车容易脱轨,制作时可取一张A3尺寸的白纸(297mm×420mm),先用铅笔在上面画好跑道的初稿,确定好后再用毛笔沿铅笔画好的跑道进行上色加粗,画时应尽量让整条线粗细均匀些,等画完后让纸在阴凉处阴干。上跑道实际通电试车时,适当调整两对传感器的间距,以适应跑道,达到自动识别跑道并准确无误工作为止。

(6) 实际试车时,若发现小车跑到某个地方动不了了,只要看到轮子还在转,就说明跑道纸不平整,轮子转动时出现了打滑现象,可适当增加小车的重量,例如可以在小车的电池上装载一点重物,让车轮处重量增加。

7.4.4　实训注意事项

(1) 本实训接线较多,接线应仔细,避免接错。

(2) 组装之前进行各元器件进行检测。

(3) 8550NPN 三极管的 e、b、c 极应辨别清楚,LM393 芯片不要装反。

(4) 在整体测试前应该对每个模块进行详尽地测试,然后再进行整车调试。

(5) LM393 芯片功率较大,最好加装散热装置,如果在实验过程中出现过热现象,应迅速断开电源,再检查电路问题。

(6) 在实训调试之前,必须充分阅读和理解工作原理及各器件工作时所处的逻辑状态。

7.4.5　知识扩展

LM393 是双路电压比较器集成电路,由两个独立的精密电压比较器构成。它的作用是比较两个输入电压,根据两路输入电压的高低改变输出电压的高低。输出有两种状态:接近开路或者下拉接近低电平,LM393 采用集电极开路输出,所以必须加上拉电阻才能输出高电平。引脚及内部结构如图 7-11 所示,功能排列如表 7-4 所示。

表 7-4　LM393 的引脚功能

引脚序号	功　能	符号	引脚序号	功　能	符号
1	输出端 1	OUT1	5	正向输入端 2	1N+(2)
2	反向输入端 1	1N−(1)	6	反向输入端 2	1N−(2)
3	正向输入端 1	1N+(1)	7	输出端 2	OUT2
4	地	GND	8	电源	V_{CC}

光敏电阻能够检测外界光线的强弱,外界光线越强光敏电阻的阻值越小,外界光线越弱阻值越大,当红色发光二极管的光投射到白色区域和黑色跑道时,因为反光率的不同,光敏电阻的阻值会发生明显区别,便于后续电路进行控制。

三极管 8550 是一种常用的普通三极管。它是一种低电压、大电流、小信号的 PNP 型硅三极管,其内部原理如图 7-12 所示。

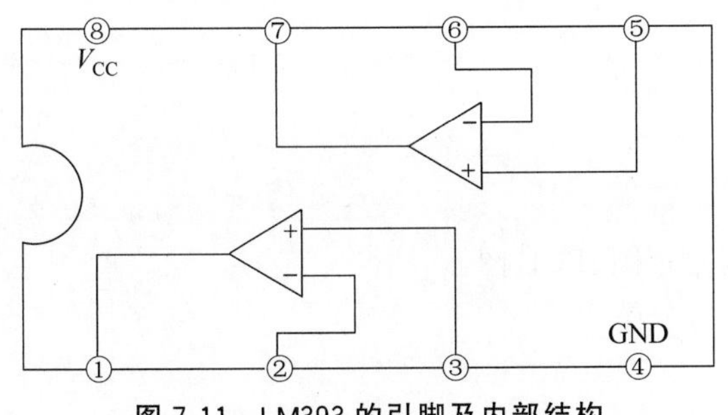

图 7-11　LM393 的引脚及内部结构

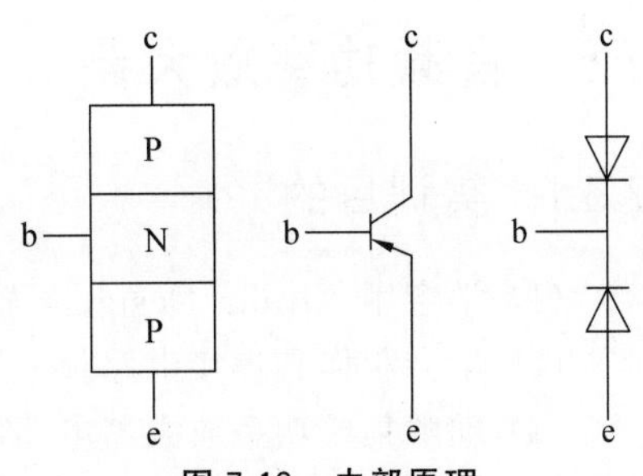

图 7-12　内部原理

工作原理：用 e→b 的电流(I_B)控制 e→c 的电流(I_C)，e 极电位最高且正常放大时通常 c 极电位最低。基极高电压，集电极与发射极开路。基极低电位，集电极与发射极短路，其封装如图 7-13 和图 7-14 所示。

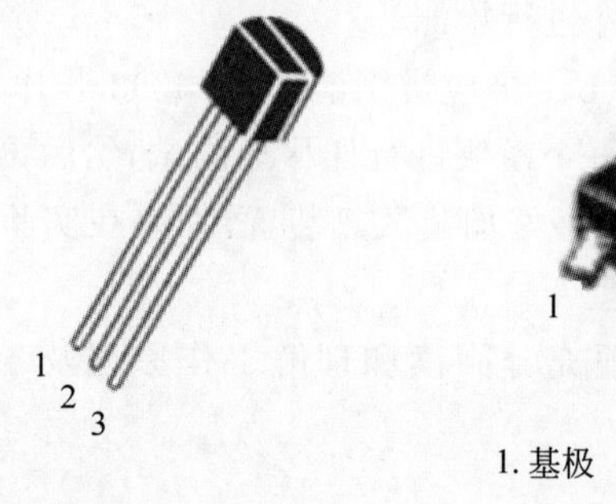

图 7-13 TO-92　　图 7-14 贴片封装

7.4.6 元器件清单

循迹小车电路的元器件清单如表 7-5 所示。

表 7-5 循迹小车电路的元器件清单

标　号	名　称	规　格	数量/个
C_1、C_2	极性电容	100μF	1
M_1、M_2	电动机变速箱	3V	2
R_1、R_2	可调电阻	10～500kΩ	2
R_3、R_4	电阻	3.3kΩ	2
R_5、R_6、R_{11}、R_{12}	电阻	51Ω	4
R_7、R_8	电阻	1kΩ	2
R_9、R_{10}	电阻	10Ω	2
R_{L1}、R_{L2}	光敏电阻	5528 型	2
S	自锁开关	8.5×8.5	1
VL_1、VL_2	发光二极管	5mm，红色	2
VT_1、VT_2	三极管	8550 型	2
VL_3、VL_4	发光二极管	3mm，绿色	2

7.5 音频功率放大器

7.5.1 实训目的

(1) 学会用 Altium Designer 软件绘制原理图、PCB 图。
(2) 学会制作和焊接电路板。
(3) 理解集成功率放大器电路的应用。
(4) 熟练掌握音乐专用芯片的选用。

7.5.2 实训电路与工作原理

(1) 通过音频线将 MP3、手机、计算机等设备的左、右两路音频信号输入到立体声盘式电位器的输入端,2 路音频信号再分别经过 C_1、R_2、C_4、R_3 耦合到功率放大集成电路 CS4863 输入端的 11、6 引脚,U_1(CS4863)为低电压 AB 类 2.2W 立体声音频功放 IC,U_1 对音频功率放大后由 12、14 引脚输出左声道音频信号,3、5 引脚输出右声道音频信号,然后推动两路扬声器工作。R_1 和 R_4 为反馈电阻。8、9 引脚为中点电压(2.5V),C_2 为中点电压滤波电容。C_3 为电源滤波电容。图 7-15 为应用 CS4863 作为音箱集成功率放大电路。

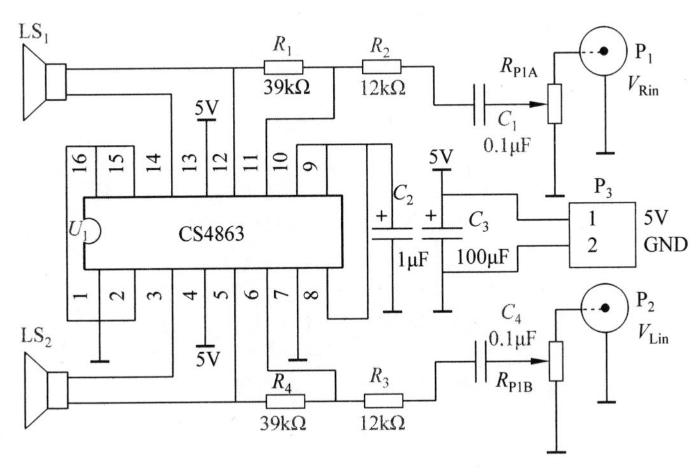

图 7-15 CS4863 集成功率放大电路

(2) CS4863 是一款双音桥音频功率放大器芯片,采用 5.0V 电源供电,当接立体声耳机时,芯片可以单终端工作模式驱动立体耳机。如果 CS4863 的输出端有一个高于 10kΩ 阻值的负载,CS4863 可能在高电位输出时会显现一些振荡。为了防止这振荡的出现,必须在功率输出和接地端之间连接一个 5kΩ 的电阻。CS4863 的引脚如图 7-16 所示,各个引脚的功能如表 7-6 所示。

表 7-6 CS4863 的引脚功能排列表

序号	名称	类型	说明
1	SD	I	关断端口
2、7、15	GND	Power	接地端
3	VO2b	O	正向输出端 A
4、13	VDD	Power	电源端
5	VO1b	O	反向输出端 A
6	INNb	I	正向输入端 A
8	INPb	I	正向输入端 A
9	INP	I	正向输入端 B
10	BYPASS	I	电压基准端

续表

序　号	名　称	类　型	说　明
11	INN	I	反向输入端 B
12	VO1	O	正向输出端 B
14	VO2	O	正向输出端 B
16	HP-IN	I	耳机/立体模式选择

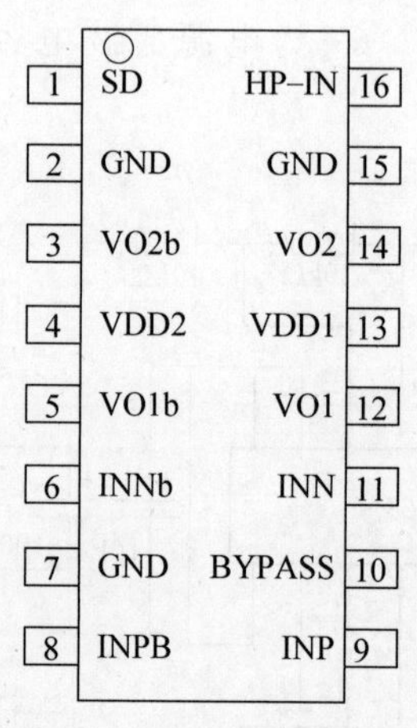

图 7-16　CS4863 的引脚

7.5.3　实训内容与实训步骤

(1) 按照电路图完成元件焊接。首先根据元件清单清点元件数量,并检测元件质量。根据电路原理图和元器件的印刷电路图,先焊接贴片元件,再焊插装元件。注意,贴片 IC 的焊接时不能过长,防止烫坏、短路。贴片 IC 上小圆点处为第 1 引脚,注意与电路图上的方向标记对应,防止方向焊反。

(2) 按照电路图完成接线。副音箱的扬声器线、音频输入线、USB 供电线均从主音箱后盖开孔中穿出后再焊接。USB 线内有两根线,红色为正,黄色为负,音频输入线三根,颜色分别为绿、红、黄,按电路图所示进行连接,线头要镀锡,然后焊接。焊接完成后,通电测试,调节电位器,使放大器正常工作。

7.5.4　实训注意事项

(1) 扬声器不要短路,否则会烧坏集成功放的芯片。

(2) 对 CS4863 内部的构造和工作过程,可不必探究。对于专用芯片,主要注意它的功能、引脚的接线和使用注意事项。

7.5.5　知识扩展

(1) 本电路使用的是 CS4863 低电压音频功率放大器,CS4863 的引脚排列及其典型应用如图 7-17 所示。

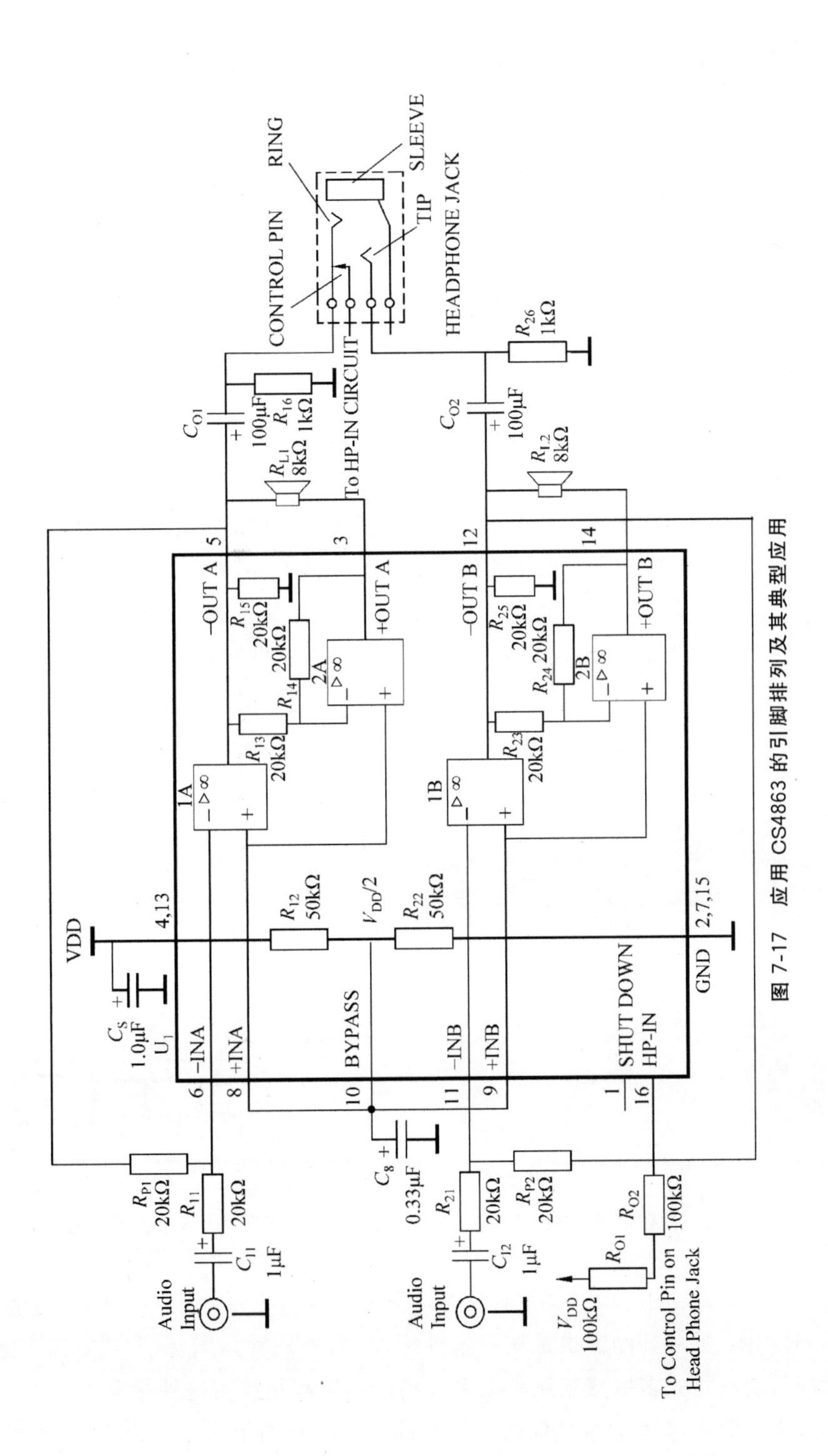

图 7-17　应用 CS4863 的引脚排列及其典型应用

LM4863 由 2 个运放电路组成,形成双通道(通道 A 和通道 B)立体放大器。针对 A 的说明,B 原理相同。外部电阻 R_F 和 R_I 设置构成 AMP1A 的闭环增益,而两个内置的 20kΩ 电阻形成 AMP2A 为－1 的增益。LM4863 通过连接两个放大器输出端口:VO2b 和 VO1b,来驱动负载。

AMP1A 的输出同时供 AMP2A 的输入,而且两个运放产生的信号幅度相同,相位相反。利用相位的不同,在 VO2b 和 VO1b 和桥式模式下放置一个负载,因此 LM4863 增益如下:

$$A_{VD}=2\times(R_F/R_I)$$

为驱动负载,运放设置成桥接方式。桥接方式不同于一些常见的运放电路把负载的一边接到地,在同等条件下能使负载产生 4 倍的输出功率。

(2) 3.5mm 前置音频插座的结构。首先要了解前置音频插座的结构。机箱的前置音频面板采用开关型和无开关型两种 3.5mm 微型插座如图 7-18 所示。

开关型的 2—3,4—5 端是两个开关,当没有插头插入时,2—3,4—5 端是导通的,当插头插入时 2—3,4—5 端断开。无开关的就没有 3、4 两个开关端。

3.5mm 耳机的插头分为 3 段式和 4 段式两种。3 段式插头是计算机上常见的,有 3 根线(左声道、右声道、地线);4 段式插头则是用于手机,共有 4 根线,用于连接送话器电路。

① 3 段式:如图 7-19 所示,3 段式音频插头从左到右依次分为左声道、右声道和地线。

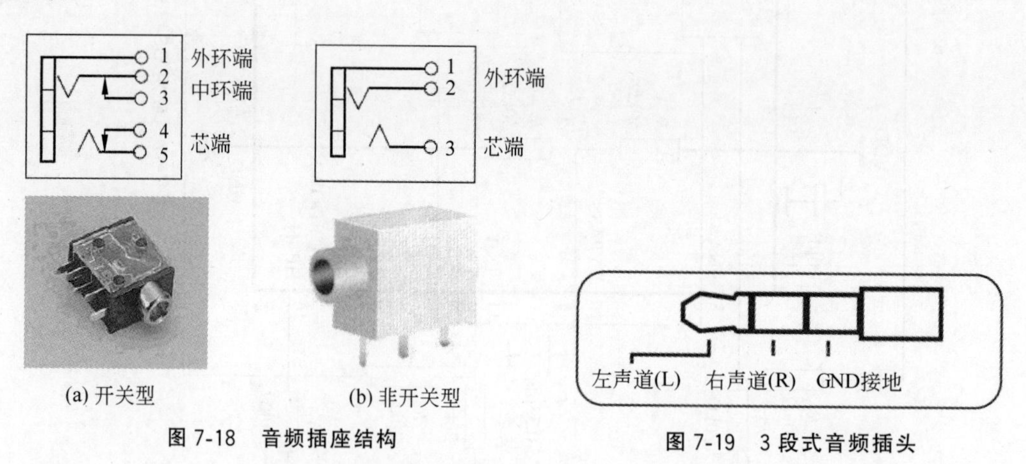

(a) 开关型　　(b) 非开关型

图 7-18　音频插座结构

图 7-19　3 段式音频插头

② 4 段式:3.5mm 的 4 段式耳机插头分为两种:一种是美标版(CTIA),也称为“苹果标准”,同时小米、魅族等品牌也是使用这种标准;另外一种是国标版(OMTP),也称为“诺基亚标准”,现在绝大多数诺基亚和大多数国产手机都是使用这种标准。

- 美标版(CTIA):美标版耳机插头的安排从末端开始依次是左声道、右声道、地线和 MIC,如图 7-20 所示。
- 国标版(OMTP):国标版耳机插头的安排从末端开始依次是左声道、右声道、

MIC 和地线，如图 7-21 所示。

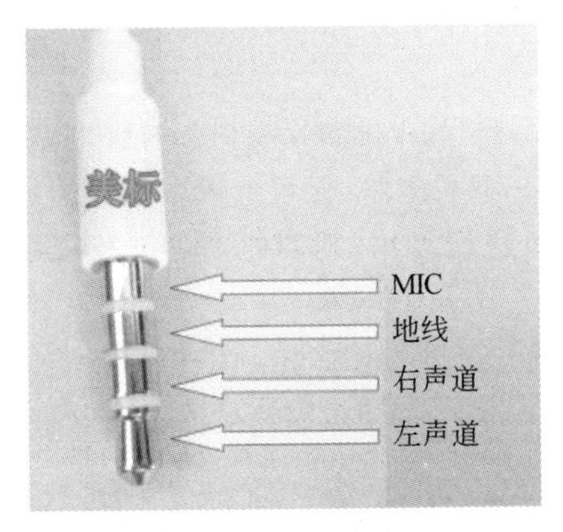

图 7-20 美标版插头

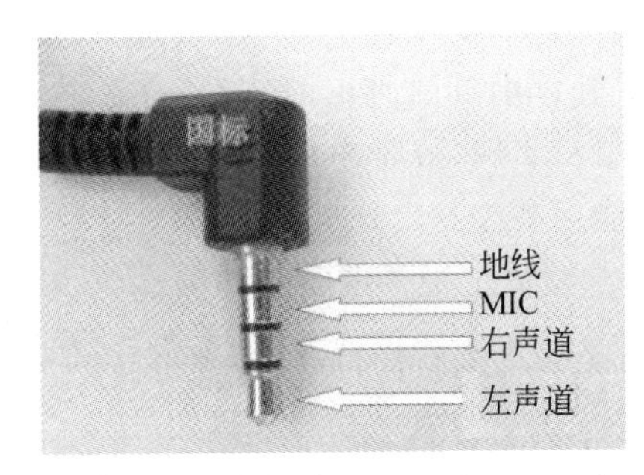

图 7-21 国标版插头

7.5.6 元器件清单

音频功率放大器电路的元器件清单如表 7-7 所示。

表 7-7 音频功率放大器电路的元器件清单

标　　号	名　　称	规　　格	数量/个
R_1、R_4	电阻	39kΩ	2
R_2、R_3	电阻	12kΩ	2
R_{P1}	双联电位器	50kΩ	1
C_3	极性电容	100μF	1
C_1、C_4	极性电容	0.1μF	2
C_2	极性电容	1μF	1
U_1	集成芯片	CS4863 型	1
LS_1、LS_2	耳机	4Ω、3W	2
P_1、P_2、P_3	插头	2P 型	3

7.6 电子沙漏

7.6.1 实训目的

(1) 学会用 Altium Designer 软件绘制原理图、PCB 图。

(2) 学会制作和焊接电路板。

(3) 熟悉 STC15W201S 单片机的使用方法。

(4) 熟悉单片机最小系统的工作原理。

(5) 学会使用 C 语言编程和下载相关的软件。

(6) 学会用C语言进行单片机的编程与调试。

7.6.2 实训电路与工作原理

(1) 单片机最小系统。由于选用的STC15W201S单片机芯片有内部时钟电路,所以不需要外部增加时钟电路,只需在芯片上外接ISP下载电路,便可形成单片机的最小系统,简单易实现,故障率低。若将TXD、RXD端口进行复用,则即能满足下载程序的要求,也能用来控制发光二极管。

(2) 发光二极管电路。外围电路为54个发光二极管按照一定顺序排列形成。发光二极管采用矩阵式排列方式,最大程度地利用I/O端口的资源,因此形成沙漏效果,不需要其他的外围电路。

(3) 按键。单片机I/O端口默认悬空时为高电位,采用经过按键后直接接地的方式,最大程度地简化了电路。当按键按下时,由于单片机引脚直接接地,所以将单片机引脚的电位降低,产生下降沿,从而触发中断程序。

(4) 水银开关。水银开关用于判断电路板的状态,即组成沙漏的两个三角形发光二极管点阵哪个在上面,以便控制发光二极管的亮灭状态。

(5) 供电。设计采用外接接线柱的方式供电,可以直接使用两节干电池供电,也可以使用纽扣电池或者其他电源供电。供电电压为3.3V或5V均可。

7.6.3 实训内容与实训步骤

(1) 根据图7-22画出电路原理图和PCB图。

(2) 根据PCB图制作出PCB板并焊接。

用STC15W201S单片机作为控制器,在它的P1、P3接口接有57只以矩阵的方式连接的高亮度发光二极管,由单片机输出低电平点亮。S_1是电源开关,用来控制整个电路板的开关。

57只发光二极管作为57个像素点,拼接成两个三角形,组成沙漏形状,程序控制上方的发光二极管按照一定顺序灭掉,控制下方的发光二极管按照一定顺序亮起来,形成沙漏里沙子从上方容器漏到下方容器的效果。

水银开关的作用是,沙漏放置时,两个三角形总是有一面在上方,一面在下方,沙漏总是从上往下漏的,故需要一个传感器来判断哪一个三角形在沙漏的上半部分。水银开关的一端朝下是导通状态,另一端朝下时处于关断状态,故可以通过水银开关的导通状态来判断沙漏的朝向以便进行发光二极管的控制。

另外,为了达到沙漏流动时间的稳定可调,启动一个计时器,计时时间设定为一粒沙子流下所需要的时间,将水银开关关断状态的判断和发光二极管显示的函数放入计时器,可以实现精确的显示时间和流速控制。

(3) 设计软件。软件部分包括主函数程序、计时器中断服务程序、时延子程序以及显示子程序。软件设计流程如图7-23所示。

(4) 完成程序编写与调试。保证发光二极管能正常发光且能正常显示出沙子在沙漏

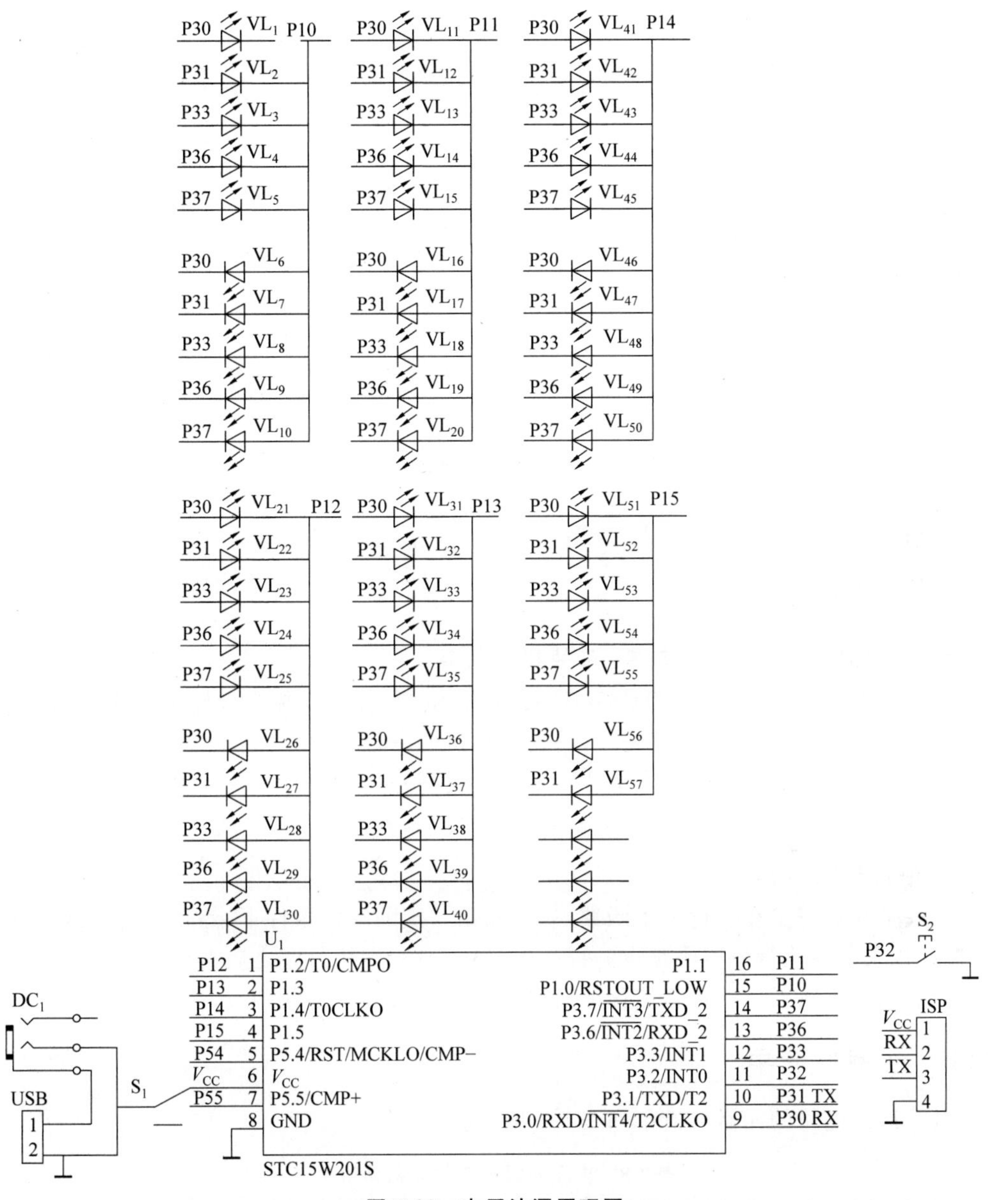

图 7-22　电子沙漏原理图

中从上往下流动的效果。

7.6.4　实训注意事项

（1）避免电路发生短路烧毁芯片或电路板。

（2）参照技术手册，对 STC15W201S 单片机内部电路进行了解，主要注意它的功能、引脚的接线和使用注意事项。

（3）充分了解水银开关的使用方法，了解单片机的中断的机制。

（4）程序使用时延函数不使用计时器也可以实现类似功能，不过时间控制的精度和

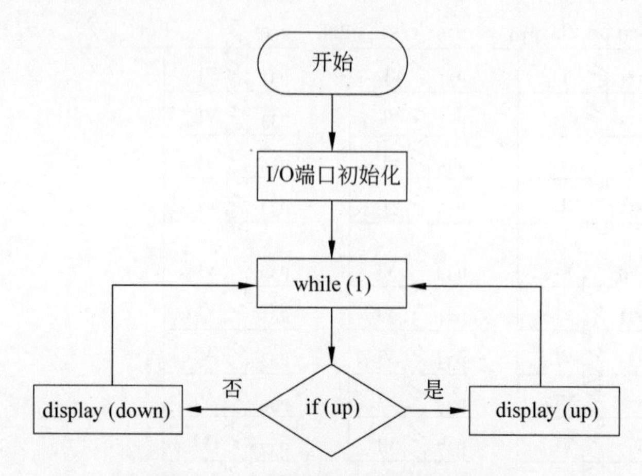

图 7-23　电子沙漏设计软件流程图

稳定性相比计时器而言会差很多。

7.6.5　知识扩展

1. STC15W201S 单片机与 51 单片机的关系

STC15W201S 单片机与 STC89C51 在外形、资源、技术支持以及功能上有很大差异，但是 STC15W201S 单片机依然是 51 系列单片机的内核，指令集基本一致，大部分软件都可以通用，只不过 STC15W201S 单片机集成度更高一些，增加了一些 51 单片机基础型号不具备的功能。总之，它们从本质上讲属于同一个系列的单片机。

2. 单片机的中断

中断是在程序正在执行一个函数时，在满足一定的触发条件下，停止当前的函数的执行，根据触发条件执行另一段预设的程序，当另一段程序执行完之后再返回之前程序停止的地方继续往下执行。停止当前程序后执行的程序段即为中断函数。

7.6.6　元器件清单

电子沙漏电路的元器件清单如表 7-8 所示。

表 7-8　电子沙漏电路的元器件清单

标　号	名　称	规　格	数量/个
VL_1～VL_{57}	发光二极管	3mm	57
U_1	单片机	STC15W201S 型	1
S_1	水银开关		1
USB	USB 接口		1
S_2	按键开关		1
ISP	排针	四针	1
DC_1	排针	两针	1

7.7 基于51单片机的16位发光二极管摇摇棒电路设计

7.7.1 实训目的

(1) 学会用 Altium Designer 软件绘制原理图、PCB 图。

(2) 学会制作和焊接电路板。

(3) 熟悉 STC89C52 单片机的使用方法。

(4) 熟悉单片机最小系统的工作原理。

(5) 学会用 C 语言进行单片机的编程与调试。

7.7.2 实训电路与工作原理

1. 单片机控制模块

用单片机想要控制发光二极管显示只需要定时输出就可以,但每个人摇动的速度不一样,如何准确的并稳定地变换图案呢? 这就需要用到外部中断。将水银开关的两个引脚一端接 V_{CC},一端接 GND,这样的话,当摇棒向一边运动时发光二极管按照程序编辑好的规律显示,而向另一边运动时发光二极管全灭,此时一个周期就会产生一个下跳沿的信号,信号传递给单片机的 INTn 产生中断,对中断的数量计数,当计到 10 时便转换显示的图案,当依次显示完后便回到初始状态进行循环。

由于人的视觉滞留时间长达 0.1s,所以在每显示完一列发光二极管后加入一个合适的时延(如 5ms),每个字之间加入时延(如 15ms),这样,就能看到静态的稳定的字并且每个字之间是有空隙的。为了让字能够在空间的中部显示,在启动中断显示后时延合适的时间,使棒在半圆轨迹的大约 1/4 处开始显示,这样看到的字方向上才比较正。

2.水银开关与振动开关

水银开关,又称倾侧开关,是电路开关的一种,以一个接着电极的微型容器储存一小滴水银,并在其中注入惰性气体或使之真空。

仔细观察水银开关,实际上它是一个封闭的玻璃管,里面有两个分开的导线和一段水银球,当玻璃管的平衡位置变化时,水银球会来回移动,当水银球移动到两根导线时,因水银是导体,故电路变为通路,此时接收器处于工作状态,反之,水银球远离两根导线时为断路,此时接收器处于非工作状态。

由于水银开关的触点经过高频率地接通与断开会发生氧化造成接触不良,因此改用振动开关。

7.7.3 实训内容与实训步骤

(1) 参照图 7-24 所示的电路图画出原理图和 PCB 图。

(2) 根据 PCB 图做出电路板并将元器件焊接到上面。硬件连接上用振动开关产生的电位转换引发中断并传递给单片机,再由单片机调用点阵文件输出到发光二极管上。

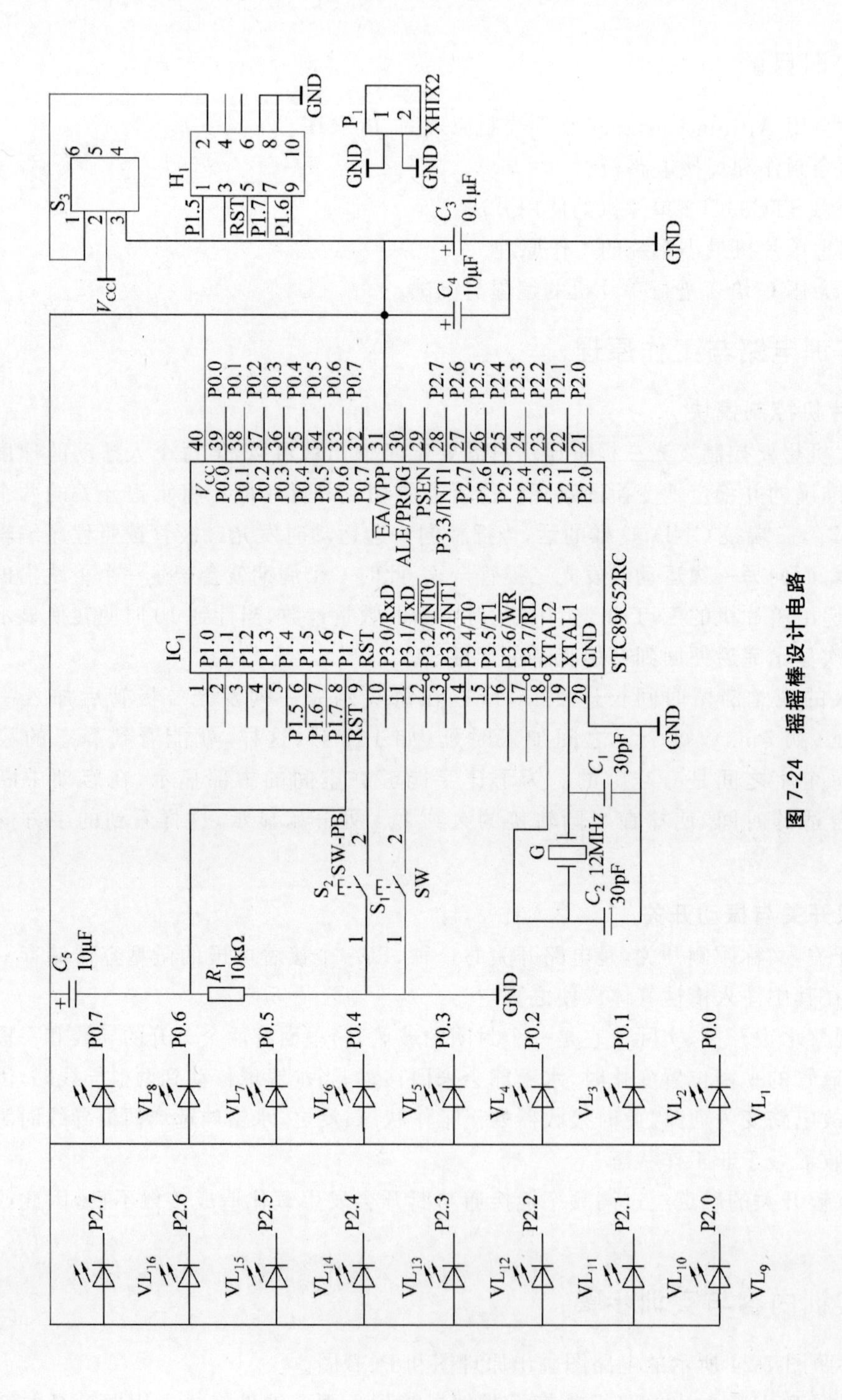

图 7-24 摇摇棒设计电路

STC89C52单片机作为控制器，在P0、P2端口接有16支以共阳极方式连接的高亮度发光二极管，由单片机输出低电位点亮。S_1是振动开关，S_2是画面切换开关，用于切换显示不同内容；系统电源V_{CC}为5V，实际使用时用3节干电池串联(4.5V)即可。

16支发光二极管发光管作为画面每一列的显示，左右摇晃起到了扫描的作用，人眼的视觉暂留现象使得看到的是一幅完整的画面。摇摇棒在晃动时，只能在朝某一方向摇动时显示，否则会出现镜像字或镜像画面，所以通过接一支振动开关来控制，使摇摇棒从左向右摇动时将内容显示出来。

(3) 设计软件。软件部分包括主函数程序、中断服务程序、时延子程序以及4个显示子程序，软件的设计流程如图7-25所示。

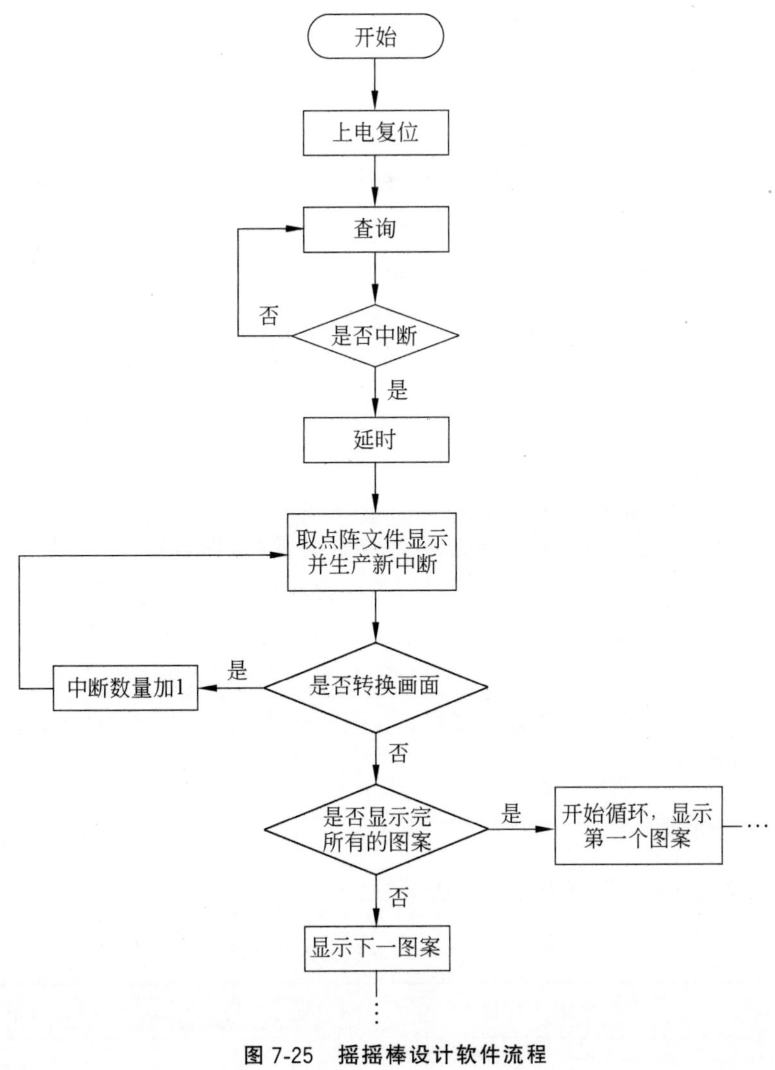

图7-25 摇摇棒设计软件流程

(4) 完成程序编写与调试。保证发光二极管能正常发光且能正常显示文字。

7.7.4 实训注意事项

(1) 电路板焊好后,要仔细检查,最好使用万用表检查焊点的连接性,检查是否有短路情况,以免发生短路烧毁电路板或者芯片。

(2) 对 STC89C52 单片机内部电路进行了解,主要注意它的功能、引脚的接线和使用注意事项。

(3) 注意振动开关安装时,因振动开关只在一侧会导通,而一般的阅读习惯为由左至右,故可以将导通的一侧放在左边,而且振动开关必须横置,这样才能保证在左右摇动时反复的触发中断。

(4) 因为以晶振为核心的单片机外部时钟电路中时钟信号比较弱,所以在设计 PCB 板的时候,不能离单片机过远,否则容易出现单片机不起振的情况。

7.7.5 知识扩展

1. 晶振是什么?怎么给单片机提供时钟信号

晶振(晶体谐振器),是一种机电器件,它是由电损耗很小的石英晶体经精密切割磨削并镀上电极,焊上引线制成的。这种晶体有一个很重要的特性,如果给它通电,它就会产生机械振荡,反之,如果给它机械力,它又会产生电,这种特性称为压电效应。因为石英晶体的体积很小且非常稳定,当在石英晶体的两端加上交变电压时,会产生的振动又会产生新的电压,且此电压频率既高又稳定。将此频率作为电信号传给单片机,就可作为单片机的时钟源。

2. 自锁开关与按键开关的区别

自锁开关是在开关按钮第一次按时,开关接通并保持,即自锁,在开关按钮第二次按时,开关断开,同时开关按钮弹出来。按键开关的特性是不按不通电,按住通电,放手后回弹断电。项目中使用的自锁开关还具有单刀双掷开关的特性,即一排的 3 个脚中有一个是公共脚,按下状态时公共脚与其中一个脚通,与另一个断开,弹起状态时则相反。假设 3 个脚为 A、B、C,A 为公共脚,当按下之后,A 与 B 导通,与 C 断开。再次按下后弹起,A 与 C 导通,与 B 断开。

7.7.6 元器件清单

摇摇棒电路的元器件清单如表 7-9 所示。

表 7-9 摇摇棒电路的元器件清单

标　　号	名　　称	规　　格	数量/个
$VL_1 \sim VL_{16}$	发光二极管	3mm	16
IC_1	单片机	STC89C52	1
S_1	振动开关	—	1

续表

标　　号	名　　称	规　　格	数量/个
S_2	按键开关	—	1
S_3	自锁开关	六角双开	1
H_1	排针	DIP5	1
P_1	排针	两针	1
G	晶振	12MHz	1
C_1、C_2	陶瓷电容	30pF	2
C_3	极性电容	0.1μF	1
C_4、C_5	极性电容	10μF	2
R_1	电阻	10kΩ	1

7.8　脉搏心跳测量仪

7.8.1　实训目的

(1) 学会用 Altium Designer 软件绘制原理图、PCB 图。

(2) 学会制作和焊接电路板。

(3) 熟悉 STC89C52 单片机的使用方法。

(4) 熟悉 STC89C52 单片机最小系统的工作原理。

(5) 学会用 C 语言进行单片机的编程与调试。

(6) 学会红外传感器的使用。

(7) 学会单片机、液晶显示屏及按键的使用。

7.8.2　实训电路与工作原理

(1) 单片机最小系统。单片机芯片选用为 STC89C52，配合 12MHz 晶振提供振动信号，5V 供电。使用外接的 ISP 下载器，只需要将 V_{CC}、GND、TXD 和 RXD 这 4 个引脚引出，便可以形成下载电路，组成完整的单片机最小系统电路。

(2) 信号采集电路。采用红外对管，红外对管通过接收管接收发射管的红外信号，从而判断两个管中间阻碍物或对管朝向方向的反光度。红外对管电路简单，工作性能稳定。

(3) 外围人机交互电路。电路设计了一组按键，用来切换功能，同时也能够用来调整一些参数，便于软件的调试和现场的维护。同时使用 LCD 显示器来显示采集的实时信息，将测试结果直接显示在 LCD 上。

7.8.3 实训内容与实训步骤

(1) 参照图 7-26 所示的电路图画出原理图和 PCB 图。

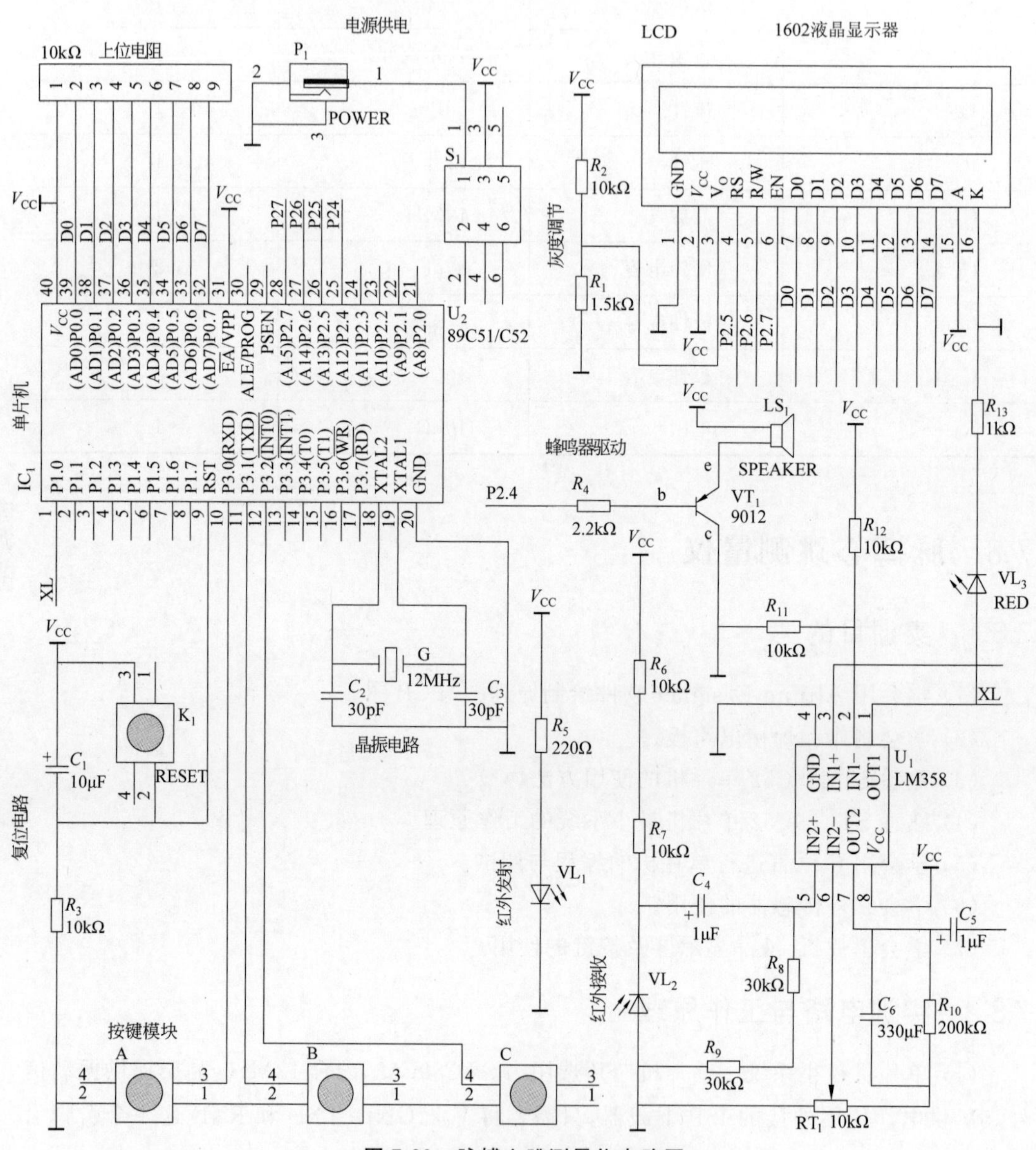

图 7-26 脉搏心跳测量仪电路图

(2) 根据 PCB 图做出电路板并将元器件焊接到 PCB 板上。

STC89C51 单片机作为控制器，按键模块儿一组 3 个模块，在按键按下之前，I/O 口状态为高电平，按键按下时直接接地，I/O 口的状态转换为低电平。单片机通过检测各个 I/O 的状态来判断对应的哪个 I/O 口被按下，做出相应的反应。

采用红外对管，对管分红外发射对管，接收对管。红外发射对管上电直接工作，不停的发射红外信号,红外接收管接收发射管发射的信号,将信号的参数信息经过放大传递给单片机采集人体的脉搏信息,提供给单片机,以便于程序进行下一步的计算。

采用 LCD 显示器,占用单片机资源少,可以将检测的脉搏,心率等信息实时地显示出来,同时在软件调试阶段也可以用来显示一些系统的参数,调试参数等。

(3) 软件设计。软件部分包括主函数程序、中断服务程序、延时子程序、采集程序以及显示子程序等。软件设计流程如图 7-27 所示。

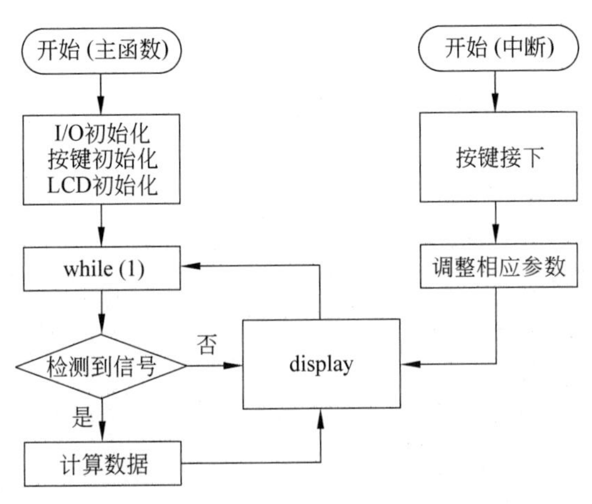

图 7-27 脉搏心跳测量系统软件流程

(4) 完成程序编写与调试。保证系统能正常工作,且能正常显示出室内的温湿度信息,同时能够自动控制电机来控制环境内的温湿度。

7.8.4 实训注意事项

(1) 焊接完成后对电路板做仔细检查,避免发生短路烧毁电路板或芯片。

(2) 对 STC89C52 单片机内部电路进行了解,主要注意它的功能、引脚的接线和使用注意事项。

(3) 了解红外对管的使用方法,红外对管的有效检测距离较近,安装时应注意。

(4) 了解 LCD 的使用方法,正确地使用 LCD 来显示想要显示的信息,正确调整信息的格式,字体等属性。

(5) 了解按键检测的检测机制,写出相应的程序来调试按键的稳定性。

7.8.5 知识扩展

1. 为什么要加上拉电阻

上拉就是将不确定的信号通过一个电阻钳位在高电平,电阻同时起限流作用。下拉同理,也是将不确定的信号通过一个电阻钳位在低电平。上拉是对器件输入电流,下拉是输出电流。单片机虽然能够通过程序控制对外输出高低电平,但是受芯片性能影响,I/O 口的驱动能力很弱,一旦电流过大会拉低引脚电平,影响工作的稳定性。加入上拉电阻或者下拉电阻后，单片机引脚只输出控制信号，不直接驱动外围器件，有利于系统的稳定性。

2. LCD1602 名称的来源

LCD1602 是一种工业字符型液晶显示屏，参数有显示精度、最大显示字数等，LCD1602 的屏幕每行最大显示 16 个字符，屏幕只有两行，显示的最大字数为 16×2=32 个字符，故型号为 1602。其他显示屏例如 12864，则代表显示精度为 128×64，以此命名有特点、易记忆且表明了屏幕的主要参数。

7.8.6 元器件清单

测量仪电路的元器件清单如表 7-10 所示。

表 7-10 测量仪电路的元器件清单

标号	名称	规格	数量/个
A、B、C、K_1	按键	3mm	4
U_1	驱动芯片	LM358 型	1
U_2	单片机	STC89C52 型	1
VL_1	红外发光二极管(红外发射)	—	1
VL_2	红外光电二极管(红外接收)	—	1
VL_3	发光二极管，红色	3mm	1
LCD	液晶显示屏	1602 型	1
VT_1	三极管	9012 型	1
G	晶振	12MHz	1
C_1	极性电容	10μF	1
C_2、C_3	陶瓷电容	30pF	2
C_4、C_5	极性电容	1μF	1
C_6	陶瓷电容	330pF	1
R_1	电阻	1.5kΩ	1
R_2、R_3、R_6、R_7、R_{11}、R_{12}	电阻	10kΩ	1
R_4	电阻	2.2kΩ	1
R_5	电阻	220Ω	1
R_8、R_9	电阻	30kΩ	1
R_{10}	电阻	200kΩ	1

续表

标　　号	名　　称	规　　格	数量/个
R_{13}	电阻	1kΩ	1
R_{T1}	电位器	10kΩ	1

7.9 基于51单片机的心形灯

7.9.1 实训目的

(1) 学会用 Altium Designer 软件绘制原理图、PCB 图；

(2) 学会制作和焊接电路板。

(3) 学习 STC89C52 单片机的使用方法。

7.9.2 实训电路与工作原理

该项目使用发光二极管作为像素点，使用 32 个发光二极管组成一个心形。因为每一个发光二极管的状态都能够通过程序随时控制，故所有的发光二极管都能够根据自己的设计表现出不同的状态，从而做出极为漂亮的效果。同时，因为 89C52 拥有完整的 4 组 I/O 端口，可以使用一个引脚单独控制一个发光二极管，使得软件编程工作变得极为简单，非常适合零基础学习者来做。

7.9.3 实训内容与实训步骤

(1) 根据图 7-28 所示的电路图画出原理图和 PCB 图。

(2) 根据 PCB 图做出电路板并焊接元件。按照电路图将元器件焊接到电路板上。焊接时应注意 IC 方向和发光二极管的方向。所有元件焊接完成后，应检查电路板，以避免虚焊、漏焊和短路的情况发生。晶振与两个电容组成的时钟电路要距离单片机的 XTAL1 和 XTAL2 脚足够近，这样才能保证时钟信号完整地传递到单片机，使之能够顺利起振。

(3) 调试整个系统。所有安装工作完成后，插入下载器，使用 USB 转串口线下载一个简单的程序，使所用的发光二极管全部点亮。若下载程序失败，则检查电路供电系统和单片机最小系统部分是否有虚焊、短路等情况发生。下载程序成功后通电检查是否所有的发光二极管均被点亮。若有发光二极管不亮或者亮度较暗，则检查该发光二极管对应的线路是否有虚焊或者断路现象以及发光二极管是否已经损坏。

(4) 调试编程实现各种特效。根据自己的喜好和需求编写程序实现不同的移动效果和特效。本项目编程难度不大，但是因发光二极管使用较多，每组表示发光二极管状态的二进制码都需要转换成十六进制进行存储，故要实现较为漂亮的特效，需要极大的代码量，编程时需要极为耐心。

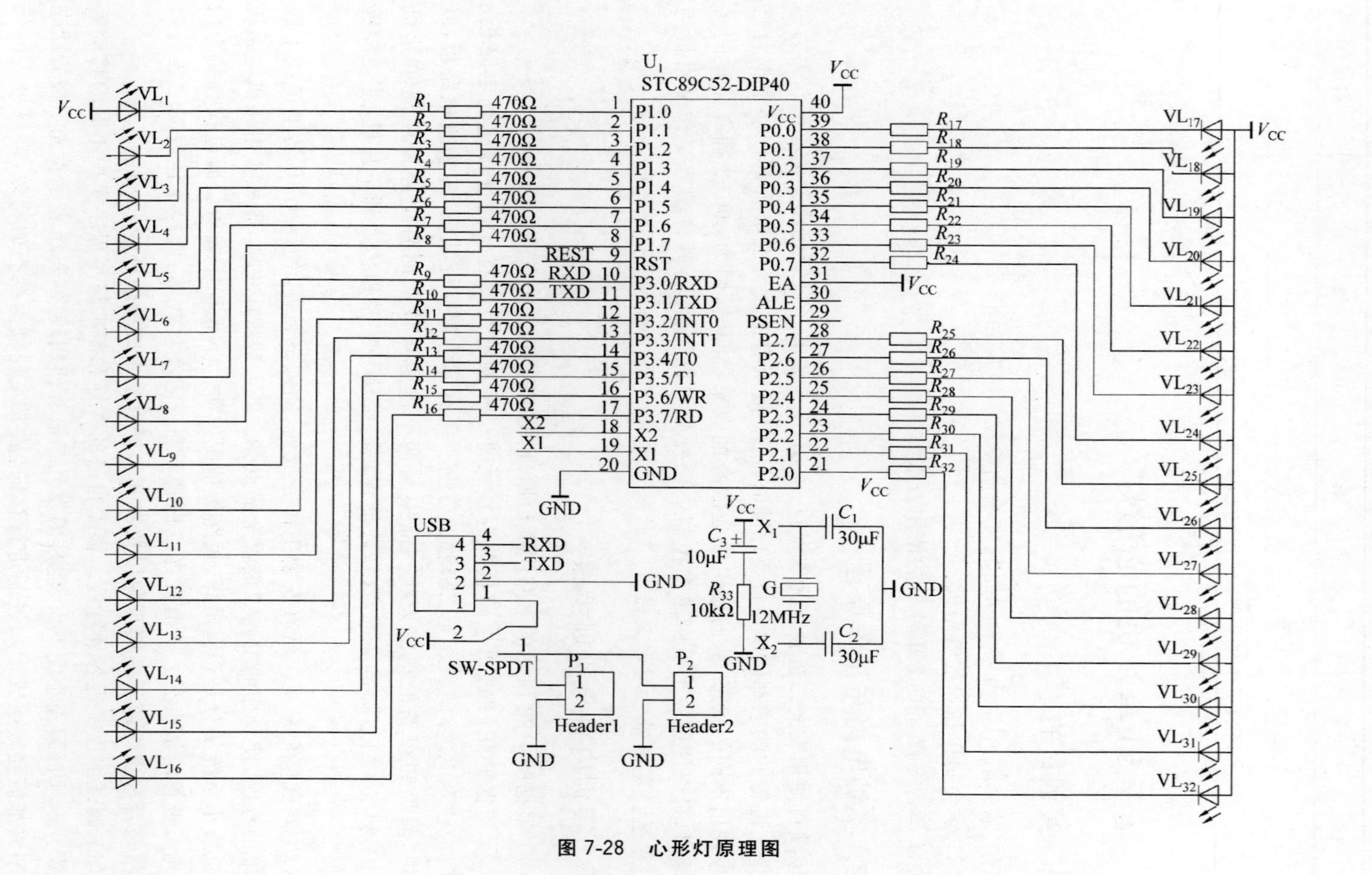
U1
STC89C52-DIP40
P1.0
P1.1
P1.2
P1.3
P1.4
P1.5
P1.6
P1.7
RST
P3.0/RXD
P3.1/TXD
P3.2/INT0
P3.3/INT1
P3.4/T0
P3.5/T1
P3.6/WR
P3.7/RD
X2
X1
GND
VCC
P0.0
P0.1
P0.2
P0.3
P0.4
P0.5
P0.6
P0.7
EA
ALE
PSEN
P2.7
P2.6
P2.5
P2.4
P2.3
P2.2
P2.1
P2.0
REST
RXD
TXD
470Ω
30μF
10μF
10kΩ
12MHz
USB
SW-SPDT
Header1
Header2
GND
VCC

图 7-28 心形灯原理图

7.9.4 实训注意事项

(1) 焊接完成后,对电路板进行仔细检查,避免出现短路,烧毁芯片或电路板。

(2) 对 STC89C52 单片机内部电路进行了解,主要注意它的功能、引脚接线和使用注意事项,请勿将单片机接反。

(3) 时钟电路模块在布线时若放在单片机的底座内,在焊接时就应注意先焊接时钟电路,再焊接单片机底座,同时还要保证单片机能够正常的插入底座。

(4) 软件编程时,建议将程序模块化,将数据全部封装入固定的接口或者数组,否则编程的代码量和复杂度将会成倍上升,容易出现问题。

7.9.5 知识扩展

此电路为一个最简单的基础电路,可以在此电路基础上进行扩展,增加其他功能。例如:

(1) 增加复位功能。心形灯的花样增加到一定数目后,会出现循环一遍需要很长时间的情况,这时候增加复位引脚,就可以通过复位单片机的方式进行从头播放,也可以在电路出现故障时进行复位。

(2) 增加按键或拨码开关。增加按键或者拨码开关后,可以根据通过按键或者拨码开关直接控制进行花样的选择。

此外,还可以根据自己的理解对电路外加其他控制或者音乐等。

7.9.6 元器件清单

心形灯电路的元器件清单如表 7-11 所示。

表 7-11 心形灯电路的元器件清单

标　　号	名　　称	规　　格	数量/个
U_1	单片机	STC89C52 型	1
USB	下载器	USB 转串口连接线	1
C_1、C_2	非极性电容	22pF	2
C_3	极性电容	10μF	1
$VL_1 \sim VL_{32}$	LED	5mm	32
$R_1 \sim R_{32}$	电阻	470Ω	32
R_{33}	电阻	10kΩ	1
P_1、P_2	排针	单排针	2
S_1	开关	拨动开关	1
G	晶振	12MHz	1

7.10 花房温湿度光照检测系统

7.10.1 实训目的

(1) 熟悉 STC89C52 单片机的使用方法。

(2) 熟悉单片机最小系统的工作原理。

(3) 学会单片机 C 语言的编程与调试。

(4) 学会温湿度传感器和光照传感器的使用。

7.10.2 实训电路与工作原理

实训电路和工作原理如下。

(1) 单片机最小系统。单片机芯片选用为 STC89C52,并用 12MHz 晶振提供振动信号,电源采用 5V 供电。使用外接的 ISP 下载器时,只需要将 V_{CC}、GND、TXD 和 RXD 这 4 个引脚引出,便可以形成下载电路,组成完整的单片机最小系统电路。

(2) 信号采集电路。信号采集采用 DHT11 温湿度采集电路,DHT11 数字温湿度传感器是一款含有已校准数字信号输出的温湿度复合传感器,其性能稳定、工作精度高,是常用的温湿度一体的传感器。DHT11 的电路简单具有超快响应、抗干扰能力强、性价比极高、数字式传输、工作性能稳定的优点。

(3) 外围人机交互电路。电路设计了一组(4 个)按键,对应有一组(4 个)发光二极管,用来显示按键状态,同时使用 LCD 显示器来显示采集的实时信息。按键用来切换功能,同时也能够用来调整一些参数,便于软件的调试和现场的维护。

7.10.3 实训内容与实训步骤

(1) 按照图 7-29 所示的电路画出原理图和 PCB 图。

(2) 根据画出的电路图,制作出 PCB 板并完成焊接。

STC89C52 单片机作为控制器,P3.2、P3.3、P3.4 和 P3.5 这 4 个端口分别连接 4 个按键,在按键按下之前,I/O 端口状态为高电位,在按键按下时直接接地,I/O 端口的状态转换为低电位。单片机通过检测各个 I/O 端口的状态来判断对应的哪个 I/O 端口被按下并做出相应的反应。

采用 DHT11 温湿度传感器时,使用了技术手册推荐的经典电路采集环境的温、湿度信息并提供给单片机,以便单片机通过控制继电器来控制外围的电动机,调节环境的温、湿度,从而使环境的温、湿度一直保持规定的范围内。LCD 显示程序占用单片机的资源少,可以将环境的温、湿度,电动机的功率等参数实时地显示出来,同时在软件调试阶段也可以用来显示一些系统参数和调试参数等信息。

(3) 设计软件程序,并调试完成。软件部分包括主函数程序、中断服务程序、时延子程序、采集程序以及显示子程序等。软件设计流程如图 7-30 所示。

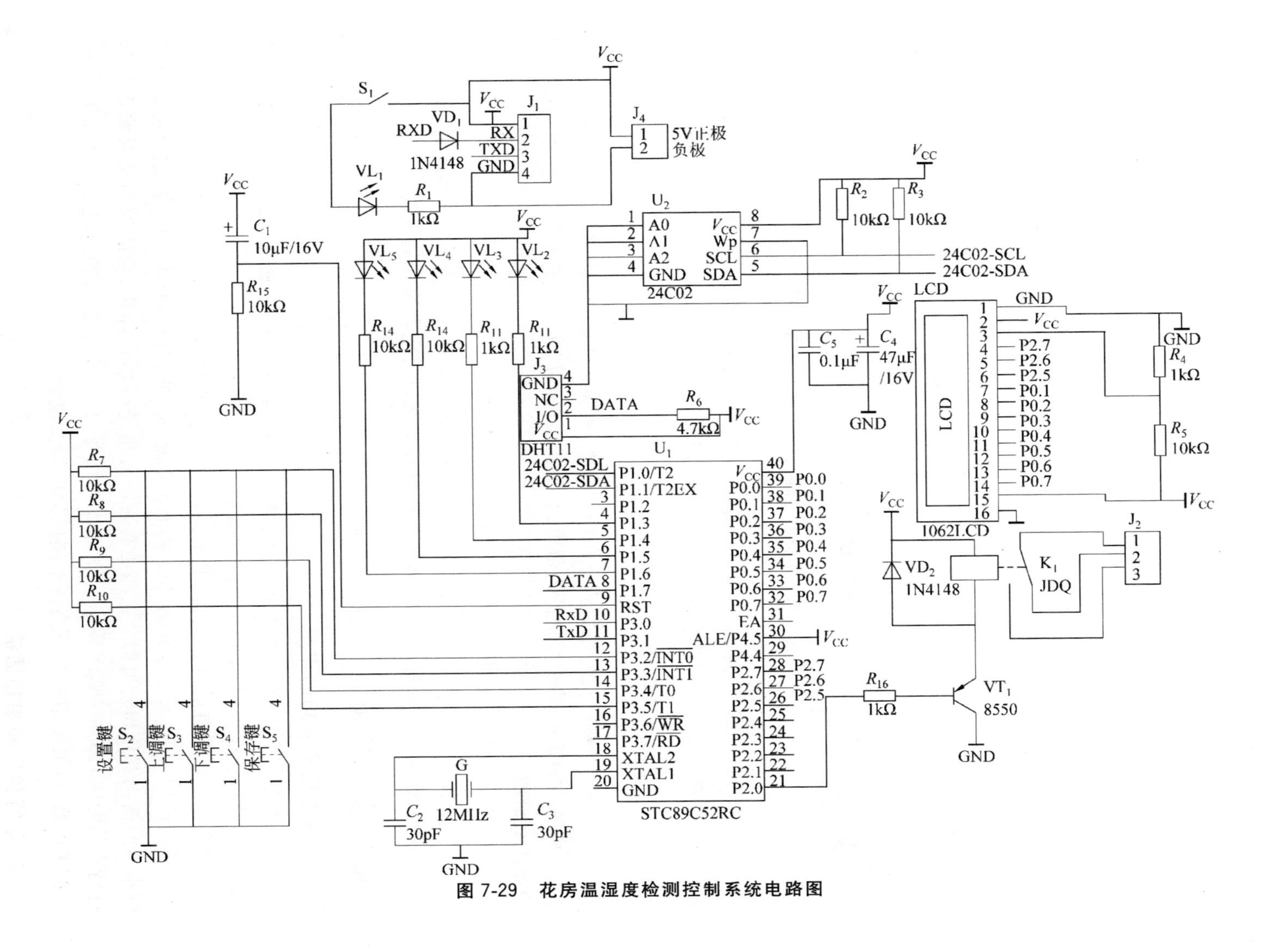

图 7-29 花房温湿度检测控制系统电路图

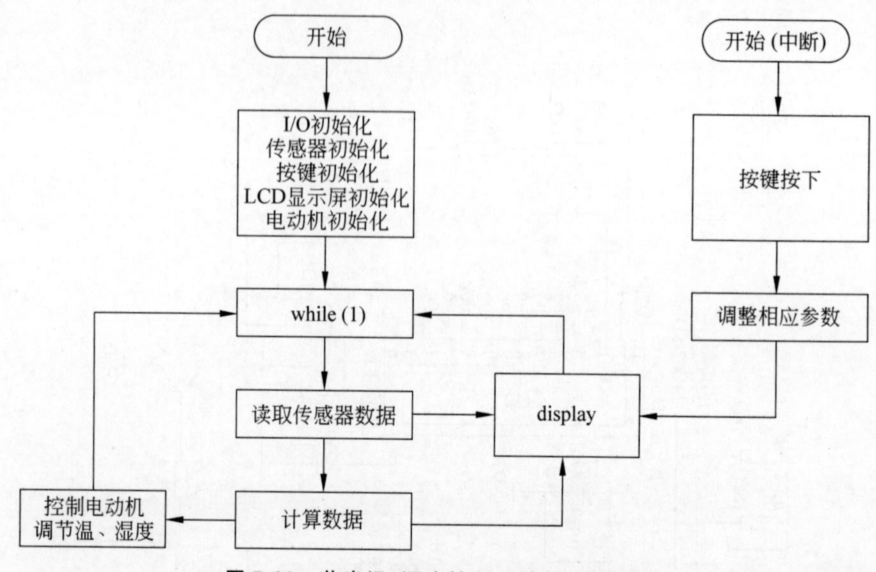

图 7-30　花房温、湿度控制系统软件流程图

(4) 完成程序编写与调试。保证系统能正常工作且能正常显示室内的温、湿度信息,同时能够自动控制电动机来控制环境内的温、湿度。

7.10.4　实训注意事项

(1) 焊接完成时,应对电路进行仔细的检查,避免用短路而烧毁电路板或芯片。

(2) 对 STC89C52 单片机的内部电路进行了解即可,主要注意它的功能、引脚接线和使用注意事项。

(3) 了解 DHT11 的使用方法以及单片机串行通信的使用方法。

(4) 了解 LCD 显示屏的使用方法,正确地使用 LCD 显示屏来显示想要的信息。

(5) 了解继电器的使用方法,能够使用单片机通过继电器来控制电动机。

7.10.5　知识扩展

1. 继电器及所起的作用

继电器是具有隔离功能的自动开关器件,广泛应用于遥控、遥测、通信、自动控制、机电一体化及电子设备中,是最重要的控制器件之一。

继电器一般都有能反映电流、电压、功率、阻抗、频率、温度、压力、速度、光强等输入变量的感应机构(输入部分),有能对被控电路实现“通”“断”控制的执行机构(输出部分);在继电器的输入部分和输出部分之间还有对输入量进行耦合隔离、功能处理和对输出部分进行驱动的中间机构(驱动部分)。其基本作用是,以一个小信号通过继电器控制功率很大的用电器,以低压信号控制高压电路的通断以及逻辑。

2. 串行接口和串口通信

串行接口(简称口中口)是一种可以将接收到的来自 CPU 的并行数据转换为连续的

串行数据流发送出去，同时可将接收的串行数据流转换为并行数据供给 CPU 的器件。串口通信(Serial Communications)的概念非常简单，串口按位(bit)发送和接收以字节为单位的传送数据，尽管比按字节(Byte)传送的并口通信慢，但是串口可以在使用一根线发送数据的同时用另一根线接收数据，可以很简单地实现远距离通信。

7.10.6 元器件清单

花房温湿度控制系统电路的元器件清单如表 7-12 所示。

表 7-12 花房温湿度控制系统电路的元器件清单

标　号	名　称	规　格	数量/个
U_1	单片机	STC89C52 型	1
U_2	存储芯片	24C02 型	1
J_1～J_4	排针	引脚间距 2.54	4
LCD	LCD 显示屏	1602 型	1
G	晶振	12MHz	1
C_1	极性电容	10μF	1
C_2、C_3	陶瓷电容	30pF	2
C_4	极性电容	47μF	1
C_5	陶瓷电容	104 0.1μF	1
R_1、R_4、R_{11}～R_{14}	电阻	1kΩ	6
R_2、R_3、R_5、R_7～R_{10}、R_{15}	电阻	10kΩ	8
R_6	电阻	4.7kΩ	1
VL_1～VL_5	发光二极管	6mm	5
VD_1、VD_2	二极管	1N4148 型	2
VT_1	三极管	8550 型	1
S_1	开关	带自锁	1
S_2～S_5	按键		4
K_1	继电器	JDQ 型	1

参考文献

[1] 孙立群.电子元器件识别与检测完全掌握[M].北京：化学工业出版社，2014.

[2] 夏淑丽，张江伟.PCB板的设计与制作[M].北京：北京大学出版社，2011.

[3] 黄智伟.印刷电路板(PCB)设计技术与实践[M].北京：电子工业出版社，2017.

[4] 刘永长，韦晨.Sn-Ag-Zn系无铅焊料[M].北京：科学出版社，2010.

[5] 高海宾，等.Altium Designer 10从入门到精通[M].北京：机械工业出版社，2012.

[6] 丁向荣，等.C语言程序设计与Keil C[M].广州：广东高等教育出版社，2013.

[7] 吴福高，张明增，张晓艳.Multisim电路仿真及应用[M].北京：航空工业出版社，2015.

[8] 马洪连.电子系统设计——面向嵌入式硬件电路[M].北京：电子工业出版社，2018.

图书资源支持

感谢您一直以来对清华版图书的支持和爱护。为了配合本书的使用，本书提供配套的资源，有需求的读者请扫描下方的“书圈”微信公众号二维码，在图书专区下载，也可以拨打电话或发送电子邮件咨询。

如果您在使用本书的过程中遇到了什么问题，或者有相关图书出版计划，也请您发邮件告诉我们，以便我们更好地为您服务。

我们的联系方式：

清华大学出版社计算机与信息分社网站：https://www.shuimushuhui.com/

地　　址：北京市海淀区双清路学研大厦 A 座 714

邮　　编：100084

电　　话：010-83470236　010-83470237

客服邮箱：2301891038@qq.com

QQ：2301891038（请写明您的单位和姓名）

资源下载：关注公众号“书圈”下载配套资源。

资源下载、样书申请

书圈

图书案例

清华计算机学堂

观看课程直播